遥感水文数字实验
——EcoHAT 使用手册

杨胜天　王志伟　赵长森　蔡明勇　著

国家自然科学基金项目（41271414、41301496）
国家"十二五"科技支撑计划课题（2012BA02B00）　　　　　资助
遥感科学国家重点实验室、环境遥感与数字城市北京市重点实验室

科学出版社

北　京

内 容 简 介

遥感水文数字实验是在遥感水文模型基础上，应用遥感与地理信息系统技术开展的水文数字实验技术。本书以 EcoHAT 为例，系统介绍了遥感水文数字实验技术，全书共 6 章，按 EcoHAT 功能模块安排，各功能模块按照算法概述、数据准备、操作步骤进行布局，并配有数字实验案例。第 1 章详细阐述了 EcoHAT 软件系统的基本特征和数据规则；第 2 章阐述了常用的遥感数据下载和预处理；第 3 章阐述了 EcoHAT 中常用的模型数据计算方法；第 4 章从次降水水文模型、流域水文模型和区域水循环模型三个尺度，阐述了 EcoHAT 中遥感水文模型的具体算法和操作；第 5 章在水文过程基础上，阐述了随水文过程而运移的 N、P 等营养物质模型，以及相伴随的植被生长 NPP 和土壤侵蚀模型；第 6 章就 EcoHAT 中如何对遥感数字实验的海量时空数据进行可视化处理进行了论述。

本书适用于大专院校水文学、地理学、环境科学和生态学专业本科生和研究生学习，也可作为从事水文水资源管理和生态环境保护的科研和管理人员的参考书和工具书。

图书在版编目(CIP)数据

遥感水文数字实验：EcoHAT 使用手册/杨胜天等著. —北京：科学出版社，2015.2

ISBN 978-7-03-043490-6

Ⅰ.①遥…　Ⅱ.①杨…　Ⅲ.①遥感技术-应用-水文学-应用软件-手册　Ⅳ.①P33-39

中国版本图书馆 CIP 数据核字（2015）第 038198 号

责任编辑：文　杨/责任校对：赵桂芬
责任印制：徐晓晨/封面设计：迷底书装

科学出版社 出版

北京东黄城根北街 16 号
邮政编码：100717
http://www.sciencep.com

北京凌奇印刷有限责任公司 印刷
科学出版社发行　各地新华书店经销

＊

2015 年 3 月第 一 版　开本：787×1092　1/16
2020 年 7 月第六次印刷　印张：15
字数：368 000

定价：39.00 元
（如有印装质量问题，我社负责调换）

序

水是生命之源，生产之要，生态之基。随着社会经济的发展，水资源利用与保护正面临着巨大的挑战。水资源问题以人类活动加剧而引起的水资源短缺、水环境污染为主要特征，并进一步反映在生态环境的日益恶化上。我国地处欧亚大陆东部，东临太平洋，西靠青藏高原，季风气候显著，水资源时空分布差异巨大，加之人口众多，致使我国水资源利用与保护矛盾尖锐、问题突出。同时我国社会经济发展水平区域差异较大，人口分布不均，使得许多地区水文站稀少，水文资料缺乏，对水文过程认识不清也严重影响到了水资源的可持续利用，成为制约国民经济健康发展的瓶颈因素之一。严峻的现实状况，呼唤对水资源利用与保护的科学而深入地研究，以揭示水循环过程的基本规律，促进水资源的科学利用、合理保护和高效管理。

遥感水文是遥感科学与水文学间新兴的交叉学科领域，是当前学科发展前沿研究热点。而缺资料地区水循环研究一直是水文、水资源研究领域的难点，也是国际科学合作计划 PUB（prediction in ungauged basins）的主要内容和目标。十余年来，国内外对 PUB 研究取得了长足的进步，遥感水文的理论与方法研究进一步深化，并成为认识缺资料地区水文过程的重要手段。杨胜天教授及其研究团队在他们十年来科学研究和教学探索的基础上，撰写的《遥感水文》和《遥感水文数字实验——EcoHAT 使用手册》正是这方面科学研究的重要论著，《遥感水文》全面归纳总结了国内外遥感水文的研究发展历程，阐述了遥感原理和水文学理论，并从暴雨水文模型、流域水文模型和区域水循环模型三个不同的尺度，对遥感水文模型及水文理论与方法进行了深入探讨。此外，在重视遥感水文理论与方法科学研究的同时，该团队也十分重视技术探索，自主创新研发了 EcoHAT（ecohydrology assessment tools）软件系统。《遥感水文数字实验——EcoHAT 使用手册》正是在遥感水文理论方法基础上，以 EcoHAT 为蓝本，以实际案例为导向，对遥感水文数字实验进行了阐述。读者可在网站 http://EcoHAT.bnu.edu.cn 免费下载软件、代码和示例数据，有助于深入学习。

《遥感水文》与《遥感水文数字实验——EcoHAT 使用手册》两本书在理论方法和软件技术操作上相互配套，资料丰富、数据翔实，既有方法上的创新，也有理论上的突破，是该团队在其《生态水文模型与应用》专著基础上科学研究与实践探索的进一步的延伸与创新，不仅在推动遥感水文学科的发展具有重要意义，而且在应用上具有很高的实践价值，相信这两本书会给广大读者提供很好的参考和借鉴。

刘昌明

2015 年 1 月

前　言

当前水资源已成为一个国家与地区生存发展的限制性因子，深入研究水循环过程，科学开发与利用水资源，对维护国家与地区生态安全、保障社会经济可持续发展具有十分重要的意义。缺资料地区水循环模拟研究一直是水文、水资源研究领域的热点和难点，也是国际科学合作计划 PUB（prediction in ungauged basins）的主要内容和目标。由于自然条件与社会发展进程存在着地区差异，加之世界范围内很多地区水文观测资料的严重短缺，采用传统研究方法对水文观测资料的严重短缺地区的水循环进行研究，因存在着水资源信息获取技术欠缺等方面的重重困难。如何突破传统研究技术与方法的制约，对缺资料地区水循环研究和模拟进行多学科交叉研究已成为新兴领域。

随着遥感科学与技术的不断发展，在遥感与水文学之间逐渐形成了一个新的学科交叉领域——遥感水文。遥感水文不同于水文遥感，水文遥感重点是研究水文要素遥感获取的理论、方法和技术，而遥感水文则是将遥感技术与水文模型相结合，构建遥感信息驱动的水文模型，直接或间接地应用遥感数据获取流域空间尺度的水文因子、生态环境因子和社会经济因子数据，开展水文状况和水资源利用的空间计算与分析，完成流域水循环模拟、洪水过程监测预报、水资源估算和水资源配置等方面的研究。因此，基于多源空间数据，通过遥感反演方法获取时空连续的流域水文气象要素，可在很大程度上可以解决缺资料区生态、水文因子空间信息缺乏的问题。

本书作者研究团队在长期的遥感水文研究中，构建了基础地理信息空间数据库和模型驱动因子空间数据库，对不同尺度的典型分布式水文模型进行了深入研究。在遥感水文理论方法基础上，对国内外相关模型软件优缺点进行比较分析的基础上，研发出了具有自主知识产权的多尺度分布式生态水文模拟系统 EcoHAT（ecological hydrology assessment tools）。EcoHAT 可在不依赖于传统观测的条件下，开展水循环过程模拟，连续实时监测流域径流过程，分析缺资料地区/流域水资源时空分配格局，评价水资源利用状况，揭示流域水文过程历史演变规律。

EcoHAT 集成了遥感与 GIS 技术的空间信息获取、管理和分析功能，对次降水暴雨水文模型、流域水文模型、区域水循环模型，以及氮循环、磷循环、植被净第一性生产力和土壤侵蚀等模型进行了耦合，可用于开展遥感水文数字实验，模拟分析水文过程，支撑流域管理工作。EcoHAT 系统结构是作者多年的遥感水文科学研究与教学工作中的结晶。本书共 6 章，按 EcoHAT 功能模块进行安排，各功能模块按照算法概述、数据准备、操作步骤来进行布局，并配有数字实验案例。第 1 章详细阐述 EcoHAT 软件系统的基本特征和数据规则；第 2 章阐述常用的遥感数据下载和预处理；第 3 章阐述 EcoHAT 中常用的模型数据计算方法；第 4 章从次降水水文模型、流域水文模型和区域水循环模型三个尺度，阐述 EcoHAT 中遥感水文模型的具体算法和操作；第 5 章在水文过程基础上，阐述了随水文过程而运移的 N、P 等营养物质模型，以及相伴随的植被生长 NPP 和土壤侵蚀模型；第 6 章对 EcoHAT

如何对遥感数字实验的海量时空数据进行可视化处理进行了论述。

本书各章参加人员分别为：

第 1 章　杨胜天 王志伟 赵长森 董国涛

第 2 章　杨胜天 王志伟 侯立鹏 张宇 董国涛 白娟 王鸣程 王冰 党素珍

第 3 章　杨胜天 赵长森 侯立鹏 董国涛 王鸣程 党素珍

第 4 章　杨胜天 蔡明勇 张亦弛 周旭 张宇 董国涛 周秋文 党素珍

第 5 章　杨胜天 娄和震 罗娅 吴琳娜 董国涛 白娟 王冰

第 6 章　杨胜天 侯立鹏 赵长森

全书由杨胜天、王志伟统稿，赵长森等参编人员完成图表编制修改工作。蔡明勇、王志伟负责组织 EcoHAT 代码编写。

随着水文学理论、遥感技术和信息技术的提高，必将不断推动遥感水文模型的发展。殷切希望本书的出版能引起相关人员对该研究领域的更大关注和支持。由于自己学识和能力有限，工作还有待进一步深化和提高，书中难免有不妥之处，敬请各位同仁不吝赐教。

此外，作者另著《遥感水文》一书已配套出版，介绍遥感水文理论方法，建议读者一起阅读。EcoHAT 软件可在网站 http://EcoHAT.bnu.edu.cn 免费下载软件、代码和示例数据，帮助理解遥感水文理论与方法。

本书是作者长期科学研究和教学工作的总结，得到水利部、科技部、国家自然科学基金委、黄河水利委员会等单位的大力支持，在此深表感谢。

在本书即将出版之际，著名的遥感学家、地理学家李小文院士不幸仙逝，他是我尊敬的师长和益友。在此深切缅怀李小文院士。

感谢恩师刘昌明院士对我的教导和培养，在遥感水文研究方面给予的指导，以及为本书作序。刘昌明院士的学术思想一直引领着我们在遥感水文研究领域翱翔，在此表达深切谢意！

杨胜天

2015 年 1 月 12 日于北京师范大学

目　录

序

前言

第1章　EcoHAT软件概述 ·· 1

1.1　系统原理 ··· 2

1.2　系统构建 ··· 2

1.2.1　菜单栏 ··· 4

1.2.2　工具栏 ··· 7

1.3　数据文件 ··· 7

第2章　遥感数据下载和预处理 ·· 10

2.1　常用遥感数据 ··· 10

2.1.1　GLDAS数据 ··· 10

2.1.2　MODIS数据 ··· 12

2.1.3　GLASS数据 ··· 14

2.2　遥感数据的定制 ··· 15

2.2.1　GLDAS数据的定制及下载流程 ····································· 15

2.2.2　MODIS数据的定制及下载流程 ····································· 20

2.2.3　GLASS数据的定制及下载流程 ····································· 33

2.3　遥感数据的预处理 ··· 39

2.3.1　GLDAS数据预处理 ··· 39

2.3.2　MODIS数据预处理 ··· 41

2.3.3　GLASS数据预处理 ··· 46

2.4　应用案例 ··· 47

2.4.1　MODIS数据的拼接批处理 ··· 47

2.4.2　MODIS数据的投影转换批处理 ····································· 49

第3章　模型参数计算 ·· 52

3.1　植被指数 ··· 52

3.1.1　比值植被指数 ··· 52

3.1.2　归一化植被指数 ··· 52

3.1.3　环境植被指数 ··· 53

3.1.4　绿度植被指数 ··· 54

3.1.5　正交植被指数 ··· 55

3.2　植被覆盖度 ··· 56

3.3　叶面积指数 ··· 58

3.4　根系深度 ·· 59

3.5　地表反照率 ·· 60

3.6　地表温度 ·· 62

3.7　条件温度植被指数 ·· 64

3.8　水分吸收深度指数 ·· 65

3.9　案例：NDVI（归一化植被指数）计算 ·· 67

第4章　遥感水文模型 ·· 70

4.1　LCM 模型模拟 ··· 70

4.1.1　算法原理 ·· 70

4.1.2　数据准备 ·· 74

4.1.3　操作步骤 ·· 77

4.1.4　案例 ·· 89

4.2　RS_DTVGM 模型模拟 ··· 90

4.2.1　算法原理 ·· 92

4.2.2　数据准备 ··· 100

4.2.3　操作步骤 ··· 107

4.2.4　案例：雅鲁藏布江水循环过程模拟 ·· 114

4.3　SPAC 能量与水分计算 ·· 115

4.3.1　算法原理 ··· 116

4.3.2　数据准备 ··· 119

4.3.3　操作步骤 ··· 124

4.3.4　案例：延河流域水循环要素模拟 ·· 136

第5章　营养物质迁移计算 ··· 138

5.1　氮素循环过程模拟 ··· 138

5.1.1　算法原理 ··· 138

5.1.2　数据准备 ··· 145

5.1.3　操作步骤 ··· 163

5.1.4　案例：2000～2010 年三江平原不同形态氮素变化 ···························· 166

5.2　磷素循环过程模拟 ··· 169

5.2.1　算法原理 ··· 169

5.2.2　数据准备 ··· 171

5.2.3　操作步骤 ··· 175

5.2.4　案例：三江平原磷循环过程的时空分布特征 ··································· 176

5.3　植被生长模拟 ·· 181

5.3.1　植被净第一性生产力 ·· 181

5.3.2　生产力分配 ··· 189

5.3.3　植物凋落物 ··· 191

5.3.4　案例：三江平原植被生长模拟 ·· 192

5.4　土壤侵蚀 ·· 195

　　　　5.4.1　算法原理 ・・ 195

　　　　5.4.2　数据准备 ・・ 197

　　　　5.4.3　操作步骤 ・・ 200

　　　　5.4.4　案例：孤山川流域场次暴雨产沙模拟 ・・・・・・・・・・・・・・・・・・・・・・・・・・・・・・・・・・ 203

第6章　数据可视化分析 ・・・ 205

　6.1　技术原理 ・・ 205

　6.2　数据准备 ・・ 205

　　　　6.2.1　时间序列分析 ・・ 206

　　　　6.2.2　空间序列分析 ・・ 207

　6.3　操作步骤 ・・ 208

　　　　6.3.1　基本操作 ・・・ 208

　　　　6.3.2　时间序列分析操作 ・・・ 211

　　　　6.3.3　空间序列分析操作 ・・・ 217

　6.4　案例：伊犁河与渭河流域数据可视化分析 ・・・・・・・・・・・・・・・・・・・・・・・・・・・・・・・・ 219

　　　　6.4.1　伊犁河流域数据可视化分析 ・・・ 219

　　　　6.4.2　渭河流域数据可视化分析 ・・・ 222

参考文献 ・・・ 227

第1章 EcoHAT 软件概述

水是生态系统中最重要的单元要素之一。随着人类活动的加剧,传统的水资源管理方式已经难以解决淡水资源短缺、水质恶化和生物多样性减少等生态问题。综合考虑水文学和生态系统要素的关联,研究生态过程与水文过程相互作用的物理、化学和生态机制,寻求对生态有利、水资源可持续利用的管理方式是当前亟待解决的重要问题。生态水文是当今许多全球研究项目进行合作的热点,如国际地圈生物圈计划—生物圈方面(IGBP-BAHC)、联合国教科文组织国际水文计划(UNESCO IHP)等,都把生态水文学作为一个重要的研究课题。生态水文学发展为水资源可持续利用研究提供了新的视角和方向。生态水文过程影响因素众多,而且具有明显的时间和空间变异性,以 GIS 为平台,RS 技术为获取空间信息的手段,建立区域尺度的分布式生态水文模型,成为当今水文水资源研究的新方向。美国农业部(USDA)农业研究局(ARS)开发的 SWAT(soil and water assessment tool)流域尺度模型,用于模拟预测在大流域复杂多变的土壤类型、土地利用方式和管理措施条件下,土地管理对水文、泥沙和化学物质的长期影响;德国波茨坦气候影响研究所开发的 SWIM(soil and water integrated model)模型,用于模拟和预测全球气候变化和土地利用方式改变下流域的水循环、植被生长、营养与污染物质迁移、泥沙运动等生态水文过程。随着 RS、GIS 和计算机技术的发展,计算机模拟成为生态水文时空过程研究的重要手段。

随着遥感科学与技术的不断发展,在遥感与水文学之间逐渐形成了一个学科交叉的研究领域——遥感水文。遥感水文不同于水文遥感,水文遥感重点是研究水文要素遥感获取的理论、方法和技术,而遥感水文则是将遥感技术与水文模型相结合,构建遥感信息驱动的水文模型,直接或间接地应用遥感数据获取流域空间尺度的水文因子、生态环境因子和社会经济因子数据,开展水文状况和水资源利用的空间计算与分析,完成流域水文概况模拟、洪水过程监测预报、水资源估算和水资源配置等方面的任务。因此,为充分利用遥感数据源,耦合具有物理化学机制的生态水文过程模型,模拟土壤-植物-大气连续体(SPAC)水分运行过程中水分和营养元素循环、植被生长之间的相互影响,研发出了区域尺度的分布式生态水文模拟系统 EcoHAT。EcoHAT(ecological hydrology assessment tools)是区域尺度生态水文模型,以生态水文过程机理研究为基础,集成了遥感与 GIS 技术的空间信息获取、管理和分析功能,耦合了基于物理机制的生态水文模型,包括蒸散发、根系吸水、降雨下渗、土壤水分平衡、地表径流、氮循环、磷循环、盐基阳离子循环、土壤侵蚀、植被净第一性生产力、生产力分配、植被营养元素吸收等过程。

EcoHAT 系统能够用于区域尺度的生态水文过程模拟和分析,是一个区域尺度的分布式生态水文模拟系统,目前已经取得软件著作权(2008SR06938)。与国内外同类水文模拟系统相比,该系统具有以下特色。

(1) EcoHAT 系统集成了生态水文过程中的水分循环过程、营养元素循环过程、植被生长过程,把水分循环过程和营养元素循环、植被生长紧密结合,从物理化学机理上对区域生态水文过程进行综合模拟。

（2）EcoHAT 系统与 RS 紧密结合，集成了遥感反演算法，实现了遥感数据与地表参数反演结合，把遥感数据作为生态水文过程模拟的重要输入参数，解决了分布式模型运算的地表空间参数问题。

（3）EcoHAT 系统与 GIS 紧密结合，自主开发了 GIS 分析工具，能对模拟结果进行空间可视化分析。

1.1　系　统　原　理

EcoHAT 系统以生态水文过程机理研究为基础，从基本的土壤-植物-大气连续体（SPAC）水分运行过程入手，在水分循环过程中加入营养元素迁移转化过程，综合考虑生态系统中植物生长与土壤水分、营养元素的相互影响。EcoHAT 系统的生态水文过程如图 1-1 所示，其模型构建主要基于国内外具有物理化学机制的生态水文过程算法，经过对模型参数进行调整，采用适合研究区域自然条件的参数，建立本地化的模型参数库。EcoHAT 系统通过区域空间网格参数的输入，实现基于像元的模型运算。

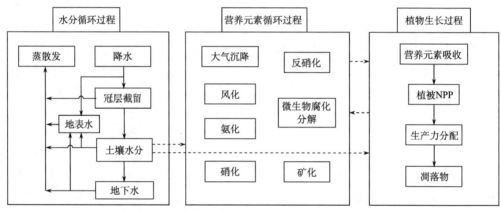

图 1-1　EcoHAT 系统的生态水文过程（虚线箭头表示过程间的相互作用）

EcoHAT 系统主要由水分循环、营养元素循环和植物生长三大部分组成，其中水分循环是系统的核心，并贯穿其他两部分的始终。EcoHAT 系统中水分循环过程包括冠层截留、降雨入渗、根系吸水、土壤水分、蒸散发等，增加了地表径流、壤中流、地下水补给、基流、坡面汇流、河道汇流等过程；营养元素循环过程主要包括大气沉降、风化、矿化、土壤硝化、反硝化、氨化、微生物腐化分解；植物生长过程包括植被营养元素吸收、植被 NPP（净第一性生产力）、生产力分配和凋落物。

1.2　系　统　构　建

EcoHAT 系统集成了参数管理工具、RS 参数反演工具、模型定制工具、GIS 分析工具，在这些模块的辅助下实现区域尺度生态水文过程模拟，从而为区域生态水文过程评估提供科学分析工具。EcoHAT 系统的结构框架如图 1-2 所示。

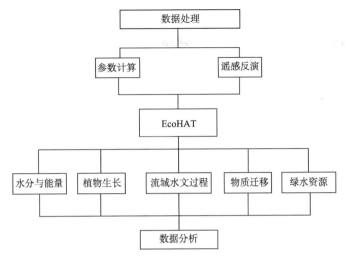

图 1-2　EcoHAT 系统的结构框架

　　EcoHAT 系统的开发采用 IDL(interactive data language)语言，IDL 是可视化分析和应用系统开发的理想软件工具，利用 IDL 语言进行开发具有快速高效、与 ENVI 遥感图像处理系统紧密结合的优点，并且在文件名的扩展名规则上采用了 ENVI 标准图像格式。即通用栅格数据格式，包含一个简单的二进制文件(a simple flat binary)和一个相关的 ASCII(文本)的头文件。EcoHAT 系统采用面向对象的编程方法，对各个功能模块和过程子模块进行集成，系统开发基于模块化的模型界面开发与集成、栅格数据分块运算和金字塔显示技术。

　　EcoHAT 包括数据处理、参数计算、遥感反演、水分与能量、植物生长、绿水资源、流域水文过程模拟、物质迁移及数据分析等 9 个模块(图 1-3)，这 9 个模块在统一窗口系统

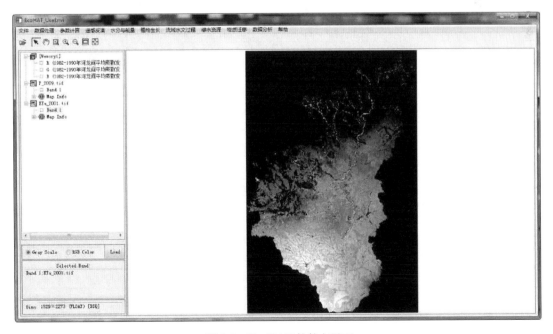

图 1-3　EcoHAT 软件主界面

下管理，分别拥有独立的界面，同时相互之间又可以进行内部数据交换。

　　软件环境：安装 ENVI 4.8 或更高版本。

　　操作系统：Windows XP/7/8/Sever 2008 或更高版本。

　　EcoHAT 的安装路径必须是全英文路径，否则可能无法运行 EcoHAT。

　　EcoHAT 采用模块区分式界面设计，与模块独立相关的功能会包含在其模块界面中，而在其他模块界面中不会出现。EcoHAT 界面包含菜单栏、工具栏、管理面板、视图区和状态栏(图 1-4)。

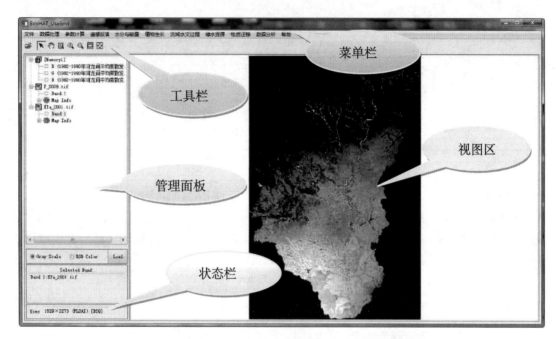

图 1-4　EcoHAT 系统界面分区介绍

1.2.1　菜单栏

　　EcoHAT 采用的是标准的 Windows 菜单栏，包含了绝大部分功能和控制命令。

　　(1)"文件"菜单(表 1-1)。文件菜单主要包含文件的打开、保存、关闭等方面的功能。

表 1-1　"文件"菜单

打开	打开文件
另存为	保存当前文件为其他格式
关闭所有文件	关闭当前所有打开的文件
退出	退出 EcoHAT

　　(2)"数据处理"菜单(表 1-2)。数据处理菜单可以对输入数据进行预处理以满足各模块的输入要求。

表 1-2　"数据处理"菜单

数据标准化	对输入数据进行裁剪（利用矢量边界、栅格边界等进行裁剪）
GLDAS 数据处理平台	对 GLDAS 数据进行处理裁剪、定义投影等操作
影像格式转换批处理	对输入的影像格式进行转换批处理操作
参数管理工具	对参数进行修改管理等操作
数据空间离散	对数据进行空间离散操作

（3）"参数计算"菜单（表 1-3）。参数计算菜单可以对输入模型的参数进行计算。

表 1-3　"参数计算"菜单

饱和水汽压曲线斜率	计算饱和水汽压曲线斜率
干湿表常数	计算干湿表常数
平均饱和水汽压	计算平均饱和水汽压
实际水汽压	计算实际水汽压
风速度	计算风速度
作物系数 Kc	计算作物系数 Kc

（4）"遥感反演"菜单（表 1-4）。遥感反演菜单可以使用遥感数据对各项指标进行反演。

表 1-4　"遥感反演"菜单

植被盖度	计算植被覆盖度
叶面积指数 LAI	计算叶面积指数 LAI
植被参数	计算各种植被指数（NDVI、EVI、DVI、GVI、PVI）
地表反照率	计算地表反照率（Albedo）
地表温度	计算地表温度（LST）
根系深度	估算根系深度
条件温度植被指数	计算条件温度植被指数（VTCI）
水分吸收深度指数	计算水分吸收深度指数（WADI）

（5）"水分与能量"菜单（表 1-5）。水分与能量菜单可以对太阳辐射、净辐射、蒸散发等各项指标进行计算。

表 1-5　"水分与能量"菜单

太阳辐射	对输入数据进行裁剪（利用矢量边界、栅格边界等进行裁剪）
净辐射计算/土壤热通量	计算净辐射/土壤热通量
下行短波辐射/大气温度计算	计算下行短波辐射/大气温度
蒸散发	利用 Priestley-Taylor 或 FAO Penman-Monteith 计算蒸散发
土壤水	利用土壤水均衡模型与一维土壤水运动方程计算土壤水
参考作物日潜在蒸散	计算参考作物日潜在蒸散
潜在蒸散发反演	潜在蒸散发反演
SNTHERM 融雪估算模型	融雪估算

（6）"植物生长"菜单（表1-6）。植物生长菜单主要包含对植被生长各项指标的计算。

表1-6 "植物生长"菜单

NPP 计算	计算 NPP（净初级生产力）

（7）"流域水文过程"菜单（表1-7）。流域水文过程主要包含产流汇流数字流域提取等功能。

表1-7 "流域水文过程"菜单

RSDTVGM	时变增益模型（RSDTVGM）
LCM	次洪计算模型
SPAC	土壤-植物-大气传输（SPAC）模型计算
产流模型	产流计算
汇流模型	数字流域各项参数的提取以及汇流计算

（8）"绿水资源"菜单（表1-8）。绿水资源菜单主要包含产流汇流数字流域提取等功能。

表1-8 "绿水资源"菜单

植被截留	植被截留计算
表层土壤蒸发	土壤蒸发计算
植物蒸腾	植物蒸腾取决于绿色植被特性以及土壤水分状况，由 LAI、根系区土壤水分以及根系密度表征
绿水流	水量平衡计算
土壤水分	土壤水均衡模型计算

（9）"物质迁移"菜单（表1-9）。物质迁移菜单可以对土壤侵蚀、营养物质迁移转化、产沙、汇沙等进行计算。

表1-9 "物质迁移"菜单

土壤侵蚀	多因子模型与 USLE 土壤侵蚀模型
产沙、汇沙计算	坡度、坡长、栅格汇流时间、产沙汇沙计算
营养元素赋初值	进行营养元素赋初值计算
氮区域迁移	氮元素区域迁移计算
磷区域迁移	磷元素区域迁移计算
非点源污染	非点源污染日过程与月过程的模拟计算

（10）"数据分析"菜单（表1-10）。数据分析菜单主要包含产流汇流数字流域提取等功能。

表1-10 "数据分析"菜单

总量求和	对总量进行求和
均值统计	平均值统计
条件统计	按设定条件进行统计
自动调参	洗牌法与遗传算法自动化调参

(11)"帮助"菜单(表 1-11)。帮助菜单包含了帮助文档链接和关于本软件的信息。

表 1-11　"帮助"菜单

帮助内容	本帮助文档的菜单链接
关于 EcoHAT	EcoHAT 的版本信息等

1.2.2　工具栏

EcoHAT 中的工具栏提供了更快捷的方式来使用各种工具和功能,包含了各模块的公共工具,在每个模块界面中都可以看到。

文件工具功能如下。

📂 打开文件,⬉ 选择文件,✋ 移动文件,🔍 拉框放大,🔍 放大文件,🔍 缩小文件,🔳 重置视图,✛ 适应窗口。

1.3　数 据 文 件

EcoHAT 系统包含了众多生态水文基础过程,它们之间既相互联系又保持相对独立,可以根据研究或实际工作需要进行组合,从而构建个性化的软件模块。由于生态水文过程涉及的参数众多,数据类型包括文本数据,以及点、线、多边形等矢量数据和栅格数据,因此EcoHAT 系统采用文件夹管理方式,把模型运算的所有输入参数放到同一个文件夹。文件名和文件格式按模型的要求命名和组织,在模型运算时自动读取对应参数,实现模型参数统一管理。每一个模型的输入输出数据文件和计算流程都保持了统一的命名方式与管理组织规则。

文件名的规范是整个 EcoHAT 系统规范的重要部分。总体来说,EcoHAT 的数据命名规范为年+月(如 200903 表示 2009 年 3 月)、年+天数(如 2009091 代表 2009 年第 91 天,即 2009 年 4 月 1 日)和年+天数+小时(如 200909113 代表 2009 年第 91 天 13 时的数据,即 2009 年 4 月 1 日 13 时的数据)分别表示年月尺度、日尺度和小时尺度数据。下面将从遥感影像命名规则、文本文件命名规则分别介绍。

1) 遥感影像命名规则

在 EcoHAT 现有的模拟过程中,需要两种类型的遥感数据,只输入一次的数据和需要多次输入的数据。

只输入一次的数据:在整个模拟中只输入一次,如土壤类型、区域边界等。特点是数据所表达的区域特性不会或几乎不会随着时间变化,比较稳定或固定。所以在模拟过程中只需输入一次。命名方式为:参数名 _ 0,如只用输入一次的边界数据我们命名为:Boundary _ 0。这样做的目的是大家在看到 _ 0 后就能确定是只输入一次的数据,也是为程序编写方便。

需要多次输入的数据:在整个模拟中需要根据模拟时间步长多次输入,如降雨、蒸散发等。特点是数据所表达的区域特性随着时间的变化,不能只输入一次,需要不断提供不同时序的模拟数据。命名方式为：参数名＿日期，如日尺度的降雨数据命名为：Precipitation＿2009091。

2）文本文件命名规则

同遥感数据一样，文本数据同样分为只输入一次和需要多次输入。命名规则基本相同，但有一些变化。为了区分遥感数据和文本数据，文本数据的命名规则为：名称＿txt＿0 或名称＿txt＿日期。如 NPP 的计算中，输入数据需要 NPP 的一个文本参数数据，只输入一次。经过模拟后会输出 NPP 遥感影像。如果不加以区分，将造成系统无法区分这两个 NPP 属于影像还是文本，且给使用带来不便。所以与遥感数据的命名规则一致，只输入一次的 NPP 文本参数数据命名为：NPP＿txt＿0；同理，多次输入的文本参数则命名为：名称＿txt＿日期，如 Precipitation＿txt＿2009091。

当模型输入界面中存在"指定所有参数所在文件夹"这一按钮，且界面上有文件命名提示时（图 1-5），为了能够实现一键批量读取文件，请按照提示命名输入文件。

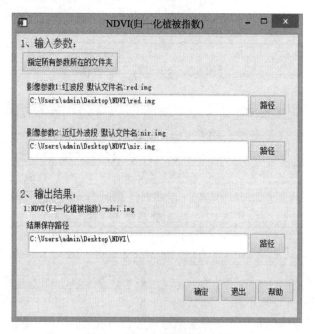

图 1-5　归一化植被指数计算

在 EcoHAT 要调用或打开某项功能时，只需单击菜单中对应选项即可。下面以计算 EcoHAT 中的遥感反演模块的归一化植被指数（NDVI）计算流程为例，说明具体软件操作过程，其他计算过程类似。

单击操作界面中下拉菜单"遥感反演——→植被参数——→归一化植被指数 NDVI"，单击该选项（图 1-6）。软件将弹出操作窗口（图 1-5），该窗口为 NDVI 计算界面，用户将利用该界面完成模型计算输入和输出数据存放路径的配置。模型软件采用文件夹管理的方式，用户只需按照模型软件的命名规则对准备数据进行命名和存放（图 1-7），单击界面中"指定所有参数所在文件夹"按钮，软件便可实现一次性批量读取模型计算所需所有数据，并自动生成默认的输出结果。文件存放位置，用户可自行调节。

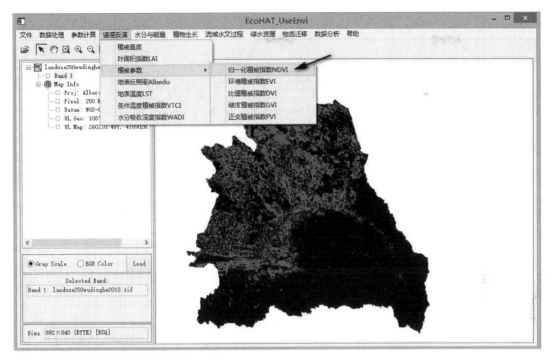

图 1-6　EcoHAT 中通过选择下拉菜单打开 NDVI 计算窗口

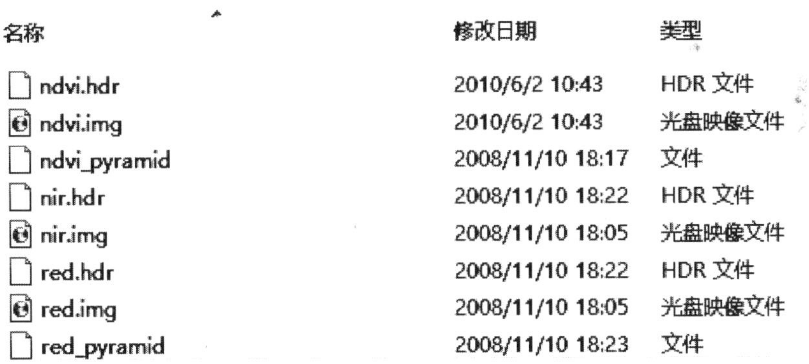

名称	修改日期	类型
ndvi.hdr	2010/6/2 10:43	HDR 文件
ndvi.img	2010/6/2 10:43	光盘映像文件
ndvi_pyramid	2008/11/10 18:17	文件
nir.hdr	2008/11/10 18:22	HDR 文件
nir.img	2008/11/10 18:05	光盘映像文件
red.hdr	2008/11/10 18:22	HDR 文件
red.img	2008/11/10 18:05	光盘映像文件
red_pyramid	2008/11/10 18:23	文件

图 1-7　NDVI 输入文件以及命名示例

综上所述，通用计算流程如下。

（1）输入参数—指定所有参数所在的文件夹：将模型所需输入文件放入统一文件夹，通过该按钮指定此文件夹，程序将根据模型的文件名自动查找所有输入文件，而无需单独指定。

（2）输入参数—路径：如果某一输入不在上述文件夹中，可通过此按钮单独指定相应路径。

（3）输出结果—路径：指定保存输出图像的文件夹。

第2章 遥感数据下载和预处理

2.1 常用遥感数据

遥感水文学常用的数据包括 GLDAS 数据、MODIS 数据、GLASS 数据、风云数据等，本章针对前三种数据从数据简介、数据定制以及数据处理流程三个方面进行介绍。

2.1.1 GLDAS 数据

全球陆面数据同化系统(GLDAS)的研究开始于1998年，由美国国家航空航天局哥达德太空飞行中心(NASA、GSFC)、美国国家海洋大气局的国家环境预报中心(NOAA、NCEP)和水文科学部、普林斯顿大学、华盛顿大学联合研发，期望利用陆面数据同化系统提供全球尺度的陆面同化数据集。GLDAS 的空间分辨率为 $0.25° \times 0.25°$，时间分辨率为3h。全球陆面数据同化系统的驱动数据包括 NCEP 的全球数据同化系统和 NASA 的哥达德数据同化系统生成的气象驱动数据；陆面模型包括 Mosaic、NOAH、the community land model(CLM)和 the variable infiltration capacity(VIC)；陆面参数集包括全球的植被分类图、叶面积指数、土壤数据集、高程数据集等；观测数据包括 Geostationary IR、SSM/I、TRMM 等遥感数据及地面站点观测数据；同化算法包括四维变分、Kalman 滤波、集合 Kalman 滤波算法；输出数据集包括土壤水分、蒸散发、能量通量、径流、积雪等28种地表过程参数。

表 2-1 中列出了一些 GLDAS 数据的基本特征参量。

表 2-1 GLDAS 数据集的基本参数

内容	水分和能量平衡组分，驱动数据
纬度范围	$-60° \sim 90°$
经度范围	$-180° \sim 180°$
空间分辨率	$0.25°$，$1.0°$
时间分辨率	3h 或月
时间范围	$1.0°$数据：1979 年 1 月 1 日至今
	$0.25°$数据：2000 年 2 月 24 日至今
维数	$1.0°$数据：360 行×150 列
	$0.25°$数据：1440 行×600 列
原点(第一个栅格中心)	$1.0°$数据：(179.5W，59.5S)
	$0.25°$数据：(179.875W，59.875S)

陆面模型	CLM 2.0，GLDAS/CLM 实验 691（1.0°）
	MOSAIC，GLDAS/MOSAIC 实验 691（1.0°）
	NOAH 2.7，GLDAS/NOAH 实验 691（1.0°）
	VIC water balance，GLDAS/VIC 实验 692（1.0°）
	NOAH 2.7，GLDAS/NOAH 实验 881（0.25°）

在目前的应用中，使用最多的是空间分辨率最高的 NOAH 模型模拟的数据，它提供全球的数据产品，空间分辨率达到 0.25°，时间分辨率为 3h。

该数据的命名方式为

GLDAS ＿ ＜Land surface model＞＜LSM resolution＞SUBP ＿ 3H. A＜date＞. ＜HHHH＞. ＜product version＞. ＜Production date and time＞. grb

其中，＜date＞的具体格式为＜YYYY＞＜Day of year＞，＜Production date and time＞的具体格式为＜YYYY＞＜Day of year＞＜HHMMSS＞。

例如，0.25°·0.25° NOAH 模型在 2011 年 1 月 1 日 0：00 的 GLDAS 数据命名为

GLDAS ＿ NOAH025SUBP ＿ 3H. A2011001.0000.001.2011060194403. grb

数据的原始格式为 GRIB(Gridded binary)格式。GLDAS 数据提供的参数种类见表 2-2。其中，特别要注意 PDS ID［GRIB product definition section(PDS)ID］，它是 GLDAS 数据解压后，每一个数据是什么内容的唯一标识。

表 2-2　GLDAS 数据集子集的地球物理参数

产品定义区分序号	全称	单位	时间
001	地面气压	Pa	瞬时
011	近地面空气温度	K	瞬时
032	近地面风速等级	m/s	瞬时
051	近地面比湿	kg/kg	瞬时
057	总蒸散量	$kg/(m^2 \cdot s)$	过去 3h 平均
065	雪水当量	kg/m^2	瞬时
071	冠层总蓄水	kg/m^2	瞬时
085	平均各层土壤温度	K	瞬时
086	平均各层土壤湿度	kg/m^2	瞬时
099	融雪	$kg/(m^2 \cdot s)$	过去 3h 平均
111	净短波辐射	W/m^2	过去 3h 平均
112	净长波辐射	W/m^2	过去 3h 平均

续表

产品定义区分序号	全称	单位	时间
121	潜热通量	W/m^2	过去 3h 平均
122	显热通量	W/m^2	过去 3h 平均
131	降雪率	$kg/(m^2 \cdot s)$	过去 3h 平均
132	降雨率	$kg/(m^2 \cdot s)$	过去 3h 平均
138	表面平均温度	K	瞬时
155	地面热通量	W/m^2	过去 3h 平均
204	表面入射短波辐射通量	W/m^2	瞬时
205	表面入射长波辐射通量	W/m^2	瞬时
234	地下径流	$kg/(m^2 \cdot s)$	过去 3h 平均
235	地表径流	$kg/(m^2 \cdot s)$	过去 3h 平均

说明：CLM、Mosaic 和 VIC 模型的参数单位是 $kg/(m^2 \cdot s)$（$1.0°$ 与 $0.25°$ 均如此），NOAH 模型的参数单位是 kg/m^2（$1.0°$ 与 $0.25°$ 均如此）。

GLDAS 数据中的土壤温度（PDS 085）和土壤湿度（PDS 086）在不同模型中存在差别。CLM2，Mosaic，NOAH，VIC 模型分别在垂直上将土壤分为 10，3，4，3 层。在 GRIB 格式中，按照 Layer1，Layer2，…，LayerN 的顺序保存，即前面的数据为表层，后面的数据为底层。各模型中各层对应的土壤深度见表 2-3。

表 2-3　关于四个地表模型的图层深度

模型	深度/m
CLM 2（10 层）	$0\sim0.018$, $0.018\sim0.045$, $0.045\sim0.091$, $0.091\sim0.166$, $0.166\sim0.289$, $0.289\sim0.493$, $0.493\sim0.829$, $0.829\sim1.383$, $1.383\sim2.296$, $2.296\sim3.433$
Mosaic（3 层）	$0\sim0.02$, $0.02\sim1.50$, $1.50\sim3.50$
NOAH（4 层）	$0\sim0.1$, $0.1\sim0.4$, $0.4\sim1.0$, $1.0\sim2.0$
VIC（3 层）	$0\sim0.1$, $0.1\sim1.6$, $1.6\sim1.9$

2.1.2　MODIS 数据

EOS 卫星轨道高度为距地球 705km，目前的第一颗上午轨道卫星过境时间为地方时 11：30 左右，一天最多可以获得 4 条过境轨道资料。EOS 系列卫星上的最主要的仪器是中分辨率成像光谱仪（MODIS），其最大空间分辨率可达 250m，MODIS 是当前世界上新一代"图谱合一"的光学遥感仪器，有 36 个离散光谱波段，光谱范围宽，从 $0.4\mu m$（可见光）到 $14.4\mu m$（热红外）全光谱覆盖。MODIS 的多波段数据可以同时提供反映陆地表面状况、云边界、云特性、海洋水色、浮游植物、生物地理、化学、大气中水汽、气溶胶、地表温度、云顶温度、大气温度、臭氧和云顶高度等特征的信息。可用于对陆表、生物圈、固态地球、大气和海洋进行长期全球观测（表 2-4）。

表 2-4　MODIS 仪器特性、波段范围和主要用途

通道	光谱范围	信噪比 NEΔT	主要用途	分辨率/m
1	620～670nm	128	陆地、云边界	250
2	841～876nm	201		250
3	459～479nm	243	陆地、云特性	500
4	545～565nm	228		500
5	1230～1250nm	74		500
6	1628～1652nm	275		500
7	2105～2135nm	110		500
8	405～420nm	880		1000
9	438～448nm	8380		1000
10	483～493nm	802	海洋水色	1000
11	526～536nm	754	浮游植物	1000
12	546～556nm	750	生物地理	1000
13	662～672nm	910	化学	1000
14	673～683nm	1087		1000
15	743～753nm	586		1000
16	862～877nm	516		1000
17	890～920nm	167		1000
18	931～941nm	57	大气水汽	1000
19	915～965nm	250		1000
20	3.660～3.840μm	0.05		1000
21	3.929～3.989μm	2.00	表面、云温度	1000
22	3.929～3.989μm	0.07		1000
23	4.020～4.080μm	0.07		1000
24	4.433～4.498μm	0.25	大气温度	1000
25	4.482～4.549μm	0.25		1000
26	1.360～1.390μm	1504		1000
27	6.535～6.895μm	0.25	卷云、水汽	1000
28	7.175～7.475μm	0.25		1000
29	8.400～8.700μm	0.05	云属性	1000
30	9.580～9.880μm	0.25	臭氧	1000
31	10.780～11.280μm	0.05	地球表面、云顶温度	1000
32	11.770～12.270μm	0.05		1000
33	13.185～13.485μm	0.25		1000
34	13.485～13.785μm	0.25	云顶高度	1000
35	13.785～14.085μm	0.25		1000
36	14.085～14.385μm	0.35		1000

MODIS 仪器与 NOAA 卫星和陆地卫星相比,有以下特点和优势。

(1) 空间分辨率大幅提高。空间分辨率提高了一个量级,由 NOAA 的千米级提高到了 MODIS 的百米级。

(2) 时间分辨率有优势。一天可过境 4 次,对各种突发性、快速变化的自然灾害有更强的实时监测能力。

(3) 光谱分辨率大大提高。有 36 个波段,这种多通道观测大大增强了对地球复杂系统的观测能力和对地表类型的识别能力。

2.1.3　GLASS 数据

在目前的全球变化研究与地球系统模型研发中,卫星观测没有发挥其全部潜力,迄今为止,针对全球陆面变化研究与陆面模型研发,国际陆地遥感领域仍缺乏长时间序列、高时空分辨率和高质量的全球陆表特征参量产品。

GLASS 产品是在国家"863"计划重点项目"全球陆表特征参量产品生成与应用研究"支持下生产完成的。该项目由北京师范大学全球变化与地球系统科学研究院首席科学家梁顺林教授牵头实施,组织国内数十个科研单位,近百名科研工作者,历时 3 年生产了迄今为止时间尺度最长的叶面积指数、地表反照率和发射率产品,以及空间分辨率最高的两种辐射产品(表 2-5),这是中国科学家在陆表特征参量产品反演领域内完成的一个重大突破。

表 2-5　GLASS 产品时、空分辨率以及时间覆盖范围

产品	空间分辨率	时间分辨率	时间覆盖范围
叶面积指数	1~5km, 0.05°	8d	1981~2010
地表反照率	1~5km, 0.05°	8d	1981~2010
发射率	1~5km, 0.05°	8d	1981~2010
下行短波辐射	5km, 0.05°	3h	2008~2010
下行光合有效辐射	5km, 0.05°	3h	2008~2010

GLASS 收集、整理和汇编了总量达 580TB 的卫星遥感数据以及多种再分析数据,系统发展了 5 种陆表特征参量(叶面积指数、地表反照率、发射率、下行短波辐射和下行光合有效辐射)的遥感反演方法,相关研究成果均发表在国际顶级遥感期刊上,生产了相应长时间序列的、高质量、高精度卫星产品。

其中,叶面积指数、地表反照率和发射率产品的时间覆盖范围为 1981~2010 年,把目前国际主流的同类产品向前推进了近 20 年;发射率产品也是目前世界首个全球宽波段发射率产品;两种辐射产品是目前国际上空间分辨率最高的全球产品(5km),比国际同类产品提高了至少一个数量级。项目研制了能够同化遥感产品的中国陆面数据同化系统,分析了陆表参量自身的时空分布特性及其与气候要素的相关性,并使用 GLASS 产品进行同化与应用示范,生成了中国陆地区域同化数据集。

北京师范大学全球变化数据处理分析中心拥有四类数据,GLASS01 代表合成产品的原始数据,包括全球 10 种主流的卫星传感器长时间序列原始数据及产品数据。GLASS02 代表"全球陆表特征参量产品生成与应用研究"项目预处理数据。GLASS03 代表"全球陆表特征参量产品生成与应用研究"项目生产的叶面积指数、地表反照率、发射率、下行短波辐射和下行有效光合辐射 5 种单一产品数据。GLASS04 代表"全球陆表特征参量产品生成与应用研究"项目生产的合成产品数据。

2.2　遥感数据的定制

2.2.1　GLDAS 数据的定制及下载流程

GLDAS 数据下载网址：http://disc.sci.gsfc.nasa.gov/hydrology/data-holdings。不需要登录账号，网站界面见图 2-1。

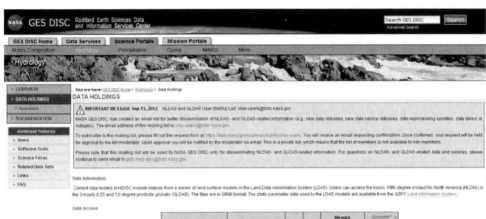

图 2-1　GLDAS 数据下载网站

第 1 步：选择数据(图 2-2)。

选择 GLDAS _ NOAH025SUBP _ 3H 单击 search 列对应的按钮，选择的数据类型空间分辨率为 25km，时间分辨率为 3h(图 2-2)。

Data Type (Short Name)	Description	FTP	GDS	Mirador		Giovanni *
				Navigation	Search	(Visualization)
NLDAS-1, 0.125 degree, North America (NLDAS-1 README Document)						
NLDAS_FOR0125_H.001	Hourly forcing	✔	✔	✔	✔	✔
NLDAS-2, 0.125 degree, North America (NLDAS-2 README Document)						
NLDAS_FORA0125_H.002	Hourly primary forcing	✔	✔	✔	✔	✔
NLDAS_FORB0125_H.002	Hourly secondary forcing	✔	✔	✔	✔	✔
NLDAS_MOS0125_H.002	Hourly Mosaic	✔	✔	✔	✔	
NLDAS_NOAH0125_H.002	Hourly Noah	✔	✔	✔	✔	✔
GLDAS-2, 1.0 degree. Global (GLDAS-2 README Document)						
GLDAS_NOAH10_3H_E1.002	3 hourly Noah experiment 1	✔	✔	✔	✔	✔
GLDAS_NOAH10_M_E1.002	Monthly Noah experiment 1	✔	✔	✔	✔	✔
GLDAS-1, 0.25 degree, Global (GLDAS-1 README Document)						
GLDAS_NOAH025SUBP_3H	3 hourly Noah	✔	✔	✔	✔	
GLDAS_NOAH025_M	Monthly Noah	✔	✔	✔	✔	
GLDAS-1, 1.0 degree, Global (GLDAS-1 README Document)						
GLDAS_CLM10SUBP_3H	3 hourly CLM	✔	✔	✔	✔	✔
GLDAS_CLM10_M	Monthly CLM	✔	✔	✔	✔	✔
GLDAS_MOS10SUBP_3H	3 hourly Mosaic	✔	✔	✔	✔	✔
GLDAS_MOS10_M	Monthly Mosaic	✔	✔	✔	✔	
GLDAS_NOAH10SUBP_3H	3 hourly Noah	✔	✔	✔	✔	✔
GLDAS_NOAH10_M	Monthly Noah	✔	✔	✔	✔	✔
GLDAS_VIC10_3H	3 hourly VIC	✔	✔	✔	✔	✔
GLDAS_VIC10_M	Monthly VIC	✔	✔	✔	✔	✔
LPRM-based Soil Moisture						
LPRM_AMSRE_SOILM2.002	Swath	✔		✔	✔	
LPRM_AMSRE_A_SOILM3.002	Daily 0.25 degree	✔		✔	✔	
LPRM_AMSRE_D_SOILM3.002	Daily 0.25 degree	✔		✔	✔	
LPRM_TMI_DY_SOILM3.001	Daily 0.25 degree	✔		✔	✔	
LPRM_TMI_NT_SOILM3.001	Daily 0.25 degree	✔		✔	✔	
LPRM_TMI_SOILM2.001	Swath	✔		✔	✔	

图 2-2　GLDAS 数据分类列表

GLDAS-1, 0.25 degree, Global (GLDAS-1 README Document)						
GLDAS_NOAH025SUBP_3H	3 hourly Noah	✔	✔	✔	✔	
GLDAS_NOAH025_M	Monthly Noah	✔	✔	✔	✔	

图 2-3　GLDAS-1 产品的分辨率

　　图 2-3 中出现了"GLDAS-1，0.25degree"，按照 1°约等于 100km 的换算关系，GLDAS-1 数据的空间分辨率应为 25km。

　　第 2 步：选择时空范围(图 2-4)。

图 2-4　GLDAS 数据范围示意图

　　Time Span：设置时间范围，格式为 2010-01-01。

　　Location：设置空间范围，选择研究区左下角和右上角的经纬度，格式为(34.16，106.00)，(39.91，117.42)。

　　注：全部为英文格式，包括括号，也可以通过地图上的拉框工具选取范围。

　　然后点击 Search GES-DISC 按钮，进入下一步。

　　第 3 步：浏览数据(图 2-5)。

　　点击"View Files"，查看数据。

　　点击最下方的 Add All Files in All Pages To Cart ，全部加入到购物车(图 2-6)。

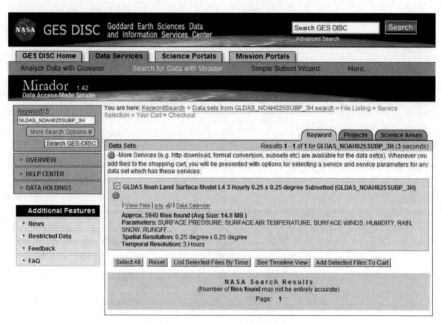

图 2-5　GLDAS 数据集筛选

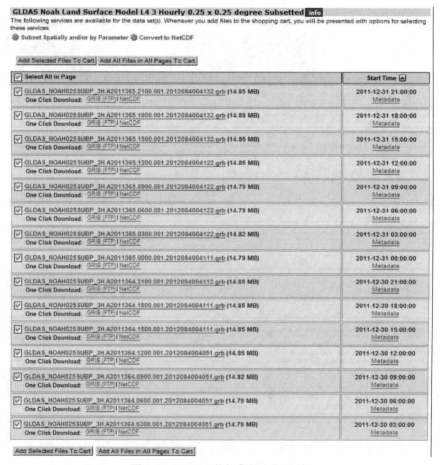

图 2-6　GLDAS 数据集提交订购单

第 4 步：获取数据地址（图 2-7）。

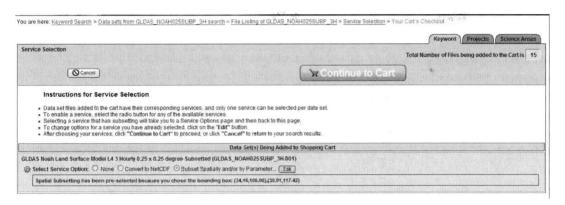

图 2-7　GLDAS 数据集选择服务选项

点击 Continue to Cart，进入数据集购物车页面（图 2-8）。

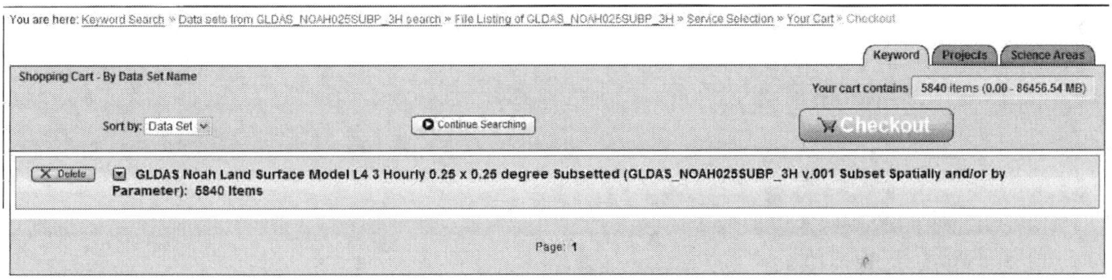

图 2-8　GLDAS 数据集购物车

点击 Checkout，进入数据集提交提示下载信息页面（图 2-9）。

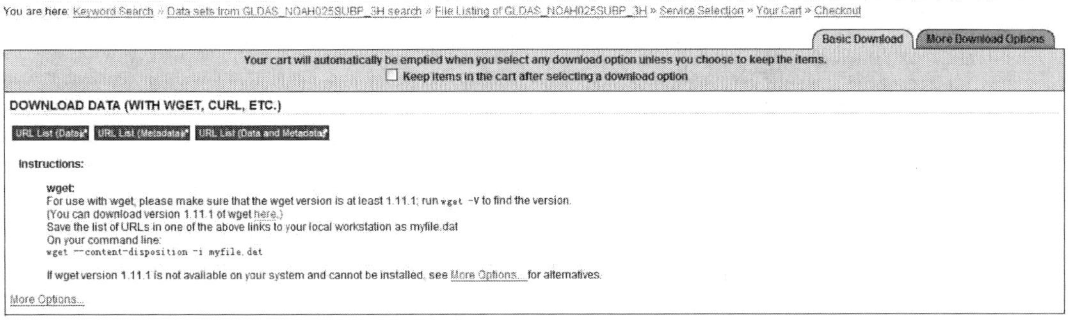

图 2-9　GLDAS 数据集提交提示下载信息

点击 URL List (Data)，获得 GLDAS 数据链接地址（图 2-10）。

```
ftp://hydro1.sci.gsfc.nasa.gov/data/s4pa/GLDAS_V1/GLDAS_NOAH025SUBP_3H/doc/README.GLDAS.pdf
http://hydro1.sci.gsfc.nasa.gov/daac-bin/OTF/HTTP_services.cgi?
FILENAME=%2Fdata%2Fs4pa%2FGLDAS_V1%2FGLDAS_NOAH025SUBP_3H%2F2011%2F365%2FGLDAS_NOAH025SUBP_3H.A2011365.2100.00
1.2012084004132.grb&BBOX=34.16%2C106%2C39.91%2C117.42&LABEL=GLDAS_NOAH025SUBP_3H.A2011365.2100.001.20122800801
46.pss.grb&SHORTNAME=GLDAS_NOAH025SUBP_3H&SERVICE=SUBSET_GRIB&VERSION=1.02&DATASET_VERSION=001
http://hydro1.sci.gsfc.nasa.gov/daac-bin/OTF/HTTP_services.cgi?
FILENAME=%2Fdata%2Fs4pa%2FGLDAS_V1%2FGLDAS_NOAH025SUBP_3H%2F2011%2F365%2FGLDAS_NOAH025SUBP_3H.A2011365.1800.00
1.2012084004132.grb&BBOX=34.16%2C106%2C39.91%2C117.42&LABEL=GLDAS_NOAH025SUBP_3H.A2011365.1800.001.20122800801
46.pss.grb&SHORTNAME=GLDAS_NOAH025SUBP_3H&SERVICE=SUBSET_GRIB&VERSION=1.02&DATASET_VERSION=001
http://hydro1.sci.gsfc.nasa.gov/daac-bin/OTF/HTTP_services.cgi?
FILENAME=%2Fdata%2Fs4pa%2FGLDAS_V1%2FGLDAS_NOAH025SUBP_3H%2F2011%2F365%2FGLDAS_NOAH025SUBP_3H.A2011365.1500.00
1.2012084004132.grb&BBOX=34.16%2C106%2C39.91%2C117.42&LABEL=GLDAS_NOAH025SUBP_3H.A2011365.1500.001.20122800801
46.pss.grb&SHORTNAME=GLDAS_NOAH025SUBP_3H&SERVICE=SUBSET_GRIB&VERSION=1.02&DATASET_VERSION=001
http://hydro1.sci.gsfc.nasa.gov/daac-bin/OTF/HTTP_services.cgi?
FILENAME=%2Fdata%2Fs4pa%2FGLDAS_V1%2FGLDAS_NOAH025SUBP_3H%2F2011%2F365%2FGLDAS_NOAH025SUBP_3H.A2011365.1200.00
1.2012084004122.grb&BBOX=34.16%2C106%2C39.91%2C117.42&LABEL=GLDAS_NOAH025SUBP_3H.A2011365.1200.001.20122800801
46.pss.grb&SHORTNAME=GLDAS_NOAH025SUBP_3H&SERVICE=SUBSET_GRIB&VERSION=1.02&DATASET_VERSION=001
http://hydro1.sci.gsfc.nasa.gov/daac-bin/OTF/HTTP_services.cgi?
FILENAME=%2Fdata%2Fs4pa%2FGLDAS_V1%2FGLDAS_NOAH025SUBP_3H%2F2011%2F365%2FGLDAS_NOAH025SUBP_3H.A2011365.0900.00
1.2012084004122.grb&BBOX=34.16%2C106%2C39.91%2C117.42&LABEL=GLDAS_NOAH025SUBP_3H.A2011365.0900.001.20122800801
46.pss.grb&SHORTNAME=GLDAS_NOAH025SUBP_3H&SERVICE=SUBSET_GRIB&VERSION=1.02&DATASET_VERSION=001
http://hydro1.sci.gsfc.nasa.gov/daac-bin/OTF/HTTP_services.cgi?
FILENAME=%2Fdata%2Fs4pa%2FGLDAS_V1%2FGLDAS_NOAH025SUBP_3H%2F2011%2F365%2FGLDAS_NOAH025SUBP_3H.A2011365.0600.00
1.2012084004122.grb&BBOX=34.16%2C106%2C39.91%2C117.42&LABEL=GLDAS_NOAH025SUBP_3H.A2011365.0600.001.20122800801
46.pss.grb&SHORTNAME=GLDAS_NOAH025SUBP_3H&SERVICE=SUBSET_GRIB&VERSION=1.02&DATASET_VERSION=001
```

图 2-10　GLDAS 数据下载地址链接

此时，可以使用迅雷等下载软件进行下载。

2.2.2　MODIS 数据的定制及下载流程

1) 方法一(需要注册)

MODIS 数据定制流程如下。

登录网址 http://reverb.echo.nasa.gov/reverb/。

点击网页左上角的"sign in"，在新网页中输入用户名密码进行登录，如果没有账户则点击下方的"Need an EOSDIS user account?"链接，创建一个新账户 MODIS 数据下载网站界面、注册界面及注册信息选项填写界面分别见图 2-11、图 2-12 及图 2-13。

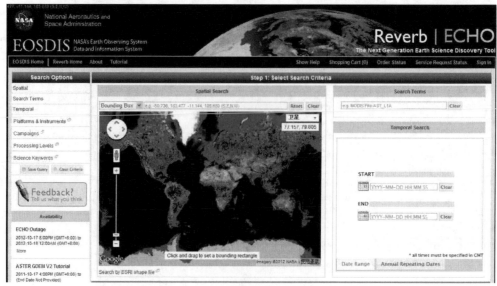

图 2-11　MODIS 数据下载网站界面

National Aeronautics and Space Administration
EOSDIS NASA's Earth Observing System Data and Information System
Reverb | ECHO
The Next Generation Earth Science Discovery Tool
The Next Generation Earth Science Discovery Tool.
Welcome to Reverb where you can discover and access the NASA's EOSDIS Earth Science data and services.
An EOSDIS User Account can be used across an ever-increasing number of systems across NASA's Earth Data Systems including Reverb. For more information about where you can use this account, please visit the EOSDIS User Registration homepage.
Sign In to Reverb
Username:
Password:
Go
Need an EOSDIS user account?
Forgot your password or username?
Need help? Contact URS Support.

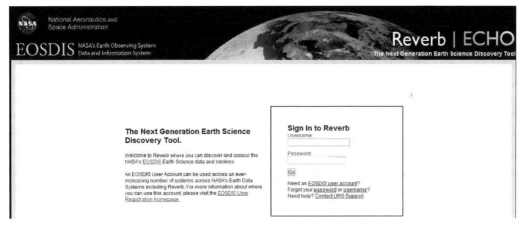

图 2-12　MODIS 数据下载网站注册界面

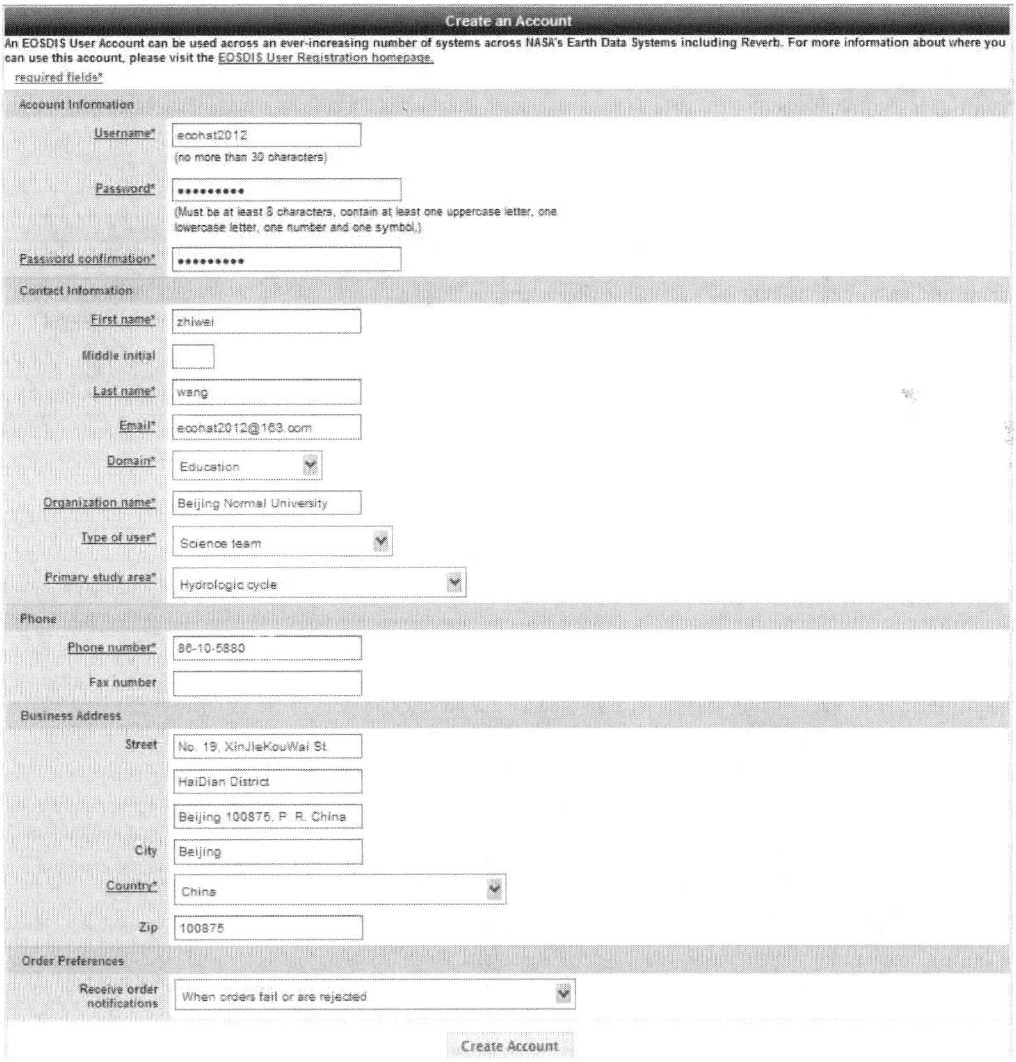

Create an Account
An EOSDIS User Account can be used across an ever-increasing number of systems across NASA's Earth Data Systems including Reverb. For more information about where you can use this account, please visit the EOSDIS User Registration homepage.
required fields*
Account Information
Username*
ecohat2012
(no more than 30 characters)
Password*
(Must be at least 8 characters, contain at least one uppercase letter, one lowercase letter, one number and one symbol.)
Password confirmation*
Contact Information
First name*
zhiwei
Middle initial
Last name*
wang
Email*
ecohat2012@163.com
Domain*
Education
Organization name*
Beijing Normal University
Type of user*
Science team
Primary study area*
Hydrologic cycle
Phone
Phone number*
86-10-5880
Fax number
Business Address
Street
No. 19, XinJieKouWai St.
HaiDian District
Beijing 100875, P. R. China
City
Beijing
Country*
China
Zip
100875
Order Preferences
Receive order notifications
When orders fail or are rejected
Create Account

图 2-13　MODIS 数据下载网站注册信息选项填写

点击 **Create Account** 完成创建。

注册过程中，需要注意的是：邮箱最好使用 Gmail、Hotmail 等邮箱，因为 EOSDIS 对国内邮箱，如 163 邮箱等支持性不够，经常收不到邮件。带"＊"的选项为必填选项，密码为 8～128 位，且必须包含数字、大小写字母、特殊符号（如@、♯、￥、％、＆等），否则会提示修改密码，以达到网站的密码要求。注册成功后会自动登录网站。

在网页左上角会出现以下提示：

> "您登录的是一个临时 EOSDIS 用户账户。请激活您的账户，激活链接已经发送至您的账号创建时所填写的 Email。如果您没有收到一个账户激活电子邮件，您可以联系 EOSDIS 用户注册系统支持团队，support@earthdata.nasa.gov，以寻求帮助。"

收到此提示之后，请进入注册时所填写的邮箱，点击相应邮件的激活链接即可激活账户。弹出新网页提示：

> 用户注册系统——账户验证
>
> 　　您的用户注册系统注册的账户已被确认。您现在可以登录到用户注册系统来检查/或更新您的账户信息。这个账户相关联的任何更新将需要通过给您的电子邮件地址发送电子邮件进行验证。

注册完成后，在主页输入用户名和密码登录，登录成功后界面如图 2-14 所示。

图 2-14　MODIS 数据下载网站登录之后

下面是关于如何选择所需的数据来定制，在登录成功的下方有 3 个区域，分别是：Step 1.

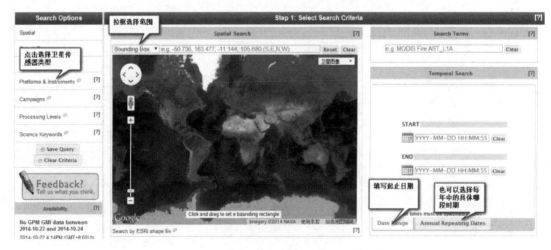

图 2-15　MODIS 数据下载网站界面各选项介绍

Select Search Criteria；Step 2. Select Datasets；Step 3. Discover Granules，用来选择所需要的数据。

（1）Step 1. Select Search Criteria。点击"Platforms & Instruments"。下载网站界面各选项介绍见图 2-15，数据检索选项见图 2-16，下载示例见图 2-17 和图 2-18。

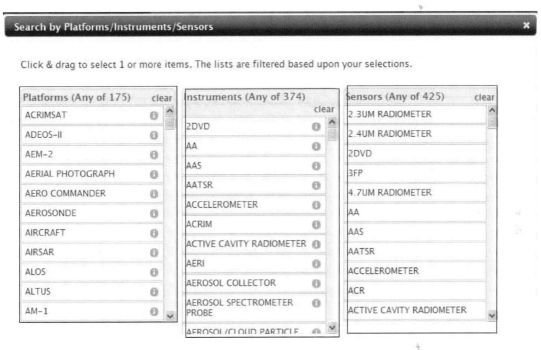

图 2-16　MODIS 数据下载网站数据检索选项

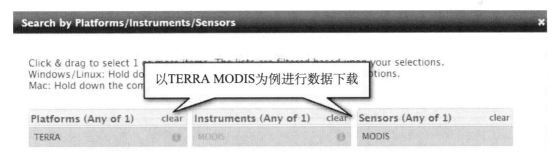

图 2-17　选择 TERRA MODIS 下载示例

图 2-18　TERRA MODIS 三个选项的勾选

下面是输入所要定制数据的时间段。如图 2-19 所示，如果要用 2009 年、2010 年两个年份的数据，输入的是 2009-01-01 00:00:00 到 2010-12-31 23:59:59。

注意：在筛选数据时，时间段选择，最好开始月份、终止月份的数据要有重叠，避免有数据间的空缺。比如在选择 2009 年、2010 年两年份的数据时，最好选择为 2008-12-31 00：00：00 到 2011-01-01 23：59：59。

图 2-19　TERRA MODIS 空间范围、起止时间选取

（2）Step 2. Select Datasets。由于 Step 1 中已经做了选择，在 Step 2 中，数据集的范围也随之缩小为 Step 1 中确定的范围。以"MODIS/Terra Vegetation Indices 16-Day L3 Global 1km SIN Grid V005"为例进行下载（图 2-20）。

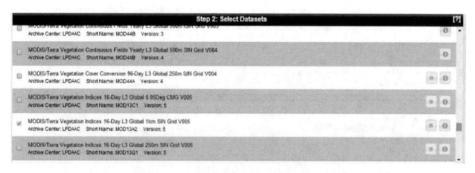

图 2-20　TERRA MODIS 数据集勾选

（3）Step 3. Discover Granules。此时 Step 3. Discover Granules 中则自动出现所选择的数据对象（图 2-21）。

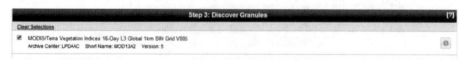

图 2-21　TERRA MODIS 显露数据块

点击  进入下一步，点击"ALL"，可以选择全部的数据，当然也可以单独点击对应的数据的购物车图标，这样就只选择某几个数据集(图 2-22)。

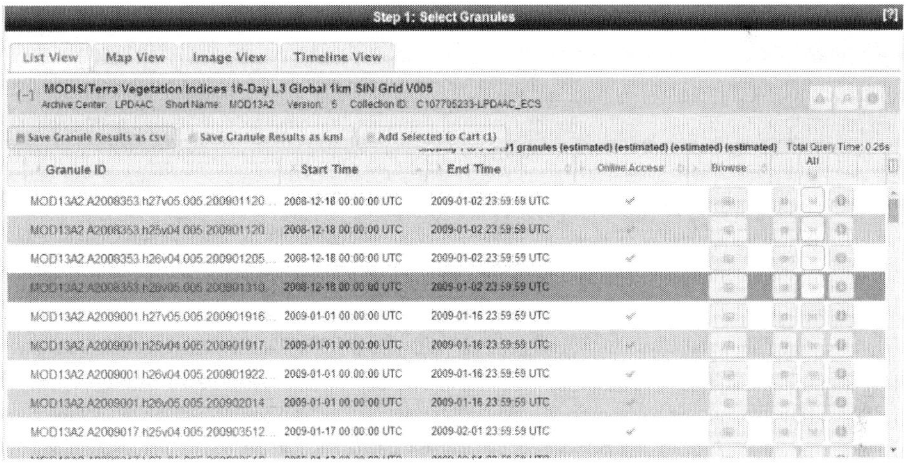

图 2-22　选择数据块

然后，点击"Go to Cart"跳转至购物车并查看购物车中的数据订制情况(图 2-23 和图 2-24)。

图 2-23　转至购物车界面

图 2-24　购物车界面

接下来是确认联系信息(图 2-25～图 2-27)。

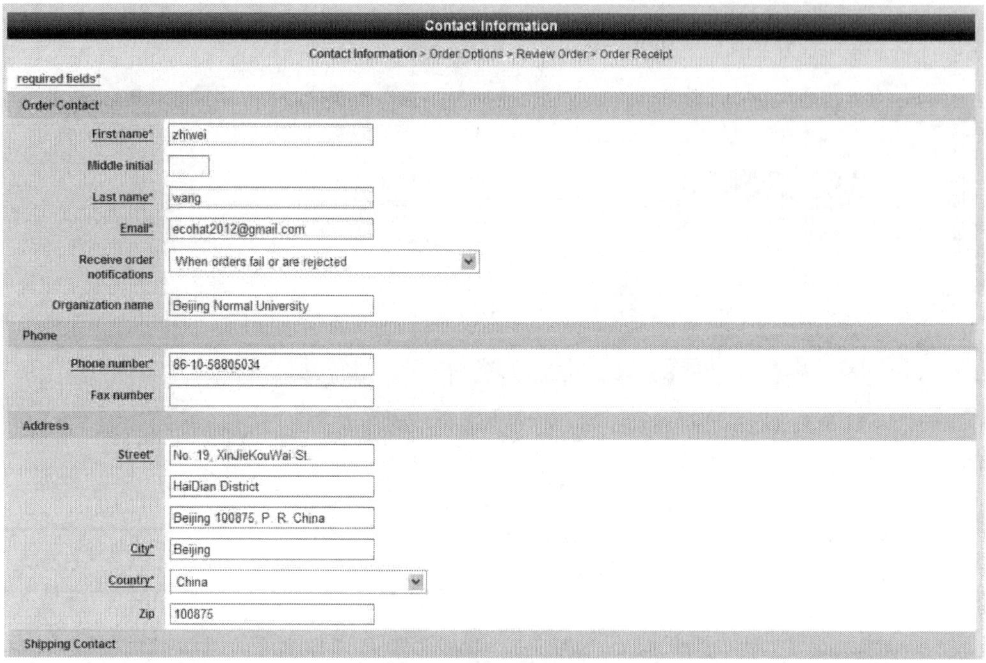

图 2-25　联系信息界面

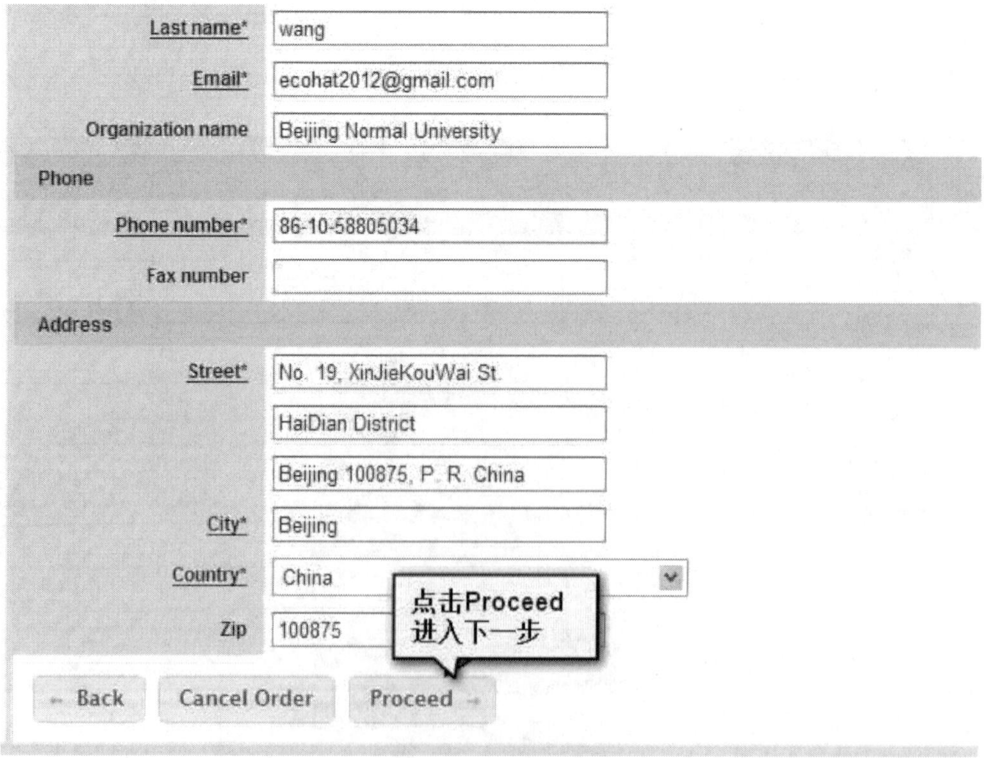

图 2-26　详细信息界面

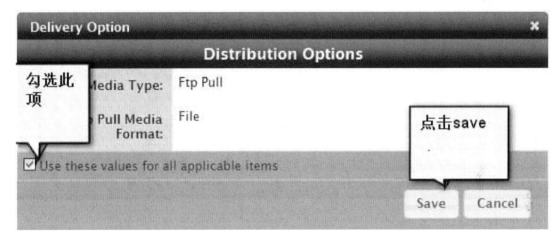

图 2-27　订单选项（设置）

点击任意一条记录的"set"按钮，弹出分配选项对话框（图 2-28 和图 2-29）。

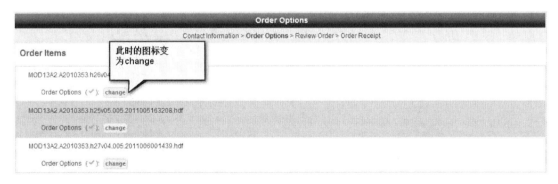

图 2-28　分配选项

图 2-29　订单选项（更改）

点击"Proceed"进入下一步。

在下面的页面中会出现订购的各种信息，确认之后，选择点击"Submit Order"提交订购信息（图 2-30）。

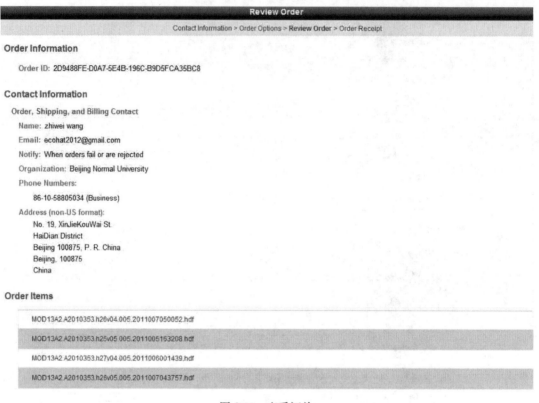

图 2-30　查看订单

当出现下面页面时，就表示数据订购成功，并且下载链接已经发送至用户电子邮箱（图 2-31）。用户可查询自己邮箱的新邮件，如果注册时使用的是国内邮箱就可能出现收不到订购数据邮件的情况，推荐注册时使用 Gmail 或 Hotmail 等国外公司的邮箱。

图 2-31　订单收据

2) 方法二(免注册)

登录网址 http://reverb.echo.nasa.gov/，出现如下界面(图 2-32)。

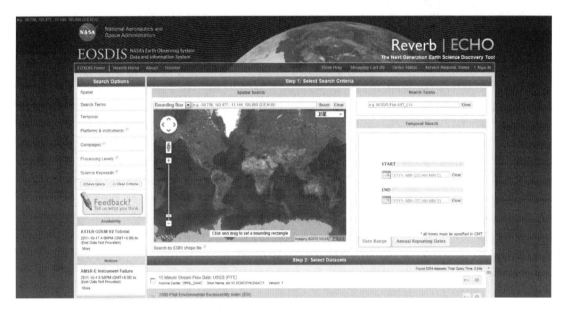

图 2-32　MODIS 数据下载网站界面

进入网站后，选取需要下载数据的空间范围，有两种方式。

(1) 输入经纬度，见图 2-33。

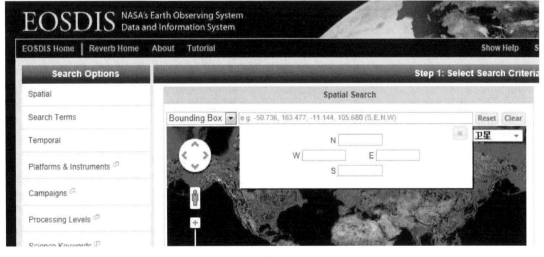

图 2-33　MODIS 数据空间范围选取

（2）输入行列号，见图 2-34。

图 2-34　MODIS 数据行列号输入

在网页的右侧选择需要下载数据的时间范围，见图 2-35。

图 2-35　MODIS 下载数据的时间范围

选取数据集，并点击"Search for Granules"，见图 2-36。

图 2-36 MODIS 数据下载步骤 2、3

点击"All"，将所有的数据加入"Shopping Cart"，见图 2-37。

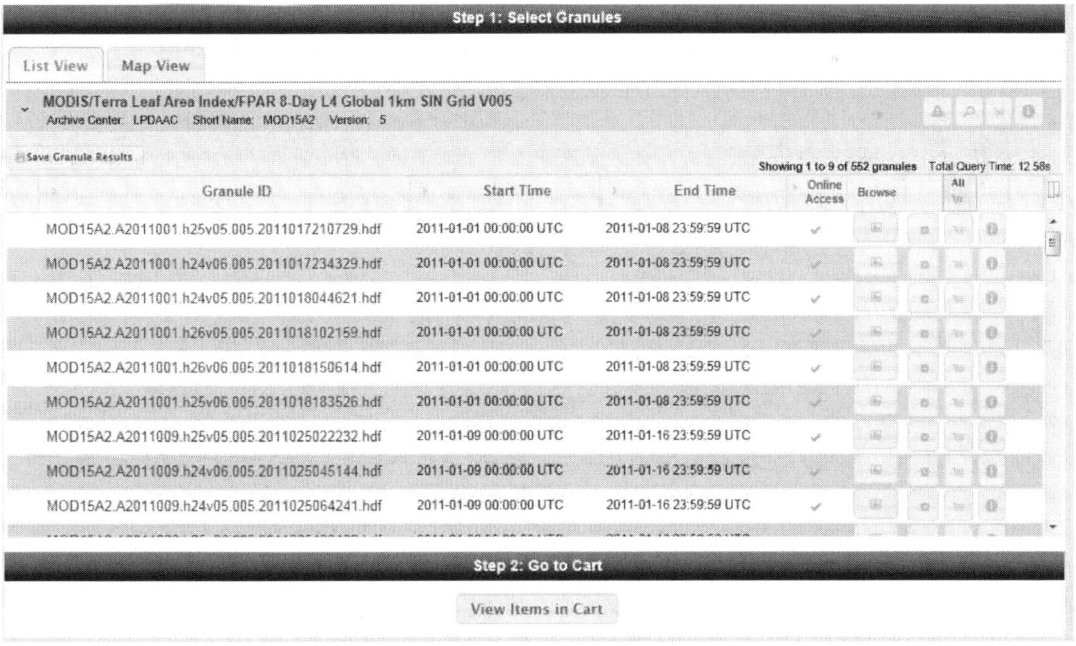

图 2-37 MODIS 数据下载购物车界面

点击"All"完成后，"Shopping Cart"的数值会由 0 变成下载的文件数(图 2-38)。

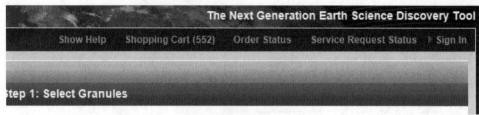

图 2-38　购物车选项界面

点击"View Items in Cart"，查看购物车中的条目，见图 2-39。

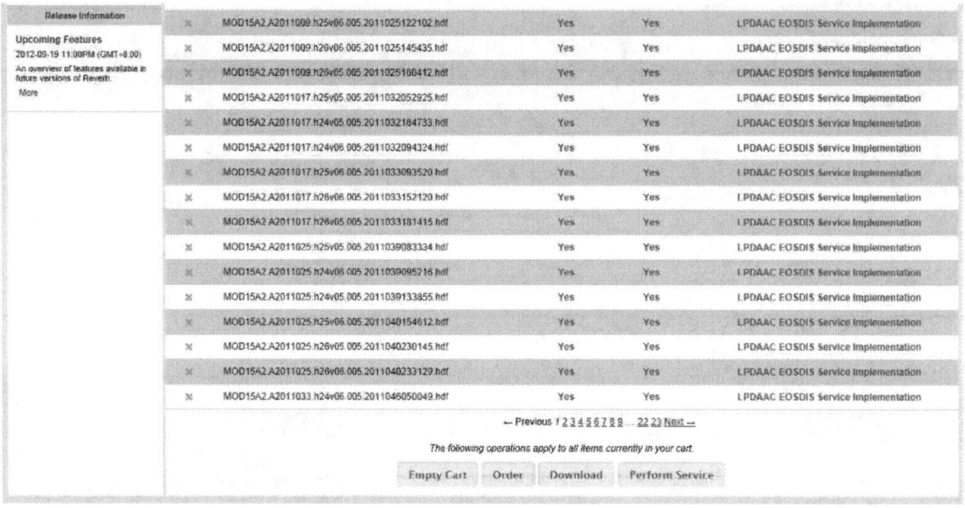

图 2-39　查看购物车条目

点击"Download"，弹出数据下载说明对话框，保持默认状态，点击"Save"，见图 2-40。

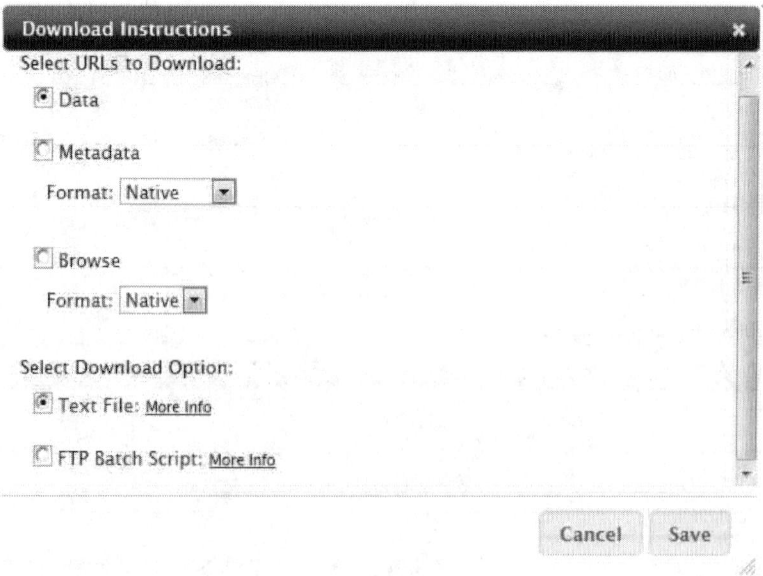

图 2-40　数据下载说明

保存好的文件是一个 txt 文件，里面是所有数据的下载链接地址（图 2-41）。

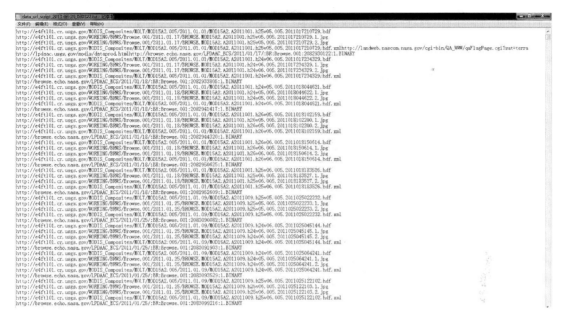

图 2-41　MODIS 数据下载地址链接

此时，可以使用迅雷等下载软件进行下载。

2.2.3　GLASS 数据的定制及下载流程

GLASS 数据下载如下。

登录网址：http://glass-product. bnu. edu. cn：8088/dss/glassProducts. html？method＝search。

在网页中输入用户名、密码进行登录，如果没有账户则点击下方的"注册"链接，创建一个新账户（图 2-42）。

在数据共享协议界面点击"同意"按钮进入注册信息填写界面（图 2-43）。

填写注册邮箱以及密码，点击注册（图 2-44）。

收到提示："注册成功，已向您的信箱发送一封账号激活邮件，账号激活后才能正常使用。"

请登录邮箱查看激活邮件，点击链接以完成账号激活。激活成功后会提示："恭喜您，您的账号激活成功，您可以登录并开始使用系统了，谢谢。"

用新注册的用户名密码登录网站（图 2-45）。

点击定量产品，即可进入数据选择界面。此处以 LAI 为例进行数据下载流程说明（图 2-46）。

产品种类 * 选项点击"Leaf Area Index"；

产品覆盖时间：输入 2009-07-01～2009-08-31；

投影方式：全选；

地图查询：选择"经纬度"并拉框选择区域范围。

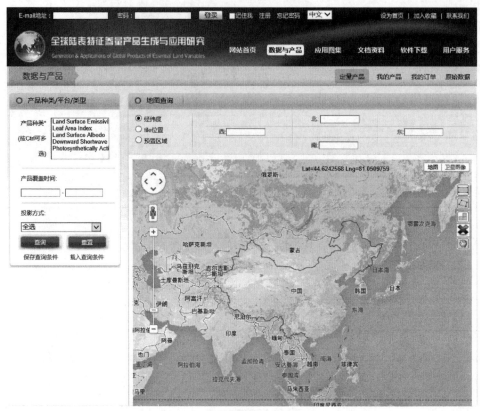

图 2-42　GLASS 数据下载网站界面

图 2-43　GLASS 数据下载网站注册界面

图 2-44　GLASS 数据下载网站注册信息选项填写

图 2-45　GLASS 数据下载网站登录成功

图 2-46　GLASS 数据筛选订制

点击"查询",进入订制数据列表,依次点击"当前页全选"和"加入我的产品"(图 2-47)。

图 2-47　GLASS 数据订制界面

此时每条数据前面显示"已订",点击"查看我的产品"(图 2-48)。

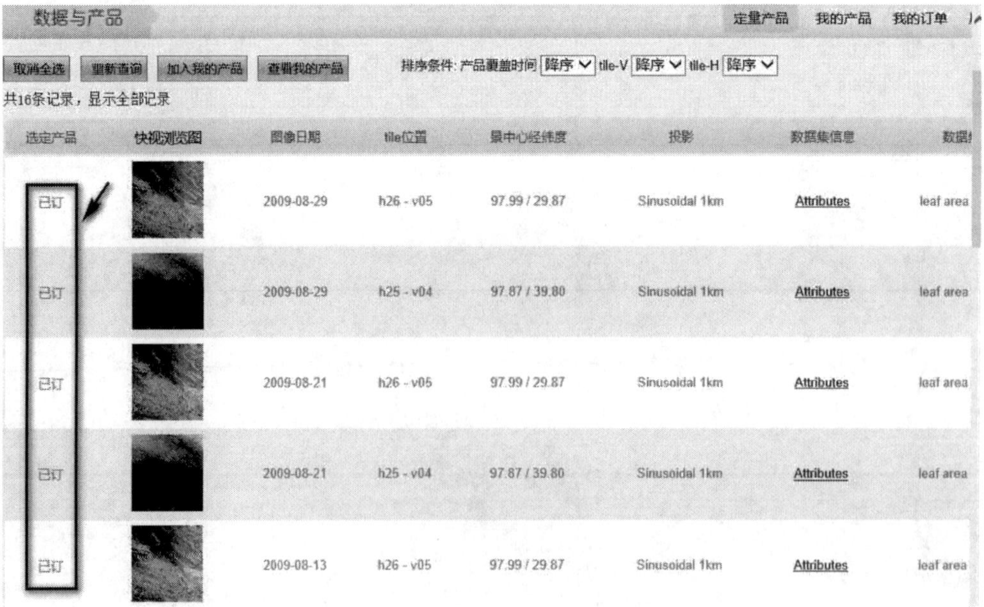

图 2-48　GLASS 数据订制查看界面

顺次点击"当前页全选"以及"生成订单"(图 2-49)。

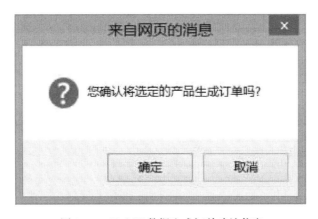

图 2-49　GLASS 数据生成订单

此时会出现订单确认信息，点击"确定"(图 2-50)。

图 2-50　GLASS 数据生成订单确认信息

生成订单成功，请到我的订单中查看订单处理状态(图 2-51)。
顺次点击"当前页全选"以及"导出已完成的下载链接"(图 2-52)。

图 2-51　生成订单成功界面

数据与产品　　　　　　　　　　　　　　　　　定量产品　我的产品　我的订单　原始数据

选择	订单号	卫星	产品种类	产品号	订购时间	审核时间	审核状态	完成时间	处理状态	获取方式	产品下载
☐	637264	Terra	leaf area index	202202	2014-06-21 00:10:13	2014-06-21 00:10:13	审核通过	2014-06-21 00:10:13	已完成	产品下载	⤓
☐	637263	Terra	leaf area index	202222	2014-06-21 00:10:13	2014-06-21 00:10:13	审核通过	2014-06-21 00:10:13	已完成	产品下载	⤓
☐	637262	Terra	leaf area index	202712	2014-06-21 00:10:12	2014-06-21 00:10:12	审核通过	2014-06-21 00:10:13	已完成	产品下载	⤓
☐	637261	Terra	leaf area index	202724	2014-06-21 00:10:12	2014-06-21 00:10:12	审核通过	2014-06-21 00:10:12	已完成	产品下载	⤓
☐	637260	Terra	leaf area index	203217	2014-06-21 00:10:12	2014-06-21 00:10:12	审核通过	2014-06-21 00:10:12	已完成	产品下载	⤓
☐	637259	Terra	leaf area index	203239	2014-06-21 00:10:12	2014-06-21 00:10:12	审核通过	2014-06-21 00:10:12	已完成	产品下载	⤓
☐	637258	Terra	leaf area index	203730	2014-06-21 00:10:12	2014-06-21 00:10:12	审核通过	2014-06-21 00:10:12	已完成	产品下载	⤓
☐	637257	Terra	leaf area index	203743	2014-06-21 00:10:12	2014-06-21 00:10:12	审核通过	2014-06-21 00:10:12	已完成	产品下载	⤓
☐	637256	Terra	leaf area index	204237	2014-06-21 00:10:12	2014-06-21 00:10:12	审核通过	2014-06-21 00:10:12	已完成	产品下载	⤓
☐	637255	Terra	leaf area index	204255	2014-06-21 00:10:12	2014-06-21 00:10:12	审核通过	2014-06-21 00:10:12	已完成	产品下载	⤓
☐	637254	Terra	leaf area index	204744	2014-06-21 00:10:12	2014-06-21 00:10:12	审核通过	2014-06-21 00:10:12	已完成	产品下载	⤓
☐	637253	Terra	leaf area index	204765	2014-06-21 00:10:11	2014-06-21 00:10:11	审核通过	2014-06-21 00:10:11	已完成	产品下载	⤓
☐	637252	Terra	leaf area index	205242	2014-06-21 00:10:11	2014-06-21 00:10:11	审核通过	2014-06-21 00:10:11	已完成	产品下载	⤓
☐	637251	Terra	leaf area index	205253	2014-06-21 00:10:11	2014-06-21 00:10:11	审核通过	2014-06-21 00:10:11	已完成	产品下载	⤓
☐	637250	Terra	leaf area index	205747	2014-06-21 00:10:11	2014-06-21 00:10:11	审核通过	2014-06-21 00:10:11	已完成	产品下载	⤓
☐	637249	Terra	leaf area index	205764	2014-06-21 00:10:10	2014-06-21 00:10:10	审核通过	2014-06-21 00:10:11	已完成	产品下载	⤓

导出选项：CSV | Excel

图 2-52　已完成的 GLASS 数据下载记录

可以通过以下两种方式下载数据。

（1）通过 FTP 工具到以下地址下载数据。FTP 地址：glass-product. bnu. edu. cn。用户名和密码与网站系统一致。

（2）也可将下列链接地址直接加入迅雷等下载工具下载(图 2-53)。

图 2-53　GLASS 数据下载链接

至此，GLASS 数据的定制流程介绍完毕。

2.3　遥感数据的预处理

2.3.1　GLDAS 数据预处理

GLDAS 数据批处理程序所处理的内容包括：

（1）将 GLDAS 原始的 GRIB 数据批量解压缩。

（2）计算 ENVI 文件经纬度。

（3）将各参数保存为 ENVI 标准二进制文件。

GLDAS 数据处理流程（32 位计算机下运行通过）如下。

打开 GLDAS 数据处理平台。复制 wgrib. exe，cygwin1. dll 和 data _ information. bat 到数据所在文件夹内，必要时要把"GLDAS 数据处理平台"文件夹下的所有文件复制到所在文件夹内。编辑 data _ information. bat，修改文件名为本地机器上的文件名，下面以下载的 2011 年三江平原的 GLDAS 数据为例说明操作。

wgrib

GLDAS _ NOAH025SUBP _ 3H. A2011001. 0000. 001. 2012303014025. pss. grb-v＞v1. txt

wgrib

GLDAS _ NOAH025SUBP _ 3H. A2011001. 0000. 001. 2012303014025. pss. grb-V＞v2. txt

运行之，获取数据信息，得到 v1. txt 和 v2. txt 两个文本文档。

通过查看数据索引文件 v1. txt（用写字板打开，不要用记事本），获得想要的数据的索引值，如气温是第二个，风速是第三个。

从 v2. txt 中确定不同研究区的初始经纬度。

程序中的算法如下：

lon0＝indgen(data _ size[0])×0.2500＋起始经度

lat0＝indgen(data _ size[1])×0.2500＋起始纬度

不同的研究区起始经度和起始纬度的值不一样，需要通过查看 GLDAS 原数据获得。

准备文件：把各年的数据放在"GLDAS _ 年份"这样的文件夹下，如"GLDAS _ 2011"。并把所有文件夹放在同一个文件夹下。原始数据存储位置到 GLDAS 级别的文件夹。在初始界面上填写相应的数据和文件路径，可参照图 2-54。

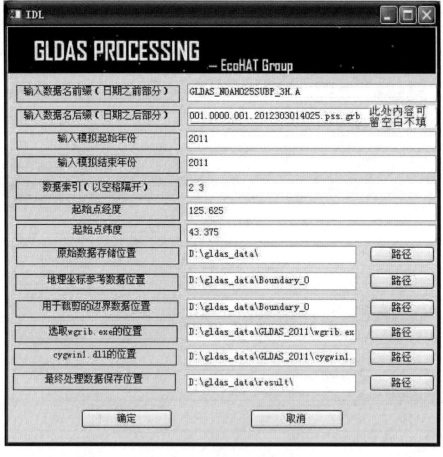

图 2-54　GLDAS 数据处理程序界面

当弹出对话框"解码成功!!"后，不要点"确认"(图 2-55)。

等 DOS 运行程序都运行完后，再点击"确定"，进入下一步处理。

　　然后点击"确定"，开始建立 GLT，这一步是自动的，不需要什么操作，当弹出对话框"GLT complete!"后，点击"确认"，进入下一步。

　　这一步是建立与参考文件投影一致的真正的数据，并根据输入的研究区得到裁剪后的影像，处理好后，弹出对话框"data create complete!!"，整个过程结束(图 2-56)。

　　图 2-55　解码成功界面　　　　　　　　图 2-56　程序运行完毕界面

　　在 GLDAS 数据应用中，应注意原始数据采用的单位。如表 2-2 中，Near surface air temperature 的单位为 K，而不是常用的摄氏度。Snowfall rate 和 Rainfall rate 的单位为 kg/($m^2 \cdot s$)，相当于 1mm/s。

　　在应用中还可能涉及更多的参数说明，参见 GLDAS 官方说明(更多参数信息参见：http://disc. sci. gsfc. nasa. gov/hydrology/data-holdings/parameters)。

2.3.2　MODIS 数据预处理

　　常用的 MODIS 查看软件有如下几种。

　　MODIS explorer（推荐使用）：其下载地址，http://hdfeos. net/software/HDF Explorer/或 http://www. space-research. org/，该软件可以方便查看 HDF 格式的 MODIS 元数据或信息。

　　Modis Swath Tool(推荐使用)：可用 NASA 网站提供的 modis swath tool 对 HDF 格式的 1B 数据进行几何精纠正，该软件使用 MOD03 数据对影像进行纠正，处理速度快且使用简单方便。比直接用 ENVI 的 Georeference 更好用(也可进行影像拼接)。

　　MRT(MODIS Reprojection Tool，MODIS 数据处理工具)：可以用来对下载的 HDF 格式的 MODIS 产品进行拼接、重投影等。

　　下面以 MRT 为例介绍 MODIS 数据处理流程(32 位 Windows 计算机下运行通过)。

1) MRT 安装

(1) 打开 ModisTool 安装文件夹(图 2-57)。

图 2-57　ModisTool 安装文件夹

　　(2) 点击"install. bat"，出现如下界面(图 2-58)。

图 2-58　MRT 安装界面(1)

　　(3) 输入"y"，点击回车键，出现如下界面(图 2-59)。

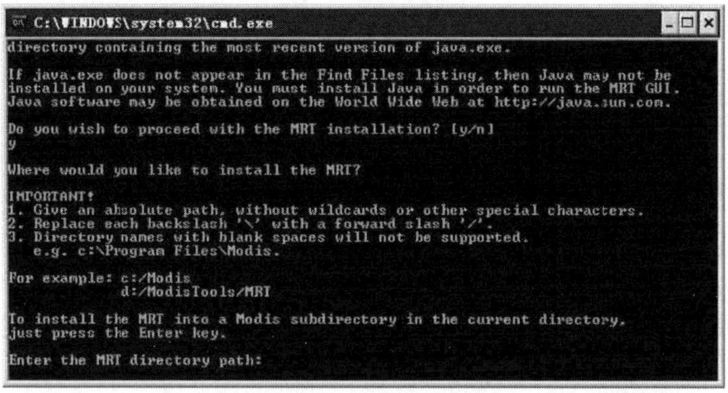

图 2-59　MRT 安装界面(2)

　　(4) 输入要安装 MRT 的绝对路径，如 c:/modis(注意此处应为"/"而不是"\"，下同)，点击回车，若不存在此文件夹，会询问是否创建，输入"y"，点击回车，出现如下界面(图 2-60)。

图 2-60　MRT 安装界面(3)

（5）输入操作系统类型，如 XP 系统或者 WIN7，输入"1"，点击回车，出现如下界面（图 2-61）。

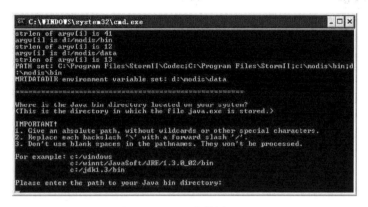

图 2-61　MRT 安装界面(4)

（6）输入安装 JAVA 虚拟机(JAVA 虚拟机在网上有很多，可自行搜索)的 bin 文件的目录，如 C：\ Program Files \ Java \ j2re1.4.1_03 \ bin，点击回车，安装成功。

2）MRT 界面操作

（1）安装完毕之后，找到 MRT 的安装路径，打开 bin 文件夹，找到 ModisTool. bat，创建该文件的快捷方式到桌面，双击快捷方式便进入 MRT 的 GUI 界面(图 2-62)。

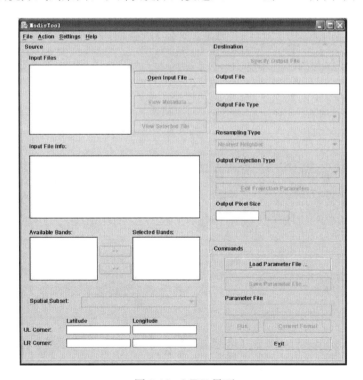

图 2-62　MRT 界面

（2）点击"Open Input File"，选择输入数据，MRT 只能打开 HDF 格式的 MODIS 原始数据，不能直接打开其他格式数据。选择所需波段，指定输出文件类型（GEOTIFF）以及重采样方法（最近邻法），定义投影参数（对于中国地区，"Output Projection Type"一般选用"Albers 等面积圆锥投影"）、输出像元大小，最后点击"Run"，输出要提取的指定格式的数据信息文件（图 2-63）。

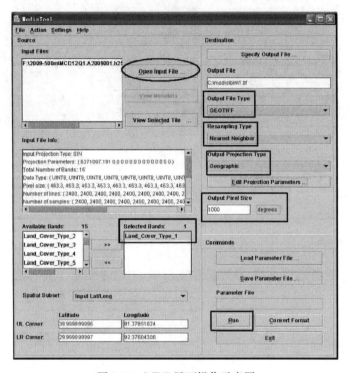

图 2-63　MRT 界面操作示意图

（3）在 MRT 中还有一个功能是生成投影参数文件，点击"Edit Projection Parameters"（图 2-64）。

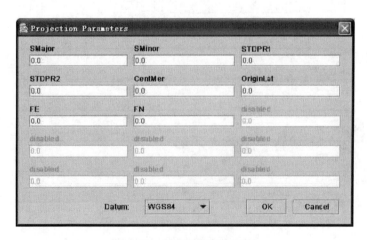

图 2-64　生成投影参数文件

（4）设置投影参数，选择基准坐标系（对于中国地区，一般选用的参数是 SMajor＝0.0，SMinor＝0.0，STDPR1＝25.0，STDPR2＝47.0，CentMer＝105.0，OriginLat＝0.0，FE＝0.0，FN＝0.0），点击"OK"，然后在 GUI 界面中点击"Save Parameter File"，输入投影参数文件名称，即可输出 prm 格式的文件。下次打开 MRT 使用相同投影时就不用重新输入投影参数，直接点击"Load Parameter File"就行了。投影参数文件在投影批处理过程中也会用到。

3）MRT 批处理

a. 拼接批处理

（1）data 文件夹，在 data 文件夹里面再新建一个 Result 文件夹用于存放拼接后数据。

（2）将以下代码内容粘贴到一个 txt 文件中（下文代码 rem *** …… *** 为代码注释内容，请删去），更改 txt 文件扩展名为 BAT 即可，假设你命名该 BAT 文件名为 MOSAIC.BAT；斜体部分为需要修改的内容，根据需要进行修改后点击 MOSAIC.BAT，即可进行拼接操作（图 2-65 和图 2-66）。

```
set MRTDATADIR=c:\Modis\data rem***安装MRT下data文件夹中的所在位置***

set /a DAY=2009257 rem***开始日期***

set /a DEADLINE=2009273 rem***结束日期***

:start

if %DAY% leq %DEADLINE% (goto ORDER) else exit

:ORDER

rem***将当天的图幅数据文件名放在一个TXT文件夹中***

dir *%DAY%.*.hdf/a/b/s > MOSAICINPUT.TXT

rem***提取拼接第一通道的数据***

c:/Modis/bin/mrtmosaic.exe -i MOSAICINPUT.TXT -s "1 0 0 0 0 0 0 0 0 0 0 0" -o MOSAIC_TMP_%DAY%.hdf

rem***将拼接后的数据复制到已建Result文件夹中并删除当天的数据***

copy MOSAIC_TMP_%DAY%.hdf   Result & del MOSAIC_TMP_%DAY%.hdf

set /a DAY= %DAY% + 16 rem***拼接下一个时相的数据，16为步长***

goto start
```

图 2-65　拼接批处理代码

（3）拼接完毕后，结果会自动保存到 Result 文件夹里面。

b. 投影批处理

将投影参数 prm 文件拷到 Result 文件夹中，并在 Result 文件夹中新建一个记事本文件，将下面的内容粘贴进去，注意红色字体部分为需要改动部分，c:\Modis\data 是安装的 MRT 下 data 文件夹的所在位置，head.prm 为投影参数文件，生成方法上面已有介绍，out.tif 表示输出 tif 格式文件。更改完毕之后，将记事本文件另存为".bat"文件，假设为

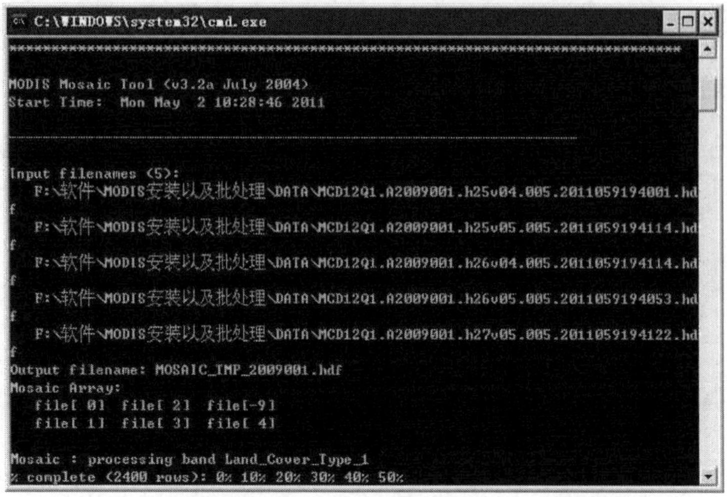

图 2-66　拼接批处理过程

"modis. bat"。setMRTDATADIR ＝ c: \ Modis \ datafor%%iin（ ＊ . hdf）doresample-p head. prm-i%%i-o%%iout. tif 双击"modis. bat"，便可进行投影的批处理过程（图 2-67）。

图 2-67　投影批处理过程

转换投影完毕，即完成了 MODIS 数据的批处理全过程。

2.3.3　GLASS 数据预处理

由于 GLASS 数据的数据格式跟 MODIS 数据相同，因此，GLASS 数据预处理如拼接、重投影等可以参照 MODIS 的流程进行处理，使用的处理工具为 MRT（MODIS Reprojection Tool，MODIS 数据处理工具），此处不再赘述。

2.4 应 用 案 例

本案例主要介绍使用 MODIS Reprojection Tool 对 MODIS 数据进行拼接以及投影转化批处理操作，以便读者能够快速掌握。

2.4.1 MODIS 数据的拼接批处理

1）数据准备

相邻的两幅 MOD13Q1 影像，如图 2-68 所示。

A：MOD13Q1. A2000161. h26v05. 005. 2008195021701. hdf

B：MOD13Q1. A2000161. h27v05. 005. 2008195022330. hdf

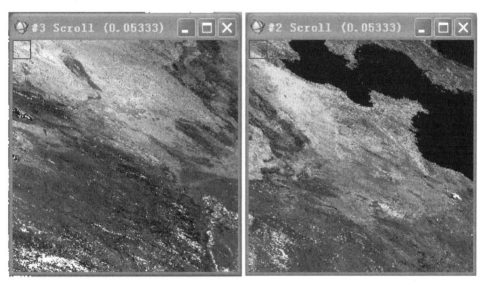

图 2-68 MOD13Q1 波段近红外，红光，蓝光

2）操作步骤

（1）新建一个 data 文件夹，将 hdf 数据拷到 data 文件夹下。

（2）在 data 文件夹下再新建个 Result 文件夹（存放拼接后数据）。

（3）将以下代码内容粘贴到一个 txt 文件中，更改 txt 文件扩展名为 bat 即可，假设命名该 bat 文件名为 MODISmosaic. bat；程序导读：rem 开始的为注释；MOSAICINPUT. TXT 为程序自动生成的，不用管；MRTDATADIR 为 MRT 安装文件中 data 的路径，"c：/MRT/bin/mrtmosaic. exe"改成 mrtmosaic. exe 的安装路径。"set/a DAY＝％DAY％＋16"则是因为输入数据是 16d 间隔的，根据数据改程序。点击"MODISmosiac. bat"，即可进行拼接操作（图 2-69～图 2-71）。

```
rem Set the MRTDATADIR environmental var to the MRT data directory.
set MRTDATADIR＝C：\ MRT \ data
set/a DAY＝2000161 rem ** batch data start time **
set/a DEADLINE＝2000193 rem ** batch data end time **
： start
if %DAY% leq %DEADLINE%(goto ORDER)else exit
： ORDER
rem ** save the file name into a notepad **
dir * %DAY%. *. hdf/a/b/s＞MOSAICINPUT. TXT
rem ** execute mosaic **
rem Set the mrtmosaic. exe directory.
c：/MRT/bin/mrtmosaic. exe-i MOSAICINPUT. TXT-s "1 0 0 0 0 0 0 0 0 0 0 0" -o MOSAIC _ TMP _ %
    DAY%. hdf
rem ** copy the result to a file and delete the input data **
copy MOSAIC _ TMP _ %DAY%. hdf Result & del MOSAIC _ TMP _ %DAY%. hdf
del * %DAY%. *. hdf
set/a DAY＝%DAY%＋16
goto start
```

图 2-69　MODIS 数据拼接批处理代码

注意：该操作数据及 bat 文件需放在一个文件夹(文件夹起名请用英文，MRT 打不开中文路径数据)下。代码未考虑中间天数间断的情况，比如对 MODIS 时间分辨率为 16d 的数据，在一个应连续的等差数列中间有数据缺失，存在相差 32d 的情况，可能会报错，请注意。由于程序运行中会自动删除拼接好的数据，因此需要备份好输入数据。

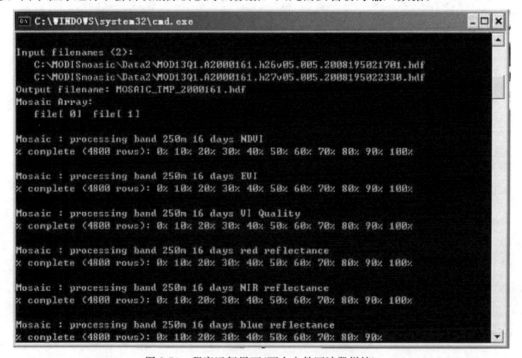

图 2-70　程序运行界面(两个文件逐波段拼接)

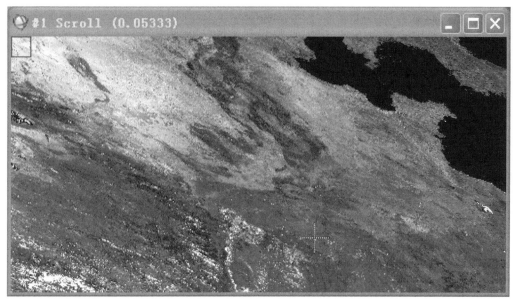

图 2-71　A+B 拼接结果（MOD13Q1 波段近红外、红光、蓝光）

2.4.2　MODIS 数据的投影转换批处理

1) 数据准备：MODIS HDF 文件

以 MOD09HDF 数据为例（图 2-72）。

2) 程序：MRT 批处理程序

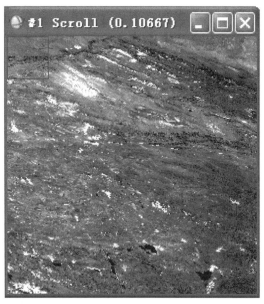

图 2-72　MOD09HDF-波段 1、4、3

这个程序需要两个文件 modis. bat 和 ∗. prm。

（1）新建记事本，在记事本中输入下面代码，改 txt 后缀为 bat，定义 modis. bat 文件。

rem Set the MRTDATADIR environmental var to the MRT data directory.

set MRTDATADIR＝C:\ MRT \ data

for ％％i in(∗. hdf)do C:\ MRT \ bin \ resample-p my. prm-i ％％i-o ％％iout. tif

其中，MRTDATADIR 为 MRT 安装文件中 data 的路径。

注意：my. prm 是用 MRT 图形界面工具定义的投影文件（图 2-73 和图 2-74）。

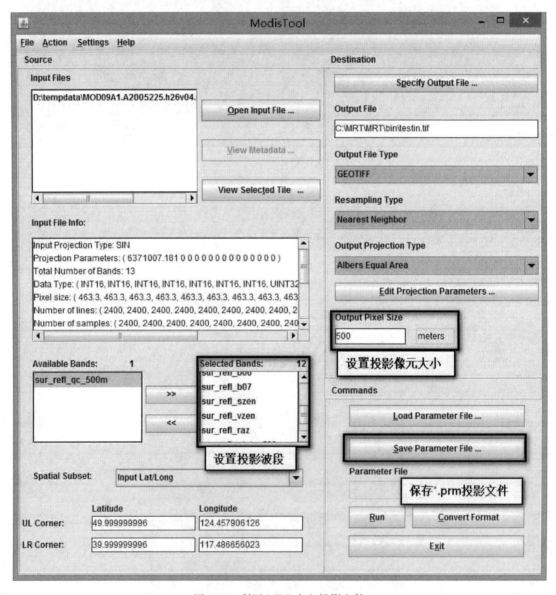

图 2-73　利用 MRT 定义投影文件

（2）编辑好两个文件后，将这两个文件和数据放在同一个文件夹下，双击"modis.bat"执行批处理。拼接好的影像结果见图 2-74。

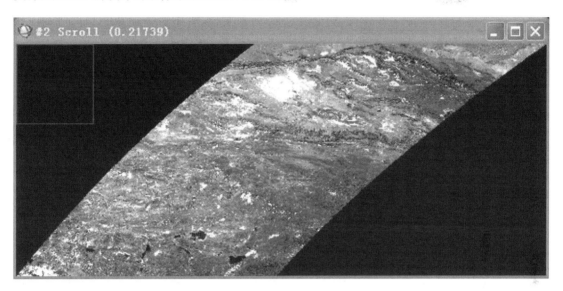

图 2-74　MRT 投影波段 1、4、3 结果

第3章 模型参数计算

遥感水文模型需要各种参数作为模型输入数据，本章对植被指数、植被覆盖度、叶面积指数、根系深度、地表反照率、地表温度、条件温度植被指数和水分吸收深度指数进行了详细说明。

3.1 植 被 指 数

植被指数是利用卫星不同波段探测数据组合而成，能反映植物生长状况的指数。植物叶面在可见光红光波段有很强的吸收特性，在近红外波段有很强的反射特性，这是植被遥感监测的物理基础，通过这两个波段测值的不同组合可得到不同的植被指数。本节主要介绍常用的五种植被指数：比值植被指数、归一化植被指数、环境植被指数、绿度植被指数和正交植被指数。

3.1.1 比值植被指数

可见光红波段(R)和近红外波段(NIR)对绿色植物的光谱响应不同，二者简单的数值比能充分表达二者反射率之间的差异。比值植被指数可以表达为

$$RVI = \frac{r_{NIR}}{r_R} \qquad (3-1)$$

在 Landsat 卫星中，r_{NIR}、r_R 分别为 Landsat 第四波段、第三波段的辐射亮度(谱反射率)。

在 EcoHAT 软件中选择"遥感反演 \ 植被参数 \ 比值植被指数 RVI"，计算界面如图 3-1 所示。

3.1.2 归一化植被指数

针对浓密植被的红光反射很小，其 RVI 值将无界增长，Deering(1978)首先提出将简单的 RVI 经过非线性归一化处理，得到"归一化差值植被指数(normalized difference vegetation index，NDVI)"，使得它的值限定在[−1, 1]，即

$$NDVI = \frac{r_{NIR} - r_R}{r_{NIR} + r_R} \qquad (3-2)$$

式中，r_{NIR}、r_R 分别为 Landsat 第四波段、第三波段的辐射亮度(谱反射率)。

在 EcoHAT 软件中选择"遥感反演 \ 植被参数 \ 归一化植被指数 NDVI"，计算界面如图 3-2 所示。

图 3-1 比值植被指数计算界面

图 3-2 归一化植被指数计算界面

3.1.3 环境植被指数

环境植被指数(EVI)又称为差值植被指数，定义为近红外波段与可见光红波段数值之差。即

$$EVI = DN_{NIR} - DN_R \tag{3-3}$$

式中，DN_{NIR}、DN_R 分别为 Landsat 第四波段、第三波段的灰度值。

在 EcoHAT 软件中选择"遥感反演 \ 植被参数 \ 环境植被指数 EVI"，计算界面如图 3-3 所示。

图 3-3 环境植被指数计算界面

3.1.4 绿度植被指数

为了排除或减弱背景值对植物光谱的影响，绿度植被指数(又称为 K-T 变换)被广泛采用。绿度植被指数指在多维光谱空间中，通过空间变换、多维空间的旋转，将植物、土壤信息投影到多维空间的一个平面上，在这个平面上使植物生长状况的时间轨迹(光谱图形)和土壤亮度轴互相垂直。即通过坐标变换使植物与土壤的光谱特征分离。

这种变换是一种线性组合变换，其变换公式为

$$Y = B \cdot X \tag{3-4}$$

式中，X 为变换前多光谱空间的像元矢量；Y 为变换后的新坐标空间的像元矢量；B 为变换矢量。

$$\begin{bmatrix} y_1 \\ y_2 \\ \vdots \\ y_i \\ \vdots \\ y_n \end{bmatrix} = \begin{bmatrix} \phi_{11} & \phi_{12} & \cdots & \phi_{1n} \\ \phi_{21} & \phi_{22} & \cdots & \phi_{2n} \\ \vdots & \vdots & \phi_{ij} & \vdots \\ \phi_{n1} & \phi_{n2} & \cdots & \phi_{nn} \end{bmatrix} \cdot \begin{bmatrix} x_1 \\ x_2 \\ \vdots \\ x_i \\ \vdots \\ x_n \end{bmatrix} \tag{3-5}$$

在上面计算的分量中，第二个分量表示绿度。

该变换的应用主要针对的是 TM 数据和曾经广泛使用的 MSS 数据，其广泛使用的公式是

$$\mathrm{GVI} = -0.2728 \cdot \mathrm{TM1} - 0.2174 \cdot \mathrm{TM2} - 0.5508 \cdot \mathrm{TM3} + 0.7721 \cdot \mathrm{TM4}$$
$$+ 0.0733 \cdot \mathrm{TM5} - 0.1648 \cdot \mathrm{TM7} \tag{3-6}$$

式中，TM1～TM7 分别为 TM 各波段的辐射亮度值。

在 EcoHAT 软件中选择"遥感反演＼植被参数＼绿度植被指数 GVI"，计算界面如图 3-4 所示。

图 3-4　绿度植被指数计算界面

3.1.5　正交植被指数

在 R、NIR 二维坐标系内，土壤的光谱响应为一条斜线——土壤亮度线。土壤在 R、NIR 波段均显示出较高的波谱响应，随着土壤特性的变化，其亮度值沿着土壤线上下移动。而植被一般在 R 波段响应低，在 NIR 波段响应高，因而多位于土壤线的左上方。把植物像元到土壤亮度线的垂直距离称为 PVI。

PVI 用公式表示为

$$PVI = \sqrt{(S_R - V_R)^2 + (S_{NIR} - V_{NIR})^2} \tag{3-7}$$

式中，S 为土壤反射率；V 为植被反射率；R 为红波段；NIR 为近红外波段。PVI 表征土壤背景上存在的植被生物量，距离越大，生物量越大，也可以将 PVI 通过数学变换表示为

$$PVI = (DN_{NIR} - b) \cdot \cos\theta - DN_R \cdot \sin\theta \tag{3-8}$$

式中，DN_{NIR}、DN_R 分别为 NIR、R 两波段的反射辐射亮度值；b 为土壤基线与 NIR 反射率纵轴的截距；θ 为土壤基线与红光反射率横轴的夹角。

土壤线的方程为

$$NIR = a \cdot R + b \tag{3-9}$$

式中，NIR、R 分别代表土壤在近红外波段、红色波段的反射率；a、b 分别为土壤线的斜率和截距。

垂直植被指数从本质上说都是求解"土壤线"的直线方程 $NIR = a \cdot R + b$。研究中选取多个样点，并测定这些样点土壤在红色波段和近红外波段的光谱反射率。然后，以近红外波段为因变量，红色波段为自变量，通过对裸露土壤反射率数据的回归分析，来求解直线回归方程。

在 EcoHAT 软件中选择"遥感反演\植被参数\正交植被指数 PVI"，计算界面如图 3-5 所示。

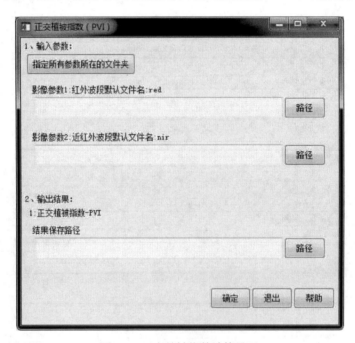

图 3-5　正交植被指数计算界面

3.2　植被覆盖度

植被覆盖度一般定义为观测区域内植被垂直投影面积占地表面积的百分比，是刻画地表植被覆盖的一个重要参数，也是指示生态环境变化的重要指标之一。在模拟地表植被蒸腾、

土壤水分蒸发及植被光合作用等过程时,植被覆盖度是一个重要的控制因子。已有观测试验和研究证明,植被覆盖也是控制土壤侵蚀的关键因素。

在遥感应用领域,植被指数作为反映地表植被信息的最重要信息源,广泛用来定性和定量评价植被覆盖及其生长活力。目前有关植被盖度遥感反演方面的分析研究,多集中在通过植被指数和混合光谱模型等方法来分析。

目前,遥感直接获取植被覆盖度的方法主要包括经验模型法、植被指数转换法和亚像元分解法 3 类(Li,2003)。

在植被指数反演植被盖度模型研究方面,20 世纪末,张仁华等(1992)提出了植被盖度与植被指数的模型:

$$C = (NDVI - NDVI_s)/(NDVI_v - NDVI_s) \tag{3-10}$$

式中,$NDVI_v$ 与 $NDVI_s$ 分别为纯植被与纯土壤的植被指数;NDVI 为被求像元点的植被指数;C 为植被盖度。其关键是要准确确定 $NDVI_v$ 和 $NDVI_s$,可以通过地面调查点定位方式来确定纯植被和纯土壤的对应点的植被指数(刘同海等,2010)。

LAI 的变化也能直接反映植被的生长发育和分布格局,Nilson(1971)分析得出植被盖度与 LAI 之间的关系。近年来,唐世浩等(2006)、张继祥等(2006)、瞿瑛等(2008)也引入该方法估算不同植被类型植被指数和植被盖度,验证了该法的可用性,模型表达式为

$$VF = 1 - e^{-k \cdot LAI} \tag{3-11}$$

$$k = \Omega \cdot K \tag{3-12}$$

式中,VF 为植被盖度;k 为与几何结构有关的系数;Ω 为聚集指数,随机分布 $\Omega=1$,规则分布 $\Omega>1$,丛生分布 $\Omega<1$,聚集指数在 IGBP 植被类型中的取值见表 3-1(唐世浩等,2006),可根据植被类型加以确定;K 为消光系数,对于两年生或多年生树木,假定叶片在空间的分布为球面角分布,则其折射光的消光系数只取决于太阳高度角或太阳天顶角,计算方法如下(张继祥等,2006):

$$K = 0.5/\cos z \tag{3-13}$$

式中,z 为太阳天顶角,Monsi 和 Saeki(1953)认为草本植物的 $K=0.3\sim0.5$。

表 3-1　不同 IGBP 植被类型的典型聚集指数

类型代码	类型名	Ω	类型代码	类型名	Ω
1	常绿针叶林	0.6	10	草地	0.9
2	常绿阔叶林	0.8	11	永久湿地	0.9
3	落叶针叶林	0.6	12	农田	0.9
4	落叶阔叶林	0.8	13	城市和建设用地	0.9
5	混合林	0.7	14	农作物和自然植被交错区	0.9
6	郁闭灌丛	0.8	15	雪/冰	0.9
7	开放灌丛	0.8	16	裸地或稀疏植被	0.9
8	有林草原	0.8	17	水体	0.9
9	稀树草原	0.8			

在 EcoHAT 软件中选择"遥感反演 \ 植被盖度",计算界面如图 3-6 所示。

图 3-6 植被盖度计算界面

3.3 叶面积指数

叶面积指数(leaf area index,LAI),是指单位地表面积上总叶片面积(双面或多面)的一半。叶面积指数是陆地生态系统的一个十分重要的参数,它和蒸散、冠层光截获、地表净第一性生产力、能量交换等密切相关,是所有描述地表和行星边界层之间能量、物质(水汽和 CO_2 等)、动量通量交换模型的基本参数(Chen et al. , 2005)。唐世浩等(2003)提出运用三波段梯度差植被指数法进行 LAI 的大尺度反演,三波段梯度差植被指数(three-band gradient difference vegetation index,TGDVI)物理意义明确、计算简单,与 SR 和 NDVI 一样不需要太多的参数,并具有一定的消除背景和薄云影响的能力。同时该植被指数还解决了 NDVI 饱和点低的问题,具有一定消除土壤背景影响的能力。

TGDVI 的表达式如下:

$$TGDVI = \begin{cases} \dfrac{R_{NIR} - R_R}{\lambda_{NIR} - \lambda_R} - \dfrac{R_R - R_G}{\lambda_R - \lambda_G} \\ 0 \qquad\qquad\qquad\qquad if\ TGDVI < 0 \end{cases} \tag{3-14}$$

式中,R_{NIR}、R_R 和 R_G 分别为近红外、红和绿波段的反射率;λ_{NIR}、λ_R 和 λ_G 为相应波段的中心波长。

$$LAI = \begin{cases} \dfrac{\ln\left(1 - \dfrac{TGDVI}{TGDVI_{max}}\right)}{-k} & A < 1 \\ LAI_{max} & A = 1 \end{cases} \tag{3-15}$$

式中，A 为植被覆盖度；LAI_{max} 为该植被类型的最大 LAI 值；k 为与几何结构有关的系数，可以通过模拟、试验等方法获得，具体计算见式(3-12)。

除以上方法外，叶面积指数与遥感参数—植被指数之间有着密切的联系，建立 LAI 与植被指数之间的回归模型也是计算的一种重要方法；研究中也采用三次多项式模型，建立 LAI 与 NDVI 之间的回归方程，建立三次多项式回归方程的结果为

$$LAI = 14.544 \cdot NDVI^3 + 1.935 \cdot NDVI^2 - 3.877 \cdot NDVI + 1.798 \tag{3-16}$$

在 EcoHAT 软件中选择"遥感反演\叶面积指数 LAI"，计算界面如图 3-7 所示。

图 3-7　叶面积指数计算界面

3.4　根　系　深　度

植物主要依靠根系从土壤中吸收水分，供给植物生长发育、新陈代谢等生理活动和蒸腾作用，根系深度是估算植被蒸腾耗水量的一个重要参数。传统的根系深度的调查方法有剖面法或样方法，而在区域尺度上，目前还没有较好的估算根系深度的方法。Andersen 提出了两种缺资料地区确定根系深度的方法：一是建立根系深度和植被指数的统计关系式（Andersen et al.，2000）；二是对于不同土地覆被类型，根据 LAI 的变化模拟根系深度（Andersen et al.，2002）。研究中多采用第二种方法，对于多年生的乔木林，认为根系深度在一年之中不发生变化，即给定固定的根系深度；对于一年生的草本和作物，假定根系深度与 LAI 的变化趋势一致，即

$$Rd_i = Rd_{max} \frac{LAI_i}{LAI_{max}} \tag{3-17}$$

式中，Rd_i 为时段 i 的根系深度；Rd_{max} 为最大根系深度，根据植被类型确定，草地根系深度

约 30cm，荒草地根系深度约 40cm，作物根系深度约 25cm；LAI_i 为时段 i 的叶面积指数；LAI_{max} 为最大叶面积指数，统计分析得，林地、草地、农田、稀疏植被 LAI_{max} 分别为 3、2.6、1.3、1.0。

在 EcoHAT 软件中选择"遥感反演\根系深度"，计算界面如图 3-8 所示。

图 3-8　根系深度计算界面

3.5　地表反照率

地表反照率是地球表面反射的太阳辐射通量与入射太阳辐射通量之比，表征地球表面对太阳辐射的反射能力。太阳辐射是驱动大气、陆地、海洋水分与能量循环的动力源泉，而地表太阳辐射的状况会影响全球天气及气候状况。因此，地表反照率是影响地球气候系统的关键变量，是数值气候模型和地表能量平衡方程中的一个重要参数（马俊飞和杨太保，2005）。

传统的计算方法是根据实测资料结合植被特征和土壤类型推算地表反照率，但这种方法往往由于观测资料代表性和地表参数的不确定性而影响计算精度。利用遥感资料可以在像元尺度上估算整个研究区域的地表反照率，准确反映地表反照率的时空异质性。遥感方法是获取大区域、乃至全球地表反照率唯一可行的方法（梁文广和赵英时，2007）。

Liang（2000）利用大气辐射传输模型，通过模拟建立了不同遥感器地表反照率估算的通用公式，他所建立的 Landsat TM 数据的反演公式为

$$\alpha_{short} = 0.35 \cdot \alpha_1 + 0.13 \cdot \alpha_3 + 0.373 \cdot \alpha_4 + 0.085 \cdot \alpha_5 + 0.072 \cdot \alpha_7 - 0.0018 \quad (3\text{-}18)$$

对于无遥感数据阶段的地表反照率，以遥感计算得到的地表反照率为基础，采用 SWAT 模型中地表反照率的计算公式进行计算（Neitsch et al.，2005a）：

$$\alpha_{short} = \alpha_{plant} \cdot (1 - cov_{sol}) + \alpha_{soil} \cdot cov_{sol} \quad (3\text{-}19)$$

$$cov_{sol} = \exp(-5.0 \times 10^{-5} \cdot CV) \quad (3\text{-}20)$$

式中，α_{plant} 为植被 albedo，模型取值 0.23；α_{soil} 为土壤 albedo，模型取值 0.05；cov_{sol} 为土壤覆盖指数，%；CV 为地表生物量与凋落物重量，kg/hm^2。首先，可以利用遥感数据求算 α_{short}，从而利用式(3-19)和式(3-20)反向模拟求得 cov_{sol} 和 CV；对于下一天无遥感数据的 α_{short} 计算，首先通过植被生长模型获得地上生物量和凋落物重量的增量，加上前一天有遥感数据获得的 CV 值即可得到当天的 CV 值，进而求得 cov_{sol}。

在 EcoHAT 软件中选择"地表反照率 Albedo"，MODIS 和 TM 的地表反照率计算界面如图 3-9 和图 3-10 所示。

图 3-9　地表反照率(MODIS)计算界面

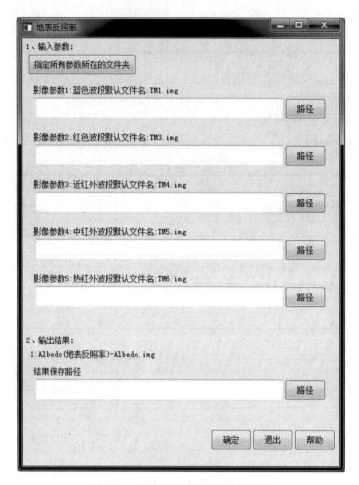

图 3-10　地表反照率(TM)计算界面

3.6　地　表　温　度

地表温度是模型中土壤温度求算的重要输入，卫星热红外传感器是目前大范围获取地表温度空间分布的途径之一，覃志豪等(2001)提出的单窗算法利用 TM 热红外波段影像进行地表温度反演，根据地表热传导方程，考虑到大气对辐射传输的影响，推导出一个简单可行并且保持较高精度的地表温度演算方法，该方法计算公式如下：

$$T_s = \{a_6(1 - C_6 - D_6) + [b_6(1 - C_6 - D_6) + C_6 + D_6] T_6 - D_6 T_{a_0}\} / C_6 \quad (3\text{-}21)$$

$$C_6 = \varepsilon_{vs} \cdot \tau_6 \quad (3\text{-}22)$$

$$D_6 = (1 - \varepsilon_{vs})[1 + (1 - \varepsilon_{vs}) \cdot \tau_6] \quad (3\text{-}23)$$

式中，T_s 为地表温度，K；a_6、b_6 为常量，取值 $a_6 = -67.35535$，$b_6 = 0.458608$；T_6 为热红外波段的亮度温度，K；T_{a_0} 为大气等效温度，K；ε_{vs} 为地表比辐射率；τ_6 为热红外波段的大气透射率；C_6 与 D_6 为中间变量，无单位。

热红外波段的亮度温度 T_6 可以用下式计算：

$$T_6 = K_2 \Big/ \left[\ln\!\left(\frac{K_1}{L_6} + 1\right) \right] \tag{3-24}$$

式中，L_6 为热红外波段的辐射亮度，$\mathrm{W/(m^2 \cdot sr \cdot \mu m)}$；$K_1$ 和 K_2 为发射前预设的常量，对于 Landsat 5 的 TM 数据，$K_1 = 607.76\mathrm{W/(m^2 \cdot sr \cdot \mu m)}$，$K_2 = 1260.56\mathrm{K}$。

覃志豪给出了单窗算法所需的两个气象参数大气等效温度 T_{a_0} 和大气透射率 τ_6 的估算方法：

$$T_{a_0} = 17.9769 + 0.91715 \cdot (T_a + 273.15) \tag{3-25}$$

$$\tau_6 = \begin{cases} 0.974290 - 0.08007\omega, & 0.4 \leqslant \omega \leqslant 1.6 \\ 1.031412 - 0.11536\omega, & 1.6 \leqslant \omega \leqslant 3.0 \end{cases} \tag{3-26}$$

$$\omega = 0.0981 \cdot e + 0.1697 \tag{3-27}$$

$$e = 0.6108 \cdot \exp\left[\frac{17.27 \cdot T_a}{237.3 + T_a}\right] \cdot \mathrm{RH} \tag{3-28}$$

式中，T_a 为大气温度，℃；ω 为大气水分含量，$\mathrm{g/cm^2}$；e 为绝对水汽压，hPa；RH 为平均相对湿度。

在 EcoHAT 软件中选择"遥感反演 \ 地表温度 LST"，计算界面如图 3-11 所示。

图 3-11　地表温度计算界面

3.7　条件温度植被指数

　　条件温度植被指数（vegetation-temperature condition index，VTCI）综合地面植被和温度状况，研究特定年内某一时期整个区域相对干旱的程度及其变化规律，可用于土壤水分状况的监测。VTCI 的取值范围为[0，1]，VTCI 的值越小，相对干旱程度越严重，土壤水分相对较少；反之，则相对干旱程度较轻，土壤水分相对较多。由于条件温度植被指数通过植被来监测土壤水分。其应用结果表明条件温度植被指数对土壤表层水分状况比较敏感。

　　条件温度植被指数表示为

$$\mathrm{VTCI} = \frac{\mathrm{LST}_{\mathrm{NDVI}_i,\,\max} - \mathrm{LST}_{\mathrm{NDVI}_i}}{\mathrm{LST}_{\mathrm{NDVI}_i,\,\max} - \mathrm{LST}_{\mathrm{NDVI}_i,\,\min}} \tag{3-29}$$

式中，$\mathrm{LST}_{\mathrm{NDVI}_i}$ 根据 NDVI 和 LST 散点图的"干边"和"湿边"确定，如图 3-12 所示。

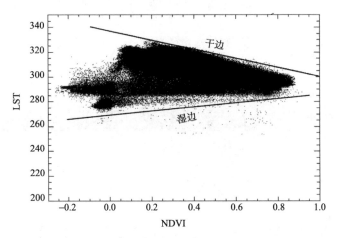

图 3-12　条件温度植被指数干湿边的确定

　　"干边"和"湿边"的计算公式分别为

$$\mathrm{LST}_{\mathrm{NDVI}_i,\,\max} = a + b\mathrm{NDVI}_i \tag{3-30}$$

$$\mathrm{LST}_{\mathrm{NDVI}_i,\,\min} = a' + b'\mathrm{NDVI}_i \tag{3-31}$$

式中，$\mathrm{LST}_{\mathrm{NDVI}_i,\max}$ 和 $\mathrm{LST}_{\mathrm{NDVI}_i,\min}$ 分别表示在研究区域内，当 NDVI_i 等于某一特定值时的地表温度的最大值和最小值。$\mathrm{LST}_{\mathrm{NDVI}_i}$ 表示某一像素 NDVI 值为 NDVI_i 时的地表面温度，a、b、a'、b' 为确定区域"干边"和"湿边"的截距与斜率。VTCI 式中的分母表示在研究区域内，当 NDVI_i 值等于某一特定值时，像素的地表温度的最大值和最小值之差，分子表示 NDVI_i 值等于这一特定值时的地表温度的最大值与该条件下某一像素土地表面温度值之差。

　　在 EcoHAT 软件中选择"遥感反演 \ 条件温度植被指数 VTCI"，计算界面如图 3-13 所示。

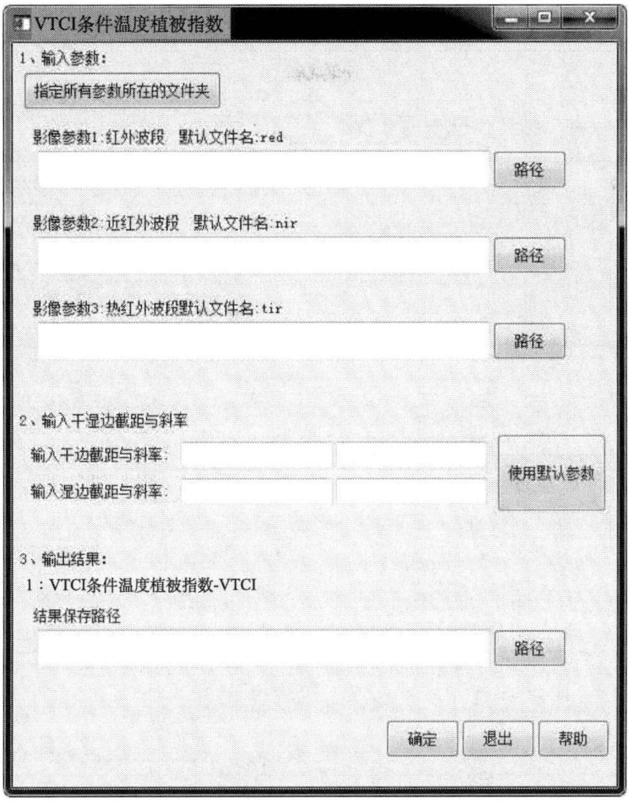

图 3-13　条件温度植被指数计算界面

3.8　水分吸收深度指数

当植被覆盖度比较高时，MODIS 第 5、第 26 和第 6 波段地面水分吸收谷的光谱曲线简化如图 3-14 所示。A 点是 MODIS 第 5 波段中心波长位置，对应波长为 1240nm，C 点是 MODIS 第 26 波段中心波长位置，对应波长为 1385nm，E 点是 MODIS 第 6 波段中心波长位置，对应波长为 1640nm。

由于 MODIS 第 5、第 6 波段对水分不敏感，只有第 26 波段能反映出水分的变化，因此根据图 3-14 中可以分析出，当植被水分含量高时，水分吸收谷比较深，在图中对应 DG 线段比较长，相反当植被水分含量比较低时，水分吸收谷相对较浅，DG 线段比较短。为了将水分吸收谷深度 DG 的绝对长度转换为相对可比值，定义水分吸收深度指数 WADI(water absorbing depth index)为

$$\text{WADI} = \frac{DG}{EF} \tag{3-32}$$

WADI 越小，说明植被水分含量越少；WADI 越大，说明植被水分含量越多。

进一步有

$$DG = OD + OG$$

因为，

$$\frac{OG}{PB} = \frac{EC}{EA}$$

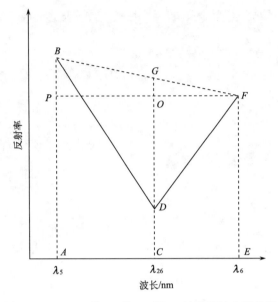

图 3-14　MODIS 第 5、第 6、第 26 波段植被光谱曲线

所以，
$$OG = \frac{EC \cdot PB}{EA}$$

$$DG = OD + \frac{EC \cdot PB}{EA} \tag{3-33}$$

　　设第 5 波段的植被反射率为 ρ_5，中心波长为 λ_5；第 6 波段的植被反射率为 ρ_6，中心波长为 λ_6；第 26 波段的植被反射率为 ρ_{26}，中心波长为 λ_{26}。则有

$$DG = (\rho_6 - \rho_{26}) + \frac{(\lambda_6 - \lambda_{26})}{(\lambda_6 - \lambda_5)} \cdot (\rho_5 - \rho_6) \tag{3-34}$$

　　根据式（3-32）有

$$WADI = \frac{DG}{EF} = \frac{(\rho_6 - \rho_{26}) + \frac{(\lambda_6 - \lambda_{26})}{(\lambda_6 - \lambda_5)} \cdot (\rho_5 - \rho_6)}{\rho_6} \tag{3-35}$$

　　当植被覆盖度比较低时，MODIS 第 5、第 26 和第 6 波段植被冠层水分吸收谷的光谱曲线简化如图 3-14 所示。A 点是 MODIS 第 5 波段中心波长位置，C 点是 MODIS 第 26 波段中心波长位置，E 点是 MODIS 第 6 波段中心波长位置，根据定义有

$$WADI = \frac{DG}{EF} \tag{3-36}$$

　　进一步有
$$DG = OD + OG$$

因为，
$$\frac{OG}{PF} = \frac{AC}{AE}$$

所以，
$$OG = \frac{AC \cdot PF}{AE}$$

$$DG = OD + \frac{AC \cdot PF}{AE}$$

最终有

$$DG = (\rho_5 - \rho_{26}) + \frac{(\lambda_{26} - \lambda_5)}{(\lambda_6 - \lambda_5)} \times (\rho_6 - \rho_5) \tag{3-37}$$

$$\text{WADI} = \frac{DG}{EF} = \frac{(\rho_5 - \rho_{26}) + \frac{(\lambda_{26} - \lambda_5)}{(\lambda_6 - \lambda_5)} \times (\rho_6 - \rho_5)}{\rho_6} \tag{3-38}$$

将式(3-35)和式(3-38)展开可以证明这两个公式的计算结果相等。当土壤背景影响出现图 3-14 中的光谱曲线时,即$\rho_5 = \rho_6$,也可证明式(3-35)和式(3-38)相等。所以土壤背景对 WADI 模型计算没有影响。

利用式(3-35)计算出实验区地面 WADI,分别选取对应土壤水分观测点的地面 WADI,得出土壤水分和地面 WADI 的相关图,二者的相关模型是

$$\theta = A + B \mathrm{e}^{-\text{WADI}/t} \tag{3-39}$$

式中,θ 为土壤含水量;通常 $A = 29.45$,$B = -57.34$,$t = 0.36$。

在 EcoHAT 软件中选择"遥感反演 \ 水分吸收深度指数 WADI",计算界面如图 3-15 所示。

图 3-15 水分吸收深度指数计算界面

3.9 案例：NDVI(归一化植被指数)计算

这里以 NDVI 计算为例,需要的波段为卫星传感器的红色波段和近红外波段,详细说明见表 3-2。

表 3-2　　Landsat 5 第 3 和第 4 波段说明

Band	波段	波长/μm
Landsat5 _ Band 3	红色波段	0.63~0.69
Landsat5 _ Band 4	近红外波段	0.76~0.90

图 3-16 和图 3-17 分别是 LT51300371994177 _ 3.tif 和 LT51300371994177 _ 4.tif 的影像。LT51300371994177 _ 3.tif 的具体含义是 LT5(Landsat 5)，130(轨道号)，037(行号)，1994(年)，177(天)，3(波段)。

图 3-16　Landsat 5 第 3 波段(红色波段)影像

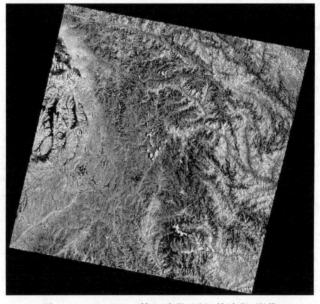

图 3-17　Landsat 5 第 4 波段(近红外波段)影像

　　将 LT51300371994177_3.tif 放入红波段路径，将 LT51300371994177_4.tif 放入近红外波段路径，同时设置结果保存路径，如图 3-18 所示。

图 3-18　NDVI(归一化植被指数)计算界面

　　最后计算得到的 NDVI(归一化植被指数)计算结果如图 3-19 所示。

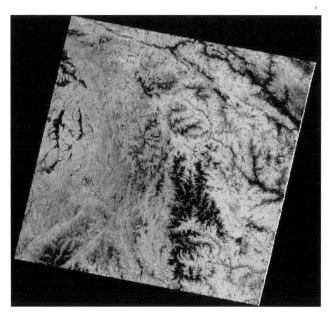

图 3-19　NDVI(归一化植被指数)计算结果

第4章 遥感水文模型

4.1 LCM 模型模拟

长期以来，国内应用水文模型对次降水过程的研究主要建立在国外已经成熟的水文模型基础之上，无论是模型机理的推演，还是应用研究的环境条件，都与国内实际情况存在着一定的差异。LCM 模型是国内优秀的水文模型（Liu and Wang，2014；张亦弛和刘昌明，2014），它的提出基于刘昌明等（1965）在陕西、山西、甘肃、四川及湖南、江西等地区的大量坡地降雨实验，这些地区下垫面条件多为干旱、半干旱区黄土覆盖，其产流机制为超渗产流。随着水文循环过程研究的深入以及数据资料可获取性的提高，将现有模型与 GIS、RS 技术相结合，实现模型的分布式构建成为次降水过程研究及次洪模型发展中面临的新挑战。

分布式模型构建依赖于分布式水文、气象及地形要素的支持，以及与 GIS、RS 技术手段的结合，通过离散化空间计算单元的划分，实现原有水文模型（物理性、概念性模型）的分布式构建；通过对气象站点观测数据时空插值规范化、耦合遥感空间数据，实现对 LCM 暴雨洪水模型的分布式构建，结合双线性二维线性插值方法建立起土地利用、土壤质地与入渗系数的对应关系，实现对不同下垫面条件下降雨入渗过程的空间离散化；最后耦合遗传算法实现了模型参数的计算机优化选择，提高了模型模拟精度和效率。

分布式 LCM 模型结构如图 4-1 所示。模型结构总体上分为两个阶段：数据准备阶段和模型计算阶段。数据准备阶段分别对降雨径流资料、土地利用和土壤质地数据以及研究区 DEM 数据进行预处理，获得分布式 LCM 模型计算所需的输入数据集，将数据带入模型中进行计算，以 Nash 效率系数为目标，通过遗传算法对模型待确定参数进行率定，当参数优选过程满足率定次数要求时，程序运行结束，返回参数优选结果及模型模拟结果。

4.1.1 算法原理

4.1.1.1 降雨时间插值计算

场次降雨数据是指一场降雨过程从开始到结束不同时间段内降雨量记录的总和，是暴雨洪水过程模拟的重要输入参数。由于场次降雨数据具有记录时间的不均一性和记录时段的不连续性，为了保持场次降雨数据的可用性，需要对场次降雨数据进行时间序列规范化插值处理，生成等小时时间间隔降雨数据。可用 insert _ preRain 模块进行降雨时间插值处理。

$$R_{5\text{min}i,j} = \frac{R_{x_1,x_2}}{x_2 - x_1} \cdot 5 \tag{4-1}$$

式中，$R_{5\text{min}i,j}$ 为某降雨记录 5min 内降雨量平均值；R_{x_1,x_2} 为某降雨记录内降雨总量；x_1、x_2 为某时段降雨记录起止时间，min。

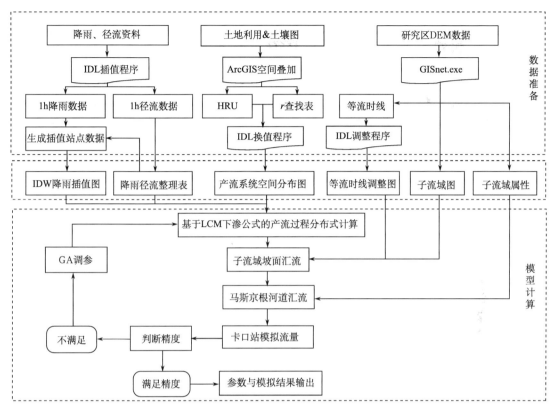

图 4-1　分布式 LCM 模型总体结构示意图

$$R_i = \sum_{j=1}^{12} R_{5\min_{i,j}} \qquad (4\text{-}2)$$

式中，R_i 为规整后 i 小时内的降雨总量；$R_{5\min_{i,j}}$ 为某降雨记录 5min 内降雨量平均值。

4.1.1.2　径流时间插值计算

径流观测数据记录了水文站河道卡口断面某一时间的瞬时流量数据，是描述流域水文过程的重要数据，同时也是评价水文模型降雨径流过程模拟精度的关键指标。由于径流观测数据具有瞬时性和不连续性，为了保持径流观测数据与降雨数据时间上的匹配性，需要对径流观测数据进行时间序列插值与规整，生成等小时时间间隔流量数据。可用 insert _ preQi 模块进行径流观测数据时间插值处理：

$$\text{Runoff}_{t_i} = \text{Runoff}_{t_1} + \frac{t_i - t_1}{t_n - t_1} \cdot (\text{Runoff}_{t_n} - \text{Runoff}_{t_1}) \qquad (4\text{-}3)$$

式中，Runoff_{t_i} 为插值后 t_i 时刻瞬时径流观测流量，m^3/s；t_1、t_n 分别为临近两条径流流量观测记录时刻；Runoff_{t_1}、Runoff_{t_n} 分别为 t_1、t_n 对应的瞬时径流流量观测数据，m^3/s。

$$\text{Runoff}_i = \sum_{j=1}^{10} \text{Runoff}_{6\min_{i,j}} / 10 \qquad (4\text{-}4)$$

式中，Runoff_i 为第 i 小时内的平均流量，m^3/s；$\text{Runoff}_{6\min_{i,j}}$ 为第 i 小时内，第 j 个 6min 内的平均流量。

4.1.1.3　降雨空间插值计算

面雨量数据是指雨量站站点数据经空间插值后生成的降雨空间分布影像数据，是 LCM 分布式暴雨径流模型计算的重要输入参数，同时也是影响流域水文站径流观测数据的重要因素。为了获取面雨量数据，需要结合 ArcGIS 空间插值代码进行面雨量空间插值处理。反距离加权平均，又称"倒数距离加权插值"或"Shepard 方法"。

设有 n 个点，平面坐标为 (x_i, y_i)，垂直高度为 z_i，$i=1, 2, \cdots, n$，倒数距离加权插值的插值函数为

$$f(x, y) = \begin{cases} \dfrac{\sum\limits_{j=1}^{n} \dfrac{z_j}{d_j^p}}{\sum\limits_{j=1}^{n} \dfrac{1}{d_j^p}}, & (x, y) \neq (x_i, y_i), \ i=1, 2, \cdots, n \\ z_i, & (x, y) = (x_i, y_i), \ i=1, 2, \cdots, n \end{cases} \tag{4-5}$$

式中，$d_j = \sqrt{(x-x_j)^2 + (y-y_j)^2}$ 是 (x, y) 点到 (x_j, y_j) 点的水平距离，$j=1, 2, \cdots, n$；p 是一个大于 0 的常数，称为加权幂指数。

4.1.1.4　入渗系数 r 分布计算

入渗系数是反映地表下渗能力的重要指标，r 值与区域土地利用、土壤质地等状况密切相关，不同下垫面条件及雨强空间分布共同决定了下渗过程的空间差异性。r 值是决定下渗过程的重要因素，刘昌明等(2004)通过在新疆、青海、西藏、陕西、四川等地的大量人工降雨实验，建立了不同下垫面状况与入渗系数 r 值之间的关系(表 4-1)。

表 4-1　雨强初损系数 R，r 查找表

分类		I	II	III	IV	V
土地类型		黏土；地下水埋深浅土石山区；轻微风化的石山区	植被较差的砂质黏土；土层较厚，植被一般；短草生长的坡面	植被较差的黏质砂土；土层厚，草灌较密，人工林地，土层较厚，中密度林地，中等水土流失	有植被砂土地面；土层厚；林地有大面积的水土保持治理的山区	松散砂土地区；枯枝层良好的森林区
前期土壤湿度湿润	R	0.83	0.95	0.98	1.10	1.22
	r	0.56	0.63	0.66	0.76	0.87
前期土壤湿度中等	R	0.93	1.02	1.10	1.18	1.25
	r	0.63	0.69	0.76	0.83	0.90
前期土壤湿度干燥	R	1.00	1.08	1.16	1.22	1.27
	r	0.68	0.75	0.81	0.87	0.92

R，r 值的空间分布直接影响下渗过程，进而实现降雨径流过程在空间上的离散化，是流域产流过程模拟的重要因素。随着遥感数据及 GIS 技术的不断发展，原有 R，r 统计表已不能满足当前应用的需要，因此在保留原有信息的基础上，对原始 R，r 系数分布表进一步发展，得到表 4-2，通过对土地利用类型和土壤质地的进一步划分，入渗系数 r 与土地利用及土壤质地空间分布建立更加紧密的联系，实现 LCM 模型计算的空间离散化，为分布式模型构建提供基础。

表 4-2　入渗系数 r 值查找表

土壤类型	水体 1	城市 2	荒地 3	耕地 4	草地 5	森林 6
黏土 1	0.56	0.63	0.63	0.68	0.7	0.71
砂质粉土 2	0.56	0.63	0.64	0.69	0.71	0.74
壤土 3	0.56	0.65	0.68	0.75	0.76	0.8
砂土 4	0.56	0.67	0.71	0.78	0.85	0.9

$$f_{x,y} = R_{\text{landuse}_{x,y},\text{soil}_{x,y}} \cdot i_{x,y}^{r_{\text{landuse}_{x,y},\text{soil}_{x,y}}} \tag{4-6}$$

式中，$f_{x,y}$ 为点 (x,y) 下渗径流深度，mm；i 为单位时间内降雨量，mm；$R_{\text{landuse}_{x,y},\text{soil}_{x,y}}$、$r_{\text{landuse}_{x,y},\text{soil}_{x,y}}$ 分别为点 (x,y) 土地利用为 $\text{landuse}_{x,y}$、土壤质地为 $\text{soil}_{x,y}$ 的入渗系数，其中

$$R_{\text{landuse}_{x,y},\text{soil}_{x,y}} = 0.8781 \cdot \ln(r_{\text{landuse}_{x,y},\text{soil}_{x,y}}) + 1.3422 \tag{4-7}$$

4.1.1.5　汇流相关数据计算

流域 DEM 数据是记录流域地形地貌的重要数据源，其与产汇流特性密切相关，运用 DEM 数据正确地描述流域水文过程特性是暴雨洪水过程模拟的关键要素，LCM 模型采用等流时线法控制子流域内部坡面汇流过程，河道汇流过程采用马斯京根方程。推求流域等流时线的具体过程如下：

第 1 步，将流域表面上的每一个栅格按高程从低到高排序。假定代表流域地貌的 DEM 总共有 N 个栅格，那么按高程从低到高排序后第 N 个栅格应该是流域最高栅格，而第一个栅格即在流域出口断面处。

第 2 步，计算净雨流经各个栅格所需要的时间 τ。因各个栅格的坡度不一样，流速也就不一样，从而流经时间也不一样。坡度大、流速大，流经时间短；坡度小、流速小，流经时间长。如对第 i 个栅格，计算流经时间 τ_i 的公式为

$$\tau_i = \frac{\Delta l}{a \cdot (S_i)^b} \tag{4-8}$$

式中，S_i 为某一水流出流方向上的坡度；a 为一个参数，具有速度的量纲；b 为一个幂指数，反映坡度大小对流速的影响。注意，当 b 值为 0 时，就相当于假设流速在整个流域内均匀分布，与坡度无关。如果流域各点糙率系数的变幅很大，式 (4-8) 右边则还应该包括一个糙率系数参数。

第 3 步，对于流域出口断面处栅格 (序号是 $i=1$) 来说，汇流时间即为流经时间，$t_1 = \tau_1$。

第 4 步，对 $i=2,3,\cdots,N$，重复第 5 步。

第 5 步，到第 i 个栅格时，周围 8 个栅格中高程相对要低的那些栅格，其汇流时间都已经计算出来。当周围 8 个栅格中只有一个栅格的高程相对要低，其序号为 $j(j<i)$，汇流时间为 t_j，则第 i 个栅格的汇流时间为

$$t_i = \tau_i + t_j \tag{4-9}$$

当周围 8 个栅格中有几个栅格的高程相对要低，其序号分别为 j_1，j_2，…，$j_l(j_r<i$，$r=1$，2，…，l，$l\leqslant 8)$，若采用最陡坡度法确定的唯一流向为 i，j_r，则

$$t_i = \tau_i + t_{j_r} \text{ 其中 } S_{j_r} = \max\{S_{j_1}，S_{j_2}，\cdots，S_{j_l}\} \tag{4-10}$$

式(4-10)是一种简单而常用的计算汇流时间的方法，在山区流域比较适用。S_{j_r} 为 i 点到周边栅格的唯一流向。

第 6 步，将具有相同汇流时间的栅格面积加在一起，作等流时面积分布图 $\Delta A(\tau)\sim\tau$。

4.1.1.6　LCM 场次暴雨洪水计算

LCM 模型的提出基于刘昌明等(1965)在陕西、山西、甘肃、四川及湖南、江西等地区的大量坡地降雨实验，这些地区下垫面条件多为干旱、半干旱区黄土覆盖，其产流机制为超渗产流。根据能量守恒定律，将土壤水入渗的重力、阻力和毛管力分析得到渗水运动速度方程

$$f = \frac{\rho g(y + H + h_c)}{vy} \tag{4-11}$$

入渗水量平衡方程

$$q\,dt = \omega \cdot dy \tag{4-12}$$

式中，f 为锋面运动速度；ρ 为水的密度；g 为重力加速度；y、H、h_c 分别为重力水、表层积水、毛管力水头；v 为阻力系数；q 为流量，ω 为入渗孔隙面积。

式(4-11)、式(4-12)联立可得入渗量为

$$q = \omega \cdot f = \omega \frac{dy}{dt} = \omega \frac{\rho g(y + H + h_c)}{vy} \tag{4-13}$$

在产流过程中对于给定土壤，ω 一定，ρ、g、v 为常量，q 则与 H、h_c 成正比，而水头 H 又取决于雨强 i，因此，式(4-13)可以近似地用下式表达

$$f = R \cdot i^r \tag{4-14}$$

上式已通过大量坡地人工降雨实验进行了验证。式(4-14)中的两个参数 R、r 由陕西、山西、甘肃、四川及湖南、江西等省区的流域资料综合分析确定。

由式(4-14)可得产流量计算公式

$$h_y = i - f = i - R \cdot i^r \tag{4-15}$$

产流强度的大小与降雨强度密切相关，同时入渗强度也随雨强的增大而增大，这也是超渗产流的一个重要特点。

4.1.2　数据准备

4.1.2.1　降雨时间插值计算数据准备

模型名称：insert_preRain。输入和输出数据如表 4-3 和表 4-4 所示。

表 4-3　insert _ preRain 输入数据

序号	输入参数	数据格式	内容	单位
1	雨量站名称 . txt	文本格式	场次降雨摘录表文本	mm

表 4-4　insert _ preRain 输出数据

序号	输出参数	数据格式	内容	单位
1	雨量站名称 _ 调整 . txt	文本格式	等小时场次降雨数据	mm

4.1.2.2　径流时间插值计算数据准备

模型名称：insert _ preQi。输入和输出数据如表 4-5 和表 4-6 所示。

表 4-5　insert _ preQi 输入数据

序号	输入参数	数据格式	内容	单位
1	水文站名称	文本格式	场次径流流量数据	m^3/s

表 4-6　insert _ preQi 输出数据

序号	输出参数	数据格式	内容	单位
1	水文站名称 _ 调整	文本格式	等小时径流流量数据	m^3/s

4.1.2.3　降雨空间插值计算数据准备

模型名称：makecode。输入和输出数据如表 4-7 和表 4-8 所示。

表 4-7　makecode 输入数据

序号	输入参数	数据格式	内容	单位
1	插值站点 . shp	ArcGIS 矢量格式	雨量站空间位置及小时降雨量	mm
2	后缀名	字符型	制作降雨量属性时产生的后缀	—
3	降雨历时	字符型	降雨持续时间	h
4	空间分辨率	字符型	插值生成降雨面状图空间分辨率	m

表 4-8　makecode 输出数据

序号	输出参数	数据格式	内容	单位
1	批处理代码 . txt	文本格式	ArcGIS 空间插值代码	—

4.1.2.4　入渗系数 r 分布计算数据准备

模型名称：r _ distribution。输入和输出数据如表 4-9 和表 4-10 所示。

表 4-9　r_distribution 输入数据

序号	输入参数	数据格式	内容	单位
1	landuse_年代	geotiff 格式	整理后土地利用栅格数据	—
2	soiltexture_年代	geotiff 格式	整理后土壤质地栅格数据	—
3	r_table_0	文本格式	LCM 下渗系数 r 值查找表	—

表 4-10　r_distribution 输出数据

序号	输出参数	数据格式	内容	单位
1	r_年代	ENVI 标准格式增加后缀". tif"	瞬时太阳辐射	W/m^2

4.1.2.5　汇流相关数据计算数据准备

模型名称：GISnet。输入和输出数据如表 4-11 和表 4-12 所示。

表 4-11　GISnet 输入数据

序号	输入参数	数据格式	内容	单位
1	DEM. asc	ASCII 文件	流域 DEM 数据	m

表 4-12　GISnet 输出数据

序号	输出参数	数据格式	内容	单位
1	Subbasin. asc	ASCII 文件	研究区子流域划分	—
2	Isochrone. asc	ASCII 文件	汇流时间空间分布图	h
3	SubbasinA. txt	文本格式	子流域汇流属性	—

模型名称：iuh_adjusted。输入和输出数据如表 4-13 和表 4-14 所示。

表 4-13　iuh_adjusted 输入数据

序号	输入参数	数据格式	内容	单位
1	isochrone. tif	ENVI 标准格式增加后缀". tif"	汇流时间空间分布图	m
2	subbasin. tif	ENVI 标准格式增加后缀". tif"	子流域分布图	—
3	SubbasinA. txt	文本格式	子流域汇流属性	—

表 4-14　iuh_adjusted 输出数据

序号	输出参数	数据格式	内容	单位
1	iuh_adjusted. tif	ENVI 标准格式增加后缀". tif"	调整后子流域内部等流时线空间分布图	h

4.1.2.6　LCM 场次暴雨洪水计算数据准备

模型名称：LCM_ws。输入和输出数据如表 4-15 和表 4-16 所示。

表 4-15　LCM _ ws 输入数据

序号	输入参数	数据格式	内容	单位
1	Subbasin. tif	ENVI 标准格式增加后缀".tif"	研究区子流域空间分布图	—
2	0001. tif 0002. tif ……	ENVI 标准格式增加后缀".tif"	研究区面雨量空间分布图	mm
3	Isochrone. tif	ENVI 标准格式增加后缀".tif"	汇流时间空间分布图	h
4	iuh _ adjusted. tif	ENVI 标准格式增加后缀".tif"	调整后子流域内部等 流时线空间分布图	h
5	r _ 年代. tif	ENVI 标准格式增加后缀".tif"	LCM 模型下渗系数空间分布图	—
6	降雨、径流数据整理. txt	文本格式	降雨、径流规整数据表格,用作 径流模拟、实测值精度评价	—
7	SubbasinA. txt	文本格式	子流域汇流属性表	—
8	参数优选. txt	文本格式	模型率定后参数	—

表 4-16　LCM _ ws 输出数据

序号	输出参数	数据格式	内容	单位
1	模拟结果. txt	文本格式	LCM 场次径流流量模拟结果	m³/s
2	实验校正参数. txt	文本格式	模型率定参数	—
3	surfaceflow _ 0001. tif surfaceflow _ 0002. tif ……	ENVI 标准格式增加后缀".tif"	LCM 地表径流深度模拟 结果空间分布图	mm
4	interflow _ 0001. tif interflow _ 0002. tif ……	ENVI 标准格式增加后缀".tif"	LCM 壤中流径流深度模拟 结果空间分布图	mm

4.1.3　操作步骤

4.1.3.1　降雨时间插值计算步骤

降雨时间插值计算需要准备研究区内及周边雨量站场次降雨摘录文本。以黄河流域孤山川流域土墩则塌雨量站 1988 年场次降雨时间插值计算为例。首先,从原始场次降雨摘录表中选取 1988 年土墩则塌雨量站对应场次降雨记录信息(站码、年份、月日、开始时分、结束时分和降雨量),如图 4-2 所示。

其次,检查原始降雨摘录表中记录,去除重复项,保证摘录信息时间记录逻辑正确性。将对应信息复制粘贴至"土墩则塌. txt"文件夹,如图 4-3 所示,确认文本最后一行与场次降雨摘录信息最后一行相对应,使降雨时间插值程序能够正常运行。

再次，将研究区涉及雨量站的插值文本整理到对应文件夹下，如图 4-4 所示，为降雨时间插值批处理做准备，批处理过程可以一次运行一个文件夹下的多个文本，减少重复劳动，提高数据准备效率。

	A	B	C	D	E	F	G	H
1		站名	站码	年份	月日	开始时分	结束时分	降雨量
11218	清水河	土墩则墕	40624250	1988	607	200	300	0.3
11219	清水河	土墩则墕	40624250	1988	607	300	400	3.4
11220	清水河	土墩则墕	40624250	1988	607	400	800	5.1
11221	清水河	土墩则墕	40624250	1988	608	800	900	0.4
11222	清水河	土墩则墕	40624250	1988	624	2000	2100	2.1
11223	清水河	土墩则墕	40624250	1988	624	2100	2200	12.8
11224	清水河	土墩则墕	40624250	1988	624	2200	2400	8.1
11225	清水河	土墩则墕	40624250	1988	625	2000	2100	4.1
11226	清水河	土墩则墕	40624250	1988	625	2100	2300	1
11227	清水河	土墩则墕	40624250	1988	626	800	900	0.7
11228	清水河	土墩则墕	40624250	1988	626	1400	1600	1.5
11229	清水河	土墩则墕	40624250	1988	627	1800	1900	0.1
11230	清水河	土墩则墕	40624250	1988	627	2100	2200	0.5

降摘 洪要 Sheet3

图 4-2 孤山川场次降雨数据摘录表

土墩则墕.txt - 记事本

文件(F) 编辑(E) 格式(O) 查看(V) 帮助(H)

STCD/站编号	YR/年份	MD月/日	BGHRMT起始时间	EDHRMT结束时间	P降水量
40624250	1988	607	200	300	0.3
40624250	1988	607	300	400	3.4
40624250	1988	607	400	800	5.1
40624250	1988	608	800	900	0.4
40624250	1988	624	2000	2100	2.1
40624250	1988	624	2100	2200	12.8
40624250	1988	624	2200	2400	8.1
40624250	1988	625	2000	2100	4.1
40624250	1988	625	2100	2300	1
40624250	1988	626	800	900	0.7

图 4-3 降雨记录文本

最后，全部输入数据准备好后，启动 EcoHAT 降雨时间插值计算模块，新建工程文件后调出“降雨时间插值程序”操作界面，如图 4-5 所示，选择各雨量站场次降雨摘录表文本所在文件夹及计算结果输出文件夹位置，即可对场次降雨数据进行时间插值处理。

输出数据如图 4-6 所示，为三列浮点型数组，第一列代表所在当年第 i 天，第二列为所在当日第 j 小时，第三列为 $j-0.5\sim j+0.5$ 时间段内的累计降雨量，单位为 mm。降雨时间插值处理结果是降雨空间插值计算的基础数据。

图 4-4　降雨记录文本文件夹管理

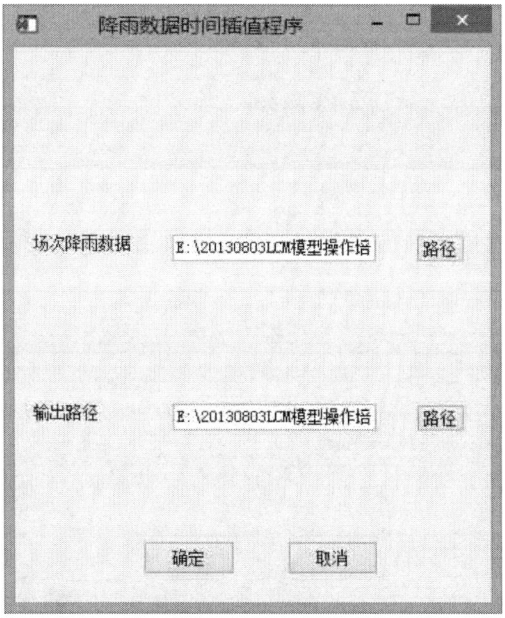

图 4-5　降雨数据时间插值处理程序界面

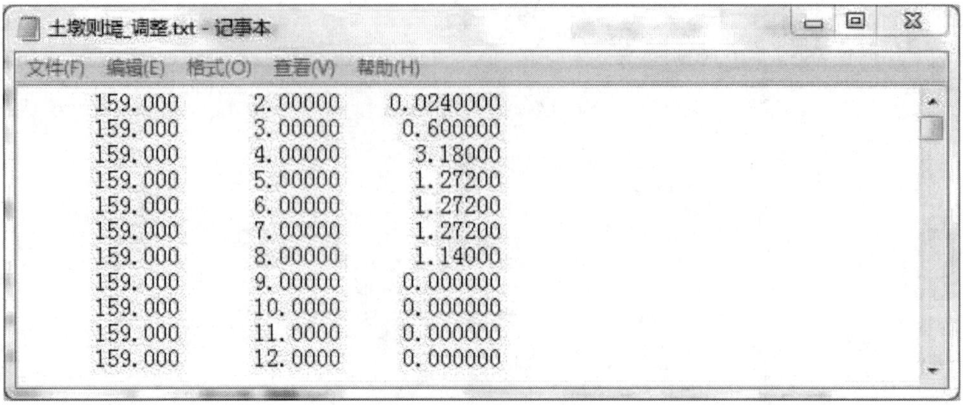

159.000	2.00000	0.0240000
159.000	3.00000	0.600000
159.000	4.00000	3.18000
159.000	5.00000	1.27200
159.000	6.00000	1.27200
159.000	7.00000	1.27200
159.000	8.00000	1.14000
159.000	9.00000	0.000000
159.000	10.0000	0.000000
159.000	11.0000	0.000000
159.000	12.0000	0.000000

图 4-6 降雨时间插值程序输出文本

4.1.3.2 径流时间插值计算步骤

径流时间插值计算需要准备研究区流域出口水文站洪水要素摘录文本，以孤山川流域高石崖水文站 1988 年径流时间插值计算为例。首先，从原始场次降雨摘录表中选取 1988 年高石崖站对应洪水要素记录信息(年份、月日、时分和流量)，如图 4-7 所示。

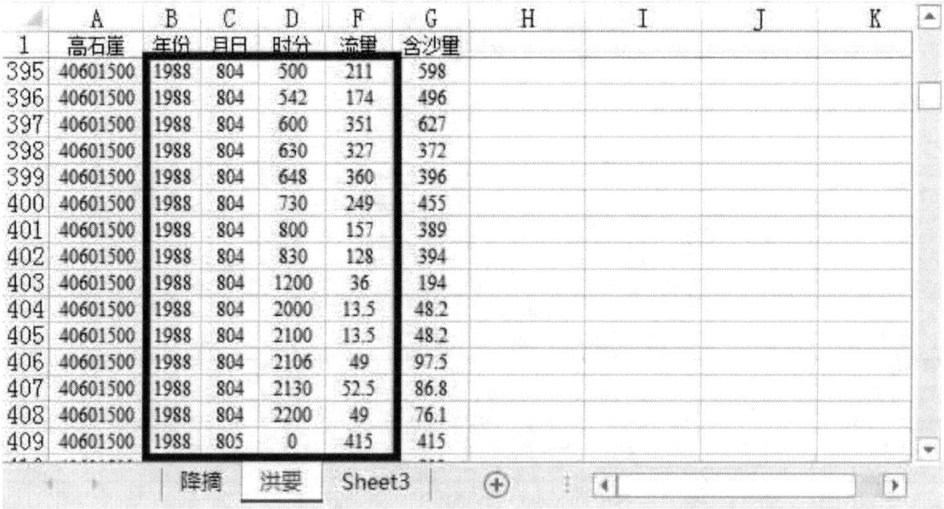

	A	B	C	D	F	G
1	高石崖	年份	月日	时分	流量	含沙量
395	40601500	1988	804	500	211	598
396	40601500	1988	804	542	174	496
397	40601500	1988	804	600	351	627
398	40601500	1988	804	630	327	372
399	40601500	1988	804	648	360	396
400	40601500	1988	804	730	249	455
401	40601500	1988	804	800	157	389
402	40601500	1988	804	830	128	394
403	40601500	1988	804	1200	36	194
404	40601500	1988	804	2000	13.5	48.2
405	40601500	1988	804	2100	13.5	48.2
406	40601500	1988	804	2106	49	97.5
407	40601500	1988	804	2130	52.5	86.8
408	40601500	1988	804	2200	49	76.1
409	40601500	1988	805	0	415	415

图 4-7 高石崖洪水要素摘录表

其次，检查原始洪水要素摘录表中记录，去除重复项，保证摘录信息时间记录逻辑正确。将对应信息复制粘贴至“1988 孤山川 . txt”文件夹，如图 4-8 所示，确认文本最后一行与洪水要素摘录信息最后一行相对应，使径流时间插值程序能够正常运行。

再次，将流域水文站多年待插值洪水要素文本整理到对应文件夹下，如图 4-9 所示，为径流时间插值批处理做准备，批处理过程可以一次运行一个文件夹下的多个文本，减少多次重复劳动，提高数据准备效率。

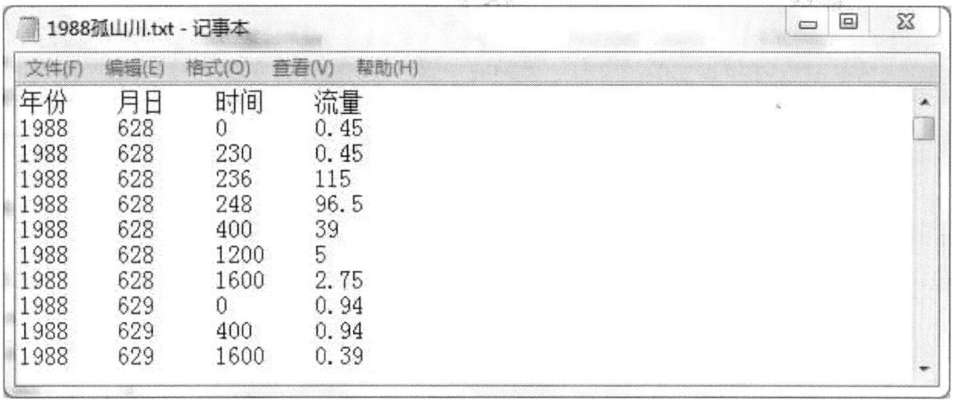

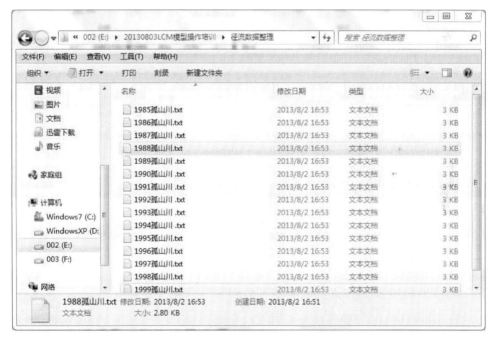

图 4-8　径流记录文本

图 4-9　径流记录文本文件夹管理

　　最后，全部输入数据准备好后，启动 EcoHAT 径流时间插值计算模块，新建工程文件后调出"径流时间插值程序"操作界面，如图 4-10 所示，选择流域水文站多年洪水要素摘录文本所在文件夹及计算结果输出文件夹位置，即可对洪水要素数据进行时间插值处理。

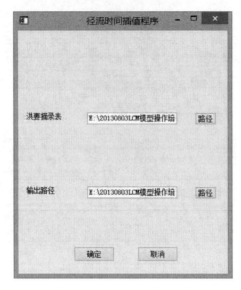

图 4-10 径流时间插值处理程序界面

输出数据如图 4-11 所示，为三列浮点型数组，第一列代表所在当年第 i 天，第二列为所在当日第 j 小时，第三列为 $j-0.5\sim j+0.5$ 时间段内的平均流量，单位为 m^3/s。径流时间插值处理结果是 LCM 模型参数率定和模拟精度评价的基础数据。

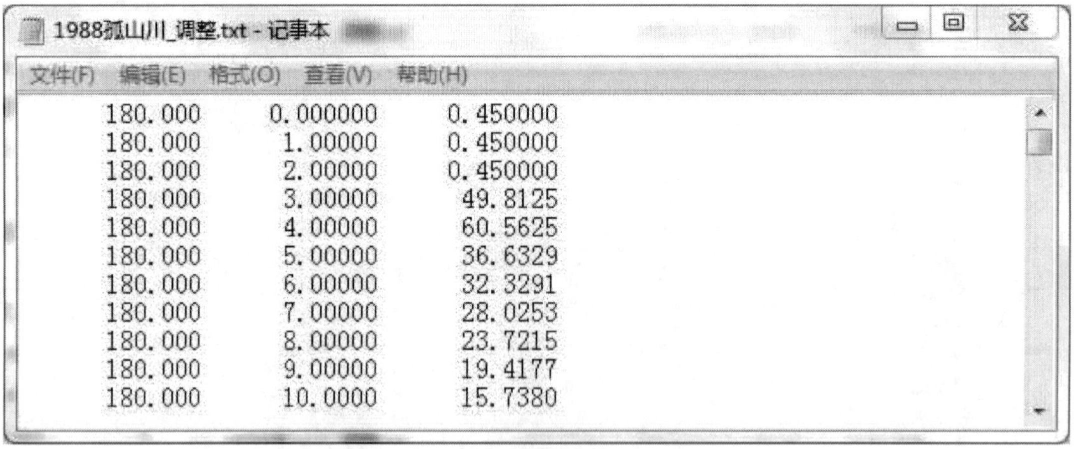

180.000	0.000000	0.450000
180.000	1.00000	0.450000
180.000	2.00000	0.450000
180.000	3.00000	49.8125
180.000	4.00000	60.5625
180.000	5.00000	36.6329
180.000	6.00000	32.3291
180.000	7.00000	28.0253
180.000	8.00000	23.7215
180.000	9.00000	19.4177
180.000	10.0000	15.7380

图 4-11 径流时间插值程序输出文本

4.1.3.3 降雨空间插值计算步骤

降雨空间插值计算需要准备研究区内及周边雨量站等小时时间间隔降雨量数据，降雨、径流数据整理表，雨量站空间坐标信息，ArcGIS 批处理代码等数据。

首先，将降雨时间插值计算程序运行结果进行整理，保持各雨量站降雨记录、径流数据之间时间的一致性，生成 excel 格式降雨、径流数据整理表，并选取某一时段场次降雨径流过程，生成插值站点 . shp 文件。

第 1 步，从所有降雨时间插值计算结果中找出当年降雨记录开始时间最早的数据，作为降雨、径流观测数据表的起始时间，将其他雨量站降雨时间插值结果按照对应时间顺序复制粘贴至降雨、径流数据整理表中，生成 excel 格式的降雨、径流数据整理表，如图 4-12 所示。

1	日期	时间	大路茆	哈镇	土墩则墕	清水	义门	府谷	新庙	新民镇	孤山	高石崖	王沙茆	西尔兔	乔家梁	秦家沟	观测数据
1700	217	13	0.3	1.596	0.024	0.792	0.024	0.324	1.008	0	0.66	0.372	0	0.6	0	0.864	34.4531
1701	217	14	0.336	1.56	0.54	0.72	0.264	0.768	1.152	0	0.636	0.36	0.516	0.636	0	0.792	31.6406
1702	217	15	1.128	1.2	3.036	0.66	0	0	2.16	0	0.444	0.24	4.68	1.044	0	0.192	28.8281
1703	217	16	4.5	1.2	5.52	0.06	0	0	0	0	0.396	0.216	0	0.936	0.096	0.18	26.0156
1704	217	17	0.096	1.2	0.348	0	0	0	0	0	0.06	0	0	0	1.044	0	23.2031
1705	217	18	0.096	1.2	1.416	0.132	0	0	0	0	0.948	0.024	0	0.456	0.936	0.876	20.3906
1706	217	19	0.348	1.2	11.04	1.308	0	0	0.588	0	3.432	0.348	0	4.644	0	8.796	17.5781
1707	217	20	3.936	1.272	11.04	0.84	0	0	6.492	0.132	5.616	0.372	0	4.464	0.252	8.364	14.7656
1708	217	21	14.4	1.992	11.04	3.9	0.084	0	10.704	1.344	5.22	0.54	0	2.796	2.544	4.548	13.5
1709	217	22	1.116	2.088	11.04	3.504	0	0	0	1.344	0.06	0.024	0	2.82	2.868	4.716	50.575
1710	217	23	9.588	3	9.936	0.24	0.36	0.312	1.02	1.344	0.624	0.324	0	3.096	5.796	6.3	149.65
1711	218	0	4.62	3.072	0	0.792	0.036	0.444	4.02	1.344	0.624	0.324	0	5.148	5.652	5.976	332.65
1712	218	1	17.028	3.744	0	0.792	0.216	0.132	1.536	1.344	0.624	0.3	0	23.64	4.344	3.144	360.55
1713	218	2	12.9	3.768	0	0.552	0	0	0	1.62	0.552	0	0	21.348	3.984	3.36	280.58
1714	218	3	12.96	3.996	0	0.18	0	0	1.02	4.044	0.012	0	0	0.744	0.792	5.34	216.18
1715	218	4	4.14	4.104	0	2.172	0	0	7.008	4.044	0.78	0	0	0.672	0.72	4.848	165.64
1716	218	5	0.084	5.1	0	5.208	0	0.036	10.32	4.044	7.44	0.564	0	0	0	0.396	256.629
1717	218	6	0	5.148	0	9.24	3.084	1.2	6.324	4.044	18.12	5.712	0	0	0	0.36	322.121
1718	218	7	0	5.688	0	3.96	5.4	7.764	0.3	4.044	4.464	5.712	0	0	0	0	797.9
1719	218	8	0	5.196	0	0.804	2.508	1.884	0.264	3.636	0.54	3.684	0	0	0	0	1481.5
1720	218	9	0	0.744	0	0	0	0.444	0	0	0	0	0	0	0	0	870.65
1721	218	10	0	0.672	0	0	0	0.048	0	0	0	0.012	0	0.072	0	0	487
1722	218	11	0	0	0	0	0	0	0	0	0	0.18	0	0.744	0	0	333.7
1723	218	12	0.036	0	0	0	0	0	0	0	0	0	0	0.672	0	0	207.7
1724	218	13	0.396	0	0	0	0	0	0	0	0	0	0	0	0	0	130.238

Sheet1　Sheet2　Sheet3

图 4-12　孤山川降雨、径流数据整理表

第 2 步，结合雨量站空间坐标信息及对应场次降雨数据，整理获得降雨空间插值站点属性表，如图 4-13 所示。

1	站点名称	经度	纬度	1.000	2.000	3.000	4.000	5.000	6.000	7.000	8.000	9.000	10.000	11.000	12.000	13.000	14.000	15.000
2	大路茆	110.62	39.53	0.360	0.168	3.564	17.568	0.180	0.000	0.000	0.000	0.000	0.000	0.000	0.000	0.000	0.000	0.000
3	哈镇	110.83	39.45	0.000	0.000	0.000	0.000	0.000	0.000	0.000	0.000	0.000	0.000	0.000	0.000	0.000	0.000	0.000
4	土墩则墕	110.72	39.40	0.000	0.000	0.000	0.000	0.000	0.000	0.000	0.000	0.000	0.000	0.000	0.000	0.000	0.000	0.000
5	清水	111.05	39.25	0.000	0.000	0.780	7.320	2.784	0.120	0.000	0.000	0.000	0.000	0.000	0.000	0.000	0.000	0.000
6	义门	111.13	39.07	0.000	0.000	0.000	0.000	5.616	13.944	0.084	0.000	0.000	0.000	0.000	0.000	0.000	0.000	0.000
7	府谷	111.08	39.03	0.000	0.000	0.000	0.000	1.920	17.280	0.720	0.000	0.000	0.000	0.000	0.000	0.000	0.000	0.000
8	新庙	110.78	39.18	0.000	0.000	0.000	0.000	15.636	0.000	0.000	0.000	0.000	0.000	0.000	0.000	0.000	0.000	0.000
9	新民镇	110.72	39.07	0.792	7.932	7.932	7.932	7.932	7.932	7.140	0.000	0.000	0.000	0.000	0.000	0.000	0.000	0.000
10	孤山	110.88	39.08	0.000	0.000	0.000	0.972	11.268	22.044	0.000	0.084	0.000	0.000	0.000	0.000	0.000	0.000	0.000
11	高石崖	111.05	39.05	0.000	0.000	0.000	0.000	1.188	10.740	0.264	0.000	0.000	0.000	0.000	0.084	0.000	0.000	0.000
12	王沙茆	110.73	38.95	0.000	0.000	0.000	0.744	6.744	0.000	0.000	0.000	0.000	0.000	0.000	0.000	0.000	0.000	0.000
13	西尔兔	110.52	39.48	0.480	4.848	4.356	0.000	0.000	0.000	0.000	0.000	0.000	0.000	0.000	0.000	0.000	0.000	0.000
14	乔家梁	110.50	39.22	0.000	0.000	0.000	0.000	0.000	0.000	0.000	0.000	0.000	0.000	0.000	0.000	0.000	0.000	0.000
15	秦家沟	110.60	39.27	0.000	0.000	0.000	0.000	0.000	0.000	0.000	0.000	0.000	0.000	0.000	0.000	0.000	0.000	0.000

Sheet1　Sheet2　Sheet3

图 4-13　孤山川降雨空间插值站点属性表

第 3 步，启动 ArcGIS 9.3 程序，选择 Tools—Add XY Data 模块，将图中表格添加到 ArcGIS 9.3 中，并输出生成“插值站点 . shp”文件，其空间分布与属性信息如图 4-14 所示，“插值站点 . shp”文件是 ArcGIS 降雨空间插值批处理的数据基础。

第 4 步，启动 ArcGIS 批处理插值代码生成模块，选择雨量站插值站点 . shp 文件所在路径，同时选择插值结果输出路径，填写属性表后缀、降雨历时、空间分辨率等信息，如图 4-15 所示，选择批处理代码生成路径，即可获得 ArcGIS 空间插值批处理代码文本。

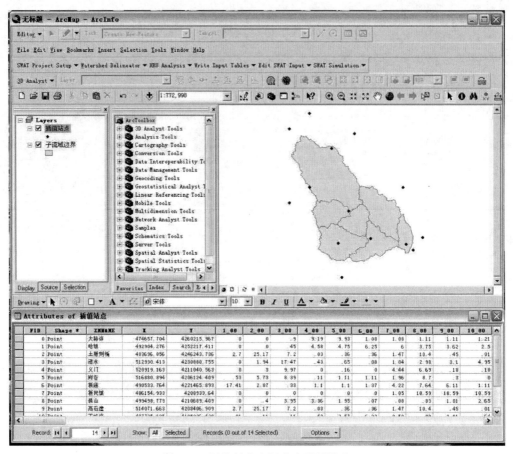

图 4-14　插值站点空间分布及属性表

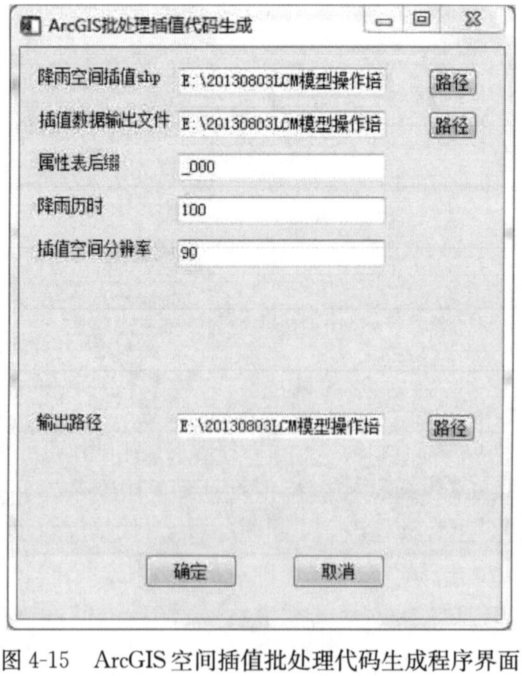

图 4-15　ArcGIS 空间插值批处理代码生成程序界面

　　第 5 步，将生成的批处理代码拷贝至 ArcGIS command line 对话框中，如图 4-16 所示，回车后即可批处理运行 IDW 插值程序，实现降雨数据空间插值计算。取消 ArcGIS 计算结果自动加载功能可以节省插值处理耗时、提高系统运行效率，具体方法如下：在 Tools—Options—General 下取消"Add results of geoprocessing operations to the display"即可。

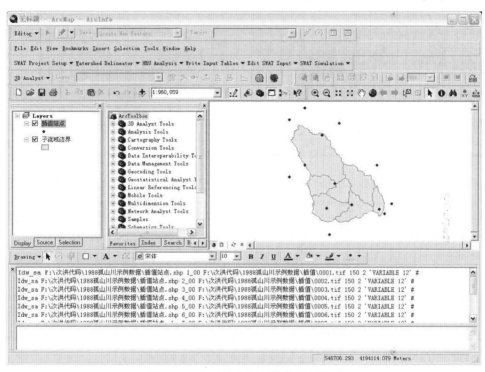

图 4-16　ArcGIS 空间插值批处理界面

4.1.3.4　入渗系数 *r* 分布计算步骤

　　入渗系数 *r* 分布计算需要准备研究区土地利用栅格影像 landuse_年代、土壤质地栅格影像 soiltexture_年代以及 LCM 模型 *r* 值查找表 r_table_0。以孤山川 1980 年入渗系数 *r* 分布计算为例。

　　首先，从土地利用遥感解译矢量文件中，裁切出研究区土地利用图，将研究区内土地利用矢量文件按照水体 1、城市 2、荒地 3、耕地 4、草地 5、森林 6 的原则进行重新编码，并输出重编码后的土地利用数据 landuse_年代.tif 栅格数据。

　　其次，从世界土壤数据库 HWSD 提供矢量化 1∶100 万中国土壤数据中，裁剪出研究区土壤图并导出属性表，如另存为土壤参数获取.xlsx。按土壤参数获取.xlsx 中的 SOIL 字段和 HWSD.mdb 属性表中 MU_SOURCE1 字段相同，分别查找、记录每种土壤类型的砂粒含量 T_SAND、黏粒含量 T_CLAY、粉粒含量 T_SILT、有机碳含量 T_OC 和碎石含量 T_GRAVEL 等特征参数。再用图 4-17 所示 SPAW 软件分别输入每种土壤类型的砂粒含量 SAND(%)、黏粒含量 CLAY(%)、有机质含量 Organic Matter(%)和碎石含量 GRAVEL(%)等参数后，查询、记录得到每种土壤的土壤质地 Texture Class，并对土壤质地图按照黏土 1、砂质粉土 2、壤土 3、砂土 4 的原则进行重新编码，并输出重编码后的土壤质地空间分布图 soiltexture_年代.tif 栅格数据。

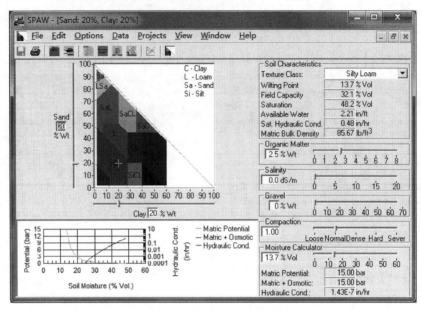

图 4-17   SPAW 土壤质地查询界面

最后，集中整理好的输入数据，启动 EcoHAT 入渗系数 r 分布计算模块，构建工程文件后调出"入渗系数 r 分布计算模块"操作界面，如图 4-18 所示，按照提示选择土地利用、土壤质地数据及 LCM 入渗系数 r 值查找表 r_table_0.txt，确定计算结果输出路径，即可获得入渗系数 r 值空间分布图。

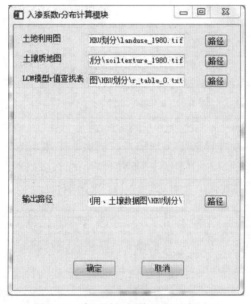

图 4-18   降雨时间插值处理程序界面

4.1.3.5　汇流相关数据计算步骤

汇流相关数据计算需要准备研究区 DEM 数据，以孤山川流域为例。首先，裁切出流域范围内的 DEM 数据，使用 ArcGIS 软件将流域 DEM 转换成二进制 ASCII 文件，应用叶爱中等研发的 GISnet(叶爱中等，2005；Mao et al.，2014)数字流域信息提取系统，读入流域 DEM 数据，按照"坡度坡向—流向—水流累积—地形指数—等流时线—河网—子流域—子流域属性"的顺序进行计算，获得研究区二进制等流时线 isochrone. asc、子流域 subbasin. asc 以及流域属性文件 SubbasinA. txt 数据。如图 4-19 所示。

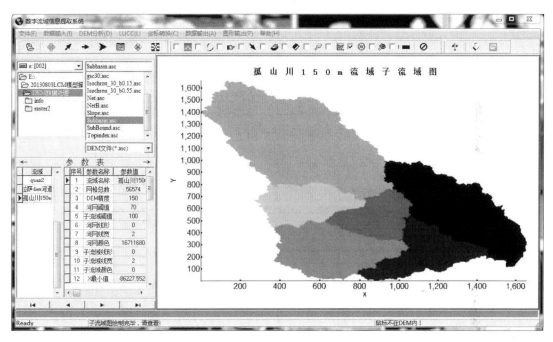

图 4-19　GISnet 操作界面

其次，将二进制数据 isochrone. asc、subbasin. asc 转换成 geotiff 格式影像，启动 LCM 模型等流时线调整模块，按照提示要求选择 isochrone. tif(等流时线)、subbasin. tif(子流域空间分布)以及 SubbasinA. txt(子流域属性图)，确定计算结果输出路径，即可获得调整后以子流域为单元的等流时线空间分布图。如图 4-20 所示。

4.1.3.6　LCM 场次暴雨洪水计算步骤

LCM 场次暴雨洪水计算需要准备降雨径流数据、下垫面输入数据以及汇流计算相关数据三部分输入数据。其中降雨径流数据包括：研究区面雨量空间分布图 0001. tif、0002. tif……降雨、径流规整数据表格即降雨、径流数据整理 . txt。下垫面数据包括 LCM 模型下渗系数空间分布图即 r_年代 . tif。汇流计算相关数据包括研究区子流域空间分布图即 Subbasin. tif、汇流时间空间分布图即 Isochrone. tif、调整后子流域内部等流时线空间分布图即 iuh_adjusted. tif、子流域汇流属性表即 SubbasinA. txt。

LCM 场次暴雨洪水计算分为模型率定和模型计算两个步骤：首先，准备好数据之后，

图 4-20　等流时线调整程序界面

启动 EcoHAT"分布式 LCM& 自动调参"模块，如图 4-21 所示，按照提示输入以上准备数据，进行 LCM 模型参数率定，模块计算输出数据包括流域出口断面模拟流量文件即模拟结果.txt 以及参数率定结果即实验校正参数.txt。

图 4-21　LCM 参数率定模块界面

其次，启动 EcoHAT"分布式 LCM 模型计算程序"模块，如图 4-22 所示，将"实验校正参数.txt"及其他数据按照提示输入，运行后即可得到研究区径流模拟数据即模拟结果.txt，地表径流深度模拟结果空间分布图即 surfaceflow_0001.tif、surfaceflow_0002.tif……和壤中流径流深度模拟结果空间分布图即 interflow_0001.tif、interflow_0002.tif……。

图 4-22　LCM 模拟计算模块界面

4.1.4　案例

孤山川流域位于黄河中游西岸，110°31′16″～111°4′56″E，39°0′11″～39°27′16″N，流域面积为 1263km²，海拔 795～1406m。流域内土壤类型比较单一，90% 以上地区为黄土所覆盖。由于土层深厚、质地疏松、植被稀少，土壤侵蚀严重，沟谷发育，是典型的黄土丘陵沟壑区。境内为半干旱大陆性气候，多年平均气温 8.5℃，降水年际变化大，年均降雨量为 435.5mm，多发生在夏季，常以暴雨形式出现。孤山川流域暴雨洪水过程在黄河中游黄土高原地区具有代表性。流域周边共有 14 个雨量站，研究区内雨量站包括高石崖、孤山、新庙、新民镇、秦家沟和土墩则塔。孤山川流域以高石崖水文站为流量控制站。

比较 1985～2000 年孤山川多年汛期降雨径流数据，其中 1988 年降雨数据时间序列较长，且降雨、径流观测数据对应较为一致，因此本案例获取研究区内及周边 14 个雨量站 1988 年场次降雨数据，EcoHAT 生态水文小组 20 世纪 80 年代土地利用数据（30m 空间分辨率），中国科学院南京土壤研究所 1：100 万土壤类型图，SRTM90m 分辨率 DEM 数据，研究区概况如图 4-23 所示。

准备好基础数据之后，按照 4.1.3 中的操作步骤分别计算并获得 LCM 模型输入数据集，包括研究区面雨量空间分布图 0001. tif、0002. tif……降雨、径流规整数据表格即降雨、径流数据整理 . txt、LCM 模型下渗系数空间分布图即 r_年代 . tif、研究区子流域空间分布图即 Subbasin. tif、汇流时间空间分布图即 Isochrone. tif、调整后子流域内部等流时线空间分布图即 iuh_adjusted. tif、子流域汇流属性表即 SubbasinA. txt 等数据。首先对模型参数进行率定，在获得参数优选 . txt 之后，将其与 LCM 数据集一同带入"分布式 LCM 模型计

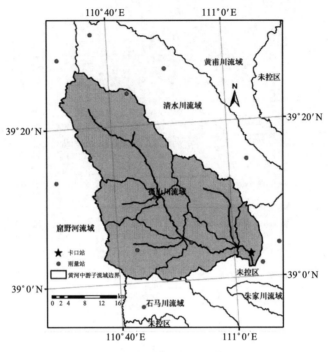

图 4-23　孤山川流域空间分布图

算程序"当中进行暴雨洪水过程模拟，本案例还同时比较了分布式、半分布式和集总式模型的不同模拟结果，如图 4-24 所示。

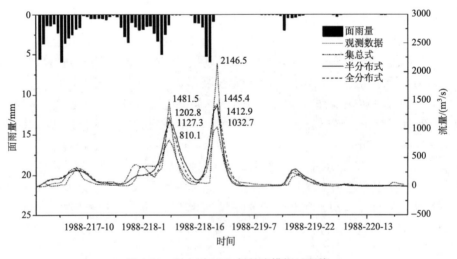

图 4-24　孤山川 1988 年径流模拟过程线

4.2　RS_DTVGM 模型模拟

流域水文模型对复杂的水文系统进行概化与逼近，用相对简单的数学方程近似概化和综合流域内复杂、空间分布和高度相关的水、能量和植被过程。RS-DTVGM 考虑融雪、植被

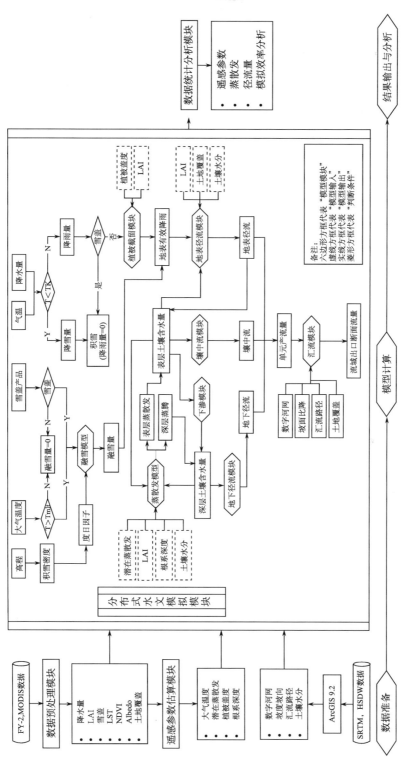

图 4-25 RS-DTVGM 模型总体结构示意图

截留、蒸散发、地表径流、下渗、壤中流以及汇流等水文物理过程，对水在流域内的运动和分配过程进行模拟，构建模型时在充分考虑数据的可获取性的同时，增加模型参数的物理意义。即在各个水文过程模型的改进方面，加强与遥感数据的耦合考虑，模型输入变量与参数尽可能地通过直接或间接的手段以遥感技术获取，使得模型能够在遥感数据的驱动下即可满足模型的运转，尽量减少其他输入数据的需求。RS-DTVGM 模型总体结构如图 4-25 所示。

在 RS_DTVGM 中，径流量的计算从有效降雨计算开始，有效降水等于降水经过植被截留消耗后与融雪量的和。有效降水到达下垫面表层后产生地表径流，并且通过下渗作用进入土壤，改变地表、中间和下层土壤的水分含量，产生壤中流。土壤水分的变化还直接影响土壤蒸发和植被蒸腾作用的强弱，影响水量平衡中蒸发量的大小。RS_DTVGM 模型计算得到的地表径流和多层壤中流组成了栅格总的产流量，栅格总产流量经过汇流模块，模拟得到河道任一断面位置的径流量。

4.2.1 算法原理

RS-DTVGM 模型主要包括产流模型、能量辐射估算模型、气象参数估计、植被信息反演以及融雪模型。

4.2.1.1 栅格产流计算

产流模型是 DTVGM 的核心模块，其通过时变增益因子优先计算地表径流，并耦合水量平衡方程，以牛顿迭代法求算土壤湿度，再求算各个水文分量。目前，遥感在地表径流和壤中流计算中的应用较少，因此，对于地表及地表以下的产流过程，RS-DTVGM 和原模型保持一致，地表径流采用 TVGM，壤中流采用自由水蓄水库线性出流。

1) 地表径流

降雨经林冠截留后到达表层土壤，一部分在表面发生地表径流，剩余部分进入表层土壤补充土壤含水量。地表径流采用 VGTM 模型计算，模型认为地表径流与有效降雨呈非线性关系，这种关系通过时变增益因子表示，时变增益因子通过表层土壤水分求算，同时增加下垫面覆被状况对产流状况的影响通过地表覆被因子 C 来表达，其主要与植被生长状况有关。地表径流模型计算公式如下：

$$R_s = g_1 \left(\frac{AW_u}{WM_u \cdot C} \right)^{g_2} \cdot P' \tag{4-16}$$

式中，R_s 为地表产流量，mm；AW_u 为表层土壤湿度，%；WM_u 为表层土壤饱和含水量，%；P' 为有效降雨量，mm，为降雨量扣除林冠截留后到达地面的净雨量和融雪量之和；g_1 和 g_2 是时变增益因子的有关参数（$0<g_1<1$，$g_2>1$），g_1 为土壤饱和后径流系数，g_2 为土壤水影响系数；C 为覆被影响参数。

2) 表层壤中流

扣除地表径流外的降雨以一定的速率下渗进入土壤，一部分保存在土壤中，使土壤含水量增大；一部分沿着土壤空隙流动，从坡侧土壤空隙流出，转换为地表径流，注入河槽的部分径流称为表层壤中流，采用自由水蓄水库线性出流计算，公式如下：

$$R_{ss} = AW_u \cdot K_r \cdot Thick \tag{4-17}$$

式中，R_{ss} 为表层壤中流，mm；AW_u 为表层土壤含水量，%；K_r 为土壤水出流系数；Thick 为表层土壤厚度，mm。在实际计算时土壤湿度取时段起止土壤湿度的平均值：

$$AW_u = \frac{AW_{u_i} + AW_{u_{i+1}}}{2} \tag{4-18}$$

式中，AW_{u_i} 和 $AW_{u_{i+1}}$ 分别为时段开始和结束时的土壤水含量，%。

3）深层壤中流与地下径流

表层土壤水分在重力和水势作用下向深层下渗，给定表层到深层的下渗率为 f_c，即可求算上层土壤渗入到下层的水量，地下径流也相同。

深层壤中流和地下径流计算方式同于表层壤中流，即

$$R_{ds} = AW_d \cdot K_d \cdot Thick\_s \tag{4-19}$$

$$R_g = AW_g \cdot K_g \cdot Thick\_g \tag{4-20}$$

式中，R_{ds} 和 R_g 分别为深层壤中流和地下径流，mm；AW_d 和 AW_g 分别为深层土壤和地下层含水量，%；K_d 和 K_g 分别深层土壤和地下径流出流系数，地下径流一般出流较为稳定，在冰期，径流的主要供给为地下流，因此可根据冬季径流量确定出流系数。

4）单元总产流

单元网格上的总产流量为地表径流、壤中流、地下径流之和：

$$R = R_s + R_{ss} + R_{ds} + R_g \tag{4-21}$$

式中，R、R_s、R_{ss}、R_{ds}、R_g 分别表示单元网格上的总产流量、地表径流、表层壤中流、深层壤中流、地下径流，mm。

4.2.1.2 潜在蒸散发计算

Priestley-Taylor 是在平衡蒸发（当下垫面上空的空气趋于饱和或当下垫面的湿度与空气相等时的蒸发）的基础上，引入常数 α，从而推导出无平流条件下潜在蒸散发的计算公式，其与 Penman 公式的主要差别在于没有考虑空气动力项，Priestley-Taylor 公式的表达式如下：

$$ET_p = \alpha \left(\frac{R_n - G}{\lambda} \right) \left(\frac{\Delta}{\Delta + \gamma} \right) \tag{4-22}$$

式中，ET_p 为潜在蒸散发，mm；α 为 Priestley-Taylor 系数，取值为 1.26；R_n 为地表净辐射量，W/m²；G 为土壤热通量，W/m²；λ 为汽化潜热，MJ/kg；Δ 为饱和水汽压-温度曲线斜率，kPa/℃；γ 为干湿表常数，kPa/℃。关于 α 的取值，Priestley 和 Taylor 分析了海洋和大陆范围饱和陆面资料，认为 α 的最佳值为 1.26，后来许多学者做了分析，得出了不同的 α 值。

土壤热通量 G 采用 Su(2002)提出的方法，基于净辐射和植被盖度来估算：

$$G = R_n [\Gamma_c + (1 - VF)(\Gamma_s - \Gamma_c)] \tag{4-23}$$

式中，G 为土壤热通量，W/m²；R_n 为地表净辐射，W/m²；Γ_s 为裸地情况下 G 与 R_n 的比

值，取值为 0.315；Γ_c 为全植被覆盖下 G 与 R_n 的比值，取值为 0.05；VF 为植被盖度，计算见式(3-11)。

饱和水汽压曲线斜率 Δ 计算公式如下：

$$\Delta = \frac{4098\left[0.6108\exp\left(\frac{17.27T_a}{T_a + 237.3}\right)\right]}{(T_a + 237.3)^2} \tag{4-24}$$

式中，T_a 是气温，℃。

干湿表常数计算公式采用下式：

$$\gamma = \frac{C_p P_r}{\varepsilon\lambda} = 0.665 \times 10^{-3} P_r \tag{4-25}$$

式中，C_p 为空气定压比热，取值 1.013×10^{-3}MJ/(kg·℃)(指一定气压下，单位体积的空气温度升高 1℃所需的能量为 1.013×10^{-3}MJ/(kg·℃))；P_r 为大气压，kPa；ε 为水汽分子量与干空气分子量之比，值为 0.622；λ 为汽化潜热，取值 2.45MJ/kg，也可通过下式计算：

$$\lambda = 2.50 - 0.0022T_a \tag{4-26}$$

区域尺度上大气压基于海拔估算：

$$P_r = 101.3\left(\frac{293 - 0.0065H}{293}\right)^{5.26} \tag{4-27}$$

式中，H 为海拔高度，m，由 DEM 图获取。

4.2.1.3 净辐射计算

净辐射(R_n)为地表向下短波、长波辐射与向上短波、长波辐射的差值，计算公式为

$$R_n = R_s{}^\downarrow - R_s{}^\uparrow + R_1{}^\downarrow - R_1{}^\uparrow \tag{4-28}$$

短波辐射：

$$R_s{}^\downarrow - R_s{}^\uparrow = (1-\alpha)R_s{}^\downarrow \tag{4-29}$$

式中，α 为地表反照率(albedo)；$R_s{}^\downarrow$ 为下行短波辐射，$R_s{}^\uparrow$ 为上行短波辐射，R_s 为太阳辐射，计算公式为

$$R_s = \frac{I_0\tau\cos z}{R^2} \tag{4-30}$$

式中，I_0 为太阳常数，取值 1367W/m²；τ 为短波大气透过率；z 为太阳天顶角，rad；$\frac{1}{R^2}$ 为日地距离订正因子，无量纲。τ 采用 FAO-56 推荐的在晴天和相对干燥情况下的公式：

$$\tau = 0.75 + 2 \times 10^{-5} \cdot h \tag{4-31}$$

式中，h 为地表海拔高程。

日地距离订正因子由下式计算：

$$\frac{1}{R^2} = 1.000109 + 0.0334941\cos\varphi + 0.001472\sin\varphi + 0.000768\cos 2\varphi + 0.000079\sin 2\varphi \tag{4-32}$$

式中，φ 为太阳日角，rad；可由天数 DOY 确定，DOY 为一年中按时间顺序排列的天数。

$$\varphi = 2\pi(\mathrm{DOY} - 1)/365 \tag{4-33}$$

瞬时太阳高度角计算采用公式：

$$\theta = \arcsin(\sin\varphi\sin\delta + \cos\varphi\cos\delta\cos\omega) \tag{4-34}$$

式中，φ 为地理纬度，rad；δ 为太阳赤纬，rad；ω 为太阳时角，rad。

$$\delta = (0.006894 - 0.399512\cos\varphi + 0.072075\sin\varphi - 0.006799\cos2\varphi$$
$$+ 0.000896\sin2\varphi - 0.002689\cos3\varphi + 0.001516\sin3\varphi) \tag{4-35}$$

某一点的太阳时角为太阳与地心连线与地面相交的点的经度与该点的经度差，正午太阳时角为 0，上午为负值，下午为正值。采用以下算法（Duffe and Beckman，1991；Allen et al.，1998）：

$$\omega = \frac{\pi}{12}\Big(t + \frac{L_z - L_m}{15} + S_c - 12\Big) \tag{4-36}$$

式中，t 为卫星获取时的标准当地时间；L_z 为当地时区的中心经度（自 Greenwich 经线以西）；L_m 为观测点的经度（自 Greenwich 经线以西）；S_c 为太阳时的季节校正，可用下述方程计算得到：

$$S_c = 0.1645\sin\Big[\frac{4\pi(\mathrm{DOY} - 81)}{364}\Big] - 0.1255\cos\Big[\frac{2\pi(\mathrm{DOY} - 81)}{364}\Big] - 0.025\sin\Big[\frac{2\pi(\mathrm{DOY} - 81)}{364}\Big]$$
$$\tag{4-37}$$

太阳天顶角为太阳高度角的余角：

$$z = \frac{\pi}{2} - \theta \tag{4-38}$$

太阳方位角：

$$\alpha = \arccos\big[(\sin\theta\sin\varphi - \sin\delta)/(\cos\theta\cos\varphi)\big] \tag{4-39}$$

长波辐射采用 Stefan-Boltzmann 方程：

$$R_1^{\downarrow} - R_1^{\uparrow} = \sigma\varepsilon_s\varepsilon_a T_a{}^4 - \sigma\varepsilon_s T_s{}^4 \tag{4-40}$$

式中，ε_a 为大气发射率；ε_s 为地表发射率；T_a 为空气温度，K；T_s 为地表温度，K；σ 为 Stefan-Boltzmann 常数，取值 $5.67 \times 10^{-8}\,\mathrm{W/(m^2 \cdot K^4)}$。

空气比辐射率 ε_a 计算公式如下：

$$\varepsilon_a = 9.2 \cdot 10^{-6} \cdot T_a{}^2 \tag{4-41}$$

地表发射率 ε_s 采用非线性公式计算：

$$\varepsilon_s = 0.273 + 1.778\varepsilon_{31} - 1.807\varepsilon_{31}\varepsilon_{32} - 1.037\varepsilon_{32} + 1.774\varepsilon_{32}^2 \tag{4-42}$$

式中，ε_{31} 和 ε_{32} 分别为波段 31 和波段 32 的发射率。

4.2.1.4　日升/日落时间计算

已知日出日落时太阳的位置 $h = -0.833°$，要计算当地的地理位置，经度 Long，纬度 Lat，时区 Zone，UT_0 为上次计算的日出日落时间，第一次计算时 $\mathrm{UT}_0 = 180°$。如先计算出从格林尼治时间公元 2000 年 1 月 1 日到计算日天数，days。

计算从格林尼治时间公元 2000 年 1 月 1 日到计算日的世纪数 t：

$$t = (\text{days} + \text{UT}_0/365)/36525 \qquad (4\text{-}43)$$

计算太阳的平黄经：

$$L = 280.460 + 36000.770 \cdot t \qquad (4\text{-}44)$$

计算太阳的平近点角：

$$G = 357.528 + 35999.050 \cdot t \qquad (4\text{-}45)$$

计算太阳的黄道经度：

$$\lambda = L + 1.915 \cdot \sin G + 0.020 \cdot \sin 2G \qquad (4\text{-}46)$$

计算地球的倾角：

$$\varepsilon = 23.4393 - 0.0130 \cdot t \qquad (4\text{-}47)$$

计算太阳的偏差：

$$\delta = \arcsin(\sin\varepsilon \cdot \sin\lambda) \qquad (4\text{-}48)$$

计算格林尼治时间的太阳时间角 GHA：

$$\text{GHA} = \text{UT}_0 - 180 - 1.195 \cdot \sin G - 0.020 \cdot \sin 2G + 2.466 \cdot \sin 2\lambda - 0.053 \cdot \sin 4\lambda$$

$$(4\text{-}49)$$

计算修正值 e：

$$e = \arccos\left[(\sin h - \sin\text{LTT}\sin\delta)/\cos\text{LTT}\cos\delta\right] \qquad (4\text{-}50)$$

计算新的日出日落时间：

$$\text{UT} = \text{UT}_0 - (\text{GHA} + \text{Long} \pm e) \qquad (4\text{-}51)$$

其中，"+"表示计算日出时间，"−"表示计算日落时间。

比较 UT_0 和 UT 之差的绝对值，如果大于 0.1°即 0.007h，把 UT 作为新的日出日落时间值，重新从式(4-44)步开始进行迭代计算，如果 UT_0 和 UT 之差的绝对值小于 0.007h，UT 即为所求的格林尼治日出日落时间。

上面的计算以(°)为单位，即 180°=12h，因此需要转化为以 h 表示的时间，再加上所在的时区数 Zone，即要计算当地的日出日落时间为

$$T = \text{UT}/15 + \text{Zone} \qquad (4\text{-}52)$$

上面的计算日出日落时间方法适用于小于 60°N 和 60°S 的区域，如果计算位置为西半球时，经度 Long 为负数。

4.2.1.5　土壤水分参数估算

土壤水分参数估算模型(SPAW)基于不同土壤类型的机械组成信息，利用经验算法推算出不同土层土体的饱和含水量、凋萎含水量、田间持水量等基础土壤物理特性，是土壤水分变化模拟、蒸散发和产流估算中重要的输入参数。

采用 SPAW 计算模型中土壤水分参数方法进行估算。SPAW 计算土壤水分参数的原理是对土壤机械组成(砂粒含量 0.005~2.00mm；黏粒含量<0.002mm)、有机质含量等土壤理化性质与土壤水分特征曲线进行拟合，得出基于土壤理化性质计算土壤水分参数的经验公式，具体参考 Saxton 等(1986，2007)的研究成果。

4.2.1.6　日均大气温度

日均大气温度(Tair)是水循环模拟过程中关键参数之一,控制着区域融雪过程和蒸散发强度。模型对日均气温数据的反演是基于卫星过境时刻瞬时信息反演得到的瞬时值进行时间尺度转化,最终得到模型模拟所需的日均数据。

以 NCEP/NCAR 的 1 日 4 次(UTC 00,UTC 06,UTC 12,UTC 18)的表面气温求取平均数作为日均气温,并与 UTC 06 时(当地时间中午 11:20)的气温作拟合,建立每个 NCEP 像元内日均气温与 MODIS 卫星过境时刻的瞬时气温之间的统计关系,然后利用这种关系实现像元内瞬时气温到日均气温的转化。

4.2.1.7　瞬时大气温度

瞬时大气温度(Tair_inst)计算方法:

$$T_{2m} = LST + 1.82 - 10.66\cos z(1 - NDVI) + 0.566a$$
$$- 3.72(1 - AL)(\cos is/\cos z + (\pi - s)/\pi)DSSF - 3.41\Delta h \qquad (4\text{-}53)$$

式中,T_{2m} 为 2m 高处大气温度;LST 为地表温度;z 为太阳天顶角,rad;NDVI 为归一化植被指数;a 为太阳方位角(正南为 0),rad;AL 为地表反照率;is 为太阳入射角,rad;s 为地面坡度,rad;DSSF 为下行短波辐射,W/m²;Δh 为观测点高程与 20km 范围内高程平均值的差值,m。

下行短波辐射 DSSF,即太阳辐射,计算公式参见 4.2.1.3。

4.2.1.8　融雪量计算

融雪量是一个区域产汇流过程中重要的输入变量,在一定程度上控制和影响流域的水文过程。融雪估算模型基于世界上通用的度-日因子模型。该模型算法简单,易于与遥感数据相结合。气温和雪盖面积是主要输入参数。

融雪量的模拟采用度-日模型,其表达式如下:

$$M_s = D_f \cdot (T_a - T_{mlt}) \qquad (4\text{-}54)$$

式中,M_s 为融雪量,mm/d;T_a 为气温,℃;T_{mlt} 为开始融雪时的气温,℃;D_f 为随季节和海拔变化的度-日因子,mm/(℃·d),是模型最为敏感和重要的参数,为单位正积温产生的冰雪消融量。度-日模型中,融雪量由气温、积雪温度、度-日因子和积雪覆盖率控制。

融雪模型的关键在于确定度-日因子,其具有较为明显的时空变化特征(张勇等,2006),不仅反映了气温与融雪之间的关系,还反映多年平均情况下辐射对融雪的影响。初期积雪的量大且冷储量大,积雪层持水能力较大,融雪水在下层再次冻结,因此,度-日因子在消融期不是常数,而是随季节变化,同时受纬度和坡向等影响。积雪初期小,而后递增。度-日因子通过统计公式估算:

$$D_f = 1.1 \cdot \frac{\rho_s}{\rho_w} \qquad (4\text{-}55)$$

式中,ρ_w 为水密度,g/cm³,为定值,取值 1g/cm³;ρ_s 为积雪密度,g/cm³。

4.2.1.9　植被覆盖度计算

利用植被盖度反演模型可以得到研究区日尺度植被盖度分布情况，为植被截留过程模拟和植被蒸腾耗水量估算提供数据输入。

植被盖度是指植物群落总体或各个体的地上部分的垂直投影面积与样方面积之比的百分数，反映植被的茂密程度，是水文研究中一个重要的参数。近年来，随着遥感技术的发展，使得大尺度植被盖度的空间分布提取成为可能。系统中植被盖度计算表达式见 3.2。

4.2.1.10　根系深度计算

利用植被根系深度模型可反演得到研究区日尺度植被根系分布情况，主要输入数据为 LAI，输出数据用于植被蒸腾耗水量估算。

植物主要依靠根系从土壤中吸收水分，供给植物生长发育、新陈代谢等生理活动和蒸腾作用，根系深度是估算植被蒸腾耗水量的一个重要参数。具体计算参见 3.4。

4.2.1.11　栅格汇流计算

径流汇集的载体为汇流网络和数字水系，每个栅格单元内的径流（直接降落在河道上的净雨除外）从产生到汇集至流域出口一般均需要经历坡面汇流和河道汇流两个阶段，因此，汇流计算的第一步是确定径流的汇集载体（坡面或河道）。河道可基于 DEM 提取，在水流方向的基础上获取汇流累积图，再根据汇流面积的大小来判断栅格是坡面还是河道，即给定一个汇流累积的阈值 N，大于该阈值的认为是河道栅格，小于该阈值的则认为是坡面栅格。

1）坡面汇流

运动波汇流假定水面坡度与河床坡度一致，即认为摩阻坡度与地表坡度一致，对动量方程进行简化。首先假设动量方程中忽略摩阻项，认为摩阻比降 S_f 等于坡度比降 S_0；径流深度 h 采用下式计算：

$$h = \frac{A}{w} \tag{4-56}$$

式中，h 为水流断面平均深度，m；A 为水流断面面积，m^2；w 为水流断面平均宽度，m。

单元网格的流速采用曼宁公式计算，并且假定每个网格上的水质点相互独立，即每个网格上的水流速度与周边网格上的流速无关，并且不随时间变化，从而建立一个空间上变化而时间上恒定的空间流速场。利用曼宁公式计算流速的公式如下：

$$v = \frac{1}{n} \cdot R^{\frac{2}{3}} S_0^{\frac{1}{2}} \tag{4-57}$$

式中，v 为流速，m/s；n 为地表曼宁糙率系数；R 为水力半径，m，在坡面水流中，可近似以水深 h 代替；S_0 为坡度比降，基于 DEM 提取。

断面流量 $Q(m^3/s)$ 为水流断面面积与流速的乘积，即

$$Q = A \cdot v \tag{4-58}$$

对于坡面汇流，断面平均宽度即网格大小：

$$w = \Delta x \tag{4-59}$$

式中，w 为断面平均宽度，m；Δx 为网格宽度，m。

联立式(4-56)~式(4-59)，可得

$$Q = A \cdot \frac{1}{n}\left(\frac{A}{\Delta x}\right)^{\frac{2}{3}} S_0^{\frac{1}{2}} = \frac{1}{n}\Delta x^{-\frac{2}{3}} S_0^{\frac{1}{2}} A^{\frac{5}{3}} = \alpha \cdot A^{\beta} \tag{4-60}$$

$$\alpha = \frac{1}{n}\Delta x^{-\frac{2}{3}} S_0^{\frac{1}{2}}; \quad \beta = \frac{5}{3} \tag{4-61}$$

2) 河道汇流

对于河道汇流，假设断面形状为梯形，则其断面平均宽度随水深发生变化，即随着流量的增大，断面面积增大，水深增大，断面平均宽度增大。假设断面平均宽度与平均水深呈线性关系，即

$$w = a \cdot h \tag{4-62}$$

式中，h 为断面平均深度，m；a 为参数，由河道属性决定；w 为断面平均宽度，m。

联立式(4-56)和式(4-62)，可得

$$h = \frac{A}{ah} \tag{4-63}$$

即得

$$h = \left(\frac{A}{a}\right)^{\frac{1}{2}} \tag{4-64}$$

联立式(4-56)、式(4-57)、式(4-58)和式(4-62)，可得

$$Q = A \cdot \frac{1}{n}\left(\frac{A}{a}\right)^{\frac{1}{3}} S_0^{\frac{1}{2}} = \frac{1}{n}a^{-\frac{1}{3}} S_0^{\frac{1}{2}} A^{\frac{4}{3}} \tag{4-65}$$

$$\alpha = \frac{1}{n}a^{-\frac{1}{3}} S_0^{\frac{1}{2}}; \quad \beta = \frac{4}{3} \tag{4-66}$$

河道中的水流属于明槽非恒定渐变流，其连续性方程为

$$\frac{\partial A}{\partial t} + \frac{\partial Q}{\partial x} = q \tag{4-67}$$

式中，A 为水流断面面积，m²；t 为时间，s；Q 为流量，m³/s；x 为流程，m；q 为侧向入流，m³/s。

差分解得

$$\frac{\Delta A}{\Delta t} + \frac{\Delta Q}{\Delta x} = q \longrightarrow \Delta A \Delta x + \Delta Q \Delta t = q \Delta x \Delta t \tag{4-68}$$

在一个栅格中，侧向入流主要是净雨，则

$$\Delta A \Delta x + \Delta Q \Delta t = R \cdot \text{Area} \tag{4-69}$$

对于 t 时刻：

$$\Delta A = A_t - A_{t-1}, \quad \Delta Q = Q_O - Q_I \tag{4-70}$$

式中，Area 为节点面积，m^2；A 为断面面积，m^2；t 为时间，s；Q_I 为流入栅格的流量，m^3/s；Q_O 为流出栅格的流量，m^3/s。

流入栅格的流量 Q_I 等于上游汇入的网格流出流量的和，流出栅格的流量 Q_O 可由下式计算：

$$Q_O = \alpha \cdot \left(\frac{A_t + A_{t-1}}{2}\right)^\beta \tag{4-71}$$

通过迭代即可求出水流断面面积 A_t，根据式(4-71)即可计算出栅格的出流量 Q_O。对于每一个栅格，均可计算出一个出流量，流域出口处栅格单元的出流量即为该时段内流域内的总径流量。

4.2.2 数据准备

4.2.2.1 栅格产流计算

栅格产流计算模型所需数据主要包括遥感提取的下垫面影像参数，包括土地利用、土壤及土壤水分性质、雪盖面积和下垫面植被参数等；遥感反演得到的气象参数，包括研究区日潜在蒸散发量、降水量、气温和融雪量，具体模型参数见表 4-17。

表 4-17　RS_DTVGM 产流计算输入输出表

	代码	参数名称	参数单位	参数说明
模型输入	Land	土地利用类型		遥感影像
	ETp+日期	潜在蒸散发	mm	遥感影像
	WCF	表层土壤田间持水量	%	遥感影像
	WCF_S	深层土壤田间持水量	%	遥感影像
	WCW	表层土壤萎蔫含水量	%	遥感影像
	WCW_S	深层土壤萎蔫含水量	%	遥感影像
	WCS	表层土壤饱和含水量	%	遥感影像
	WCS_S	深层土壤饱和含水量	%	遥感影像
	P+日期	降水	mm	遥感影像
	Tair+日期	日均气温	K	遥感影像
	Snow+日期	雪盖		遥感影像
	MeltWater+日期	融雪量	mm	遥感影像
	LAI+日期	叶面积指数		遥感影像
	VegCover+日期	植被覆盖度		遥感影像
	RootDepth+日期	根系深度	m	遥感影像

续表

	代码	参数名称	参数单位	参数说明
模型输入	ETa+日期	实际蒸发量	mm	遥感影像
	R+日期	栅格总产流	mm	遥感影像
	Rs+日期	地表径流	mm	遥感影像
	Rss+日期	壤中流	mm	遥感影像
	Rds+日期	下层壤中流	mm	遥感影像
	Rg+日期	深层壤中流	mm	遥感影像
	End_AWui+日期	日末表层土壤含水量	%	遥感影像
	End_AWdi+日期	日末下层土壤耗水量	%	遥感影像
	End_AWgi+日期	日末深层土壤含水量	%	遥感影像

输入参数获取方式如下。

Land：研究区下垫面土地利用数据，可采用 MODIS Landtype 数据，也可由其他矢量或栅格数据获得。

ETp+日期：研究区每日潜在蒸散发量结果，为潜在蒸散发模型输出结果。

WCF：研究区下垫面表层土壤田间持水量影像数据，为土壤水分参数模型估算结果。

WCF_S：研究区下垫面深层土壤田间持水量影像数据，为土壤水分参数模型估算结果。

WCW：研究区下垫面表层土壤萎蔫含水量影像数据，为土壤水分参数模型估算结果。

WCW_S：研究区下垫面深层土壤萎蔫含水量影像数据，为土壤水分参数模型估算结果。

WCS：研究区下垫面表层土壤饱和含水量影像数据，为土壤水分参数模型估算结果。

WCS_S：研究区下垫面深层土壤饱和含水量影像数据，为土壤水分参数模型估算结果。

P+日期：研究区日均降水量影像数据，可用气象站点插值或公共平台数据（TRMM，FY 等）。

Tair+日期：研究区日均大气温度影像数据，可用气象站点插值或遥感反演数据，本书采用气温数据为日均气温反演模型模拟结果。

Snow+日期：研究区日尺度雪盖影像数据，采用 MODIS SnowCover(MOD10A2)数据产品线性插值得到。

MeltWater+日期：研究区日尺度融雪量影像数据，利用融雪计算模型估算得到。

LAI+日期：研究区日尺度植被 LAI 影像数据，采用 MODIS LAI 数据产品（MODIS LAI 数据产品 MOD15A2 为 8 天合成数据，研究对其进行了线性插值，生成日尺度 LAI 参与模型计算）。

VegCover+日期：研究区日尺度植被覆盖度影像数据，由植被盖度反演模型模拟得到。

RootDepth+日期：研究区日尺度植被根系深度影像数据，由根系深度模型模拟得到。

4.2.2.2　潜在蒸散发

流域潜在蒸散发(ETp)计算模型所需数据主要包括遥感提取的下垫面特征参数，包括数字高程(DEM)、土地利用和植被参数；研究区能量与气象参数，包括日均净辐射数据、日均大气温度、每天日升日落时间(表 4-18)。

表 4-18　潜在蒸散发 ETp 计算输入输出表

	代码	参数名称	参数单位	参数说明
模型输入	Rn＋日期	净辐射	w/(m²·s)	遥感影像
	DEM	高程	m	遥感影像
	Tair＋日期	日均气温	K	遥感影像
	T_rise＋日期	每个栅格日升时间	h	遥感影像
	T_set＋日期	每个栅格日落时间	h	遥感影像
	Time＋日期	卫星过境时间	h	遥感影像
	VegCover＋日期	植被覆盖度	%	遥感影像
	Land	土地利用类型		遥感影像
模型输出	ETp_instant	瞬时潜在蒸散发	mm	遥感影像
	ETp	日潜在蒸散发	mm	遥感影像

输入参数获取方式如下。

Rn＋日期：研究区每日卫星过境时刻净辐射影像数据，为净辐射计算模型输出结果。

DEM：研究区数字高程模型，由 SRTM 数据处理得到。

Tair＋日期：同上。

T_rise＋日期：研究区日尺度日升时间分布影像数据，由日升日落时间估算模型得到。

T_set＋日期：研究区日尺度日落时间分布影像数据，由日升日落时间估算模型得到。

Time＋日期：研究区日尺度卫星过境时间影像数据，由 MODIS（MOD11A1）数据集提供。

VegCover＋日期：同上。

Land：同上。

4.2.2.3　净辐射计算

日净辐射（Rn）计算模型所需数据主要包括遥感提取的下垫面地形参数，包括数字高程模型（DEM）、坡度、坡向；研究区下垫面物理特性参数，包括日反照率、MODIS 31 波段和 32 波段发射率、日均地表温度；研究区气象数据，如日均大气温度；其他参数，包括每日卫星过境时间和栅格纬度数据（表 4-19）。

表 4-19　净辐射计算输入输出表

	代码	参数名称	参数单位	参数说明
模型输入	DEM	高程	m	遥感影像
	Slope	坡度	度	遥感影像
	Aspect	坡向		遥感影像

续表

	代码	参数名称	参数单位	参数说明
模型输入	Albedo+日期	地表反射率		遥感影像
	Tair+日期	日均大气温度	℃	遥感影像
	day	计算天数为一年中第几天	d	数值
	Latitude	每个栅格的纬度值	度	遥感影像
	Time+日期	卫星过境时间	h	遥感影像
	LST+日期	地表温度	K	遥感影像
	Emis32+日期	MODIS 32 波段发射率		遥感影像
	Emis31+日期	MODIS 31 波段发射率		遥感影像
模型输出	Rn+日期	日尺度净辐射	w/(m² · s)	遥感影像

输入参数获取方式如下。

DEM：同上。

Slope：研究区坡度影像图，由 DEM 数据计算得到，可用 ArcGIS 软件提取。

Asepct：研究区坡向影像图，由 DEM 数据计算得到，可用 ArcGIS 软件提取。

Albedo+日期：研究区日尺度地表反射率数据，由 MODIS(MCD43B3)产品提取。

Tair+日期：同上。

day：计算当天在一年中的排序，由数据命名中日期得到。

Latitude：研究区各栅格所处纬度值数据，由 ArcGIS 提取得到。

Time+日期：同上。

LST+日期：研究区地表温度影像数据，由 MODSI(MOD11A1)数据提取。

Emis32+日期：研究区 MODIS 32 波段发射率影像数据，由 MODSI(MOD11A1)数据提取。

Emis31+日期：研究区 MODIS 31 波段发射率影像数据，由 MODSI(MOD11A1)数据提取。

4.2.2.4　日升/日落时间计算

栅格处日升日落时间计算模型所需数据为研究区栅格经纬度数据，需要计算年份和日期（表 4-20）。

表 4-20　日升日落时间计算输入输出表

	代码	参数名称	参数单位	参数说明
模型输入	Latitude	像元纬度	度	遥感影像
	Longitude	像元经度	度	遥感影像
	year	计算所在年份	a	数值
	day	计算天数为一年中第几天	d	数值
模型输出	T_rise+日期	日升时间	h	遥感影像
	T_set+日期	日落时间	h	遥感影像

输入参数获取方式如下。

Latitude：同上。

Longitude：研究区栅格经度值，由 ArcGIS 计算得到。

year：计算日期所处年份。

day：计算当天在一年中的排序，由数据命名中日期得到。

4.2.2.5　土壤水分参数估算

利用 SPAW 算法计算研究区不同土壤类型对应的土壤及土壤水分属性数据需要用到研究区土壤类型分布数据以及土壤属性查找表（表 4-21）。

表 4-21　土壤水分特征估算输入输出表

	代码	参数名称	参数单位	参数说明
模型输入	Soilpara. txt	土壤属性查询表		文本
	Soiltype	研究区内土壤类型分布图		遥感影像
模型输出	WCF	表层土壤田间持水量	%	遥感影像
	WCF_S	深层土壤田间持水量	%	遥感影像
	WCW	表层土壤萎蔫含水量	%	遥感影像
	WCW_S	深层土壤萎蔫含水量	%	遥感影像
	WCS	表层土壤饱和含水量	%	遥感影像
	WCS_S	深层土壤饱和含水量	%	遥感影像

输入参数获取方式如下。

Soilpara. txt：研究区土壤属性查询表，记录了每种土壤类型对应的表层和深层土体的机械组成和有机质含量。通过查询全球土壤属性数据库软件 HWSD 得到。

Soiltype：研究区土壤类型分布图，由全球土壤属性数据库软件 HWSD 提供栅格数据裁减得到。

4.2.2.6　日均大气温度

日均大气温度（Tair）反演模型输入参数包括反演得到的卫星过境时刻瞬时大气温度，计算位置所处 NCAE/NCEP 像元分布图（表 4-22）。

表 4-22　日均大气温度模拟输入输出表

	代码	参数名称	参数单位	参数说明
模型输入	Tair_inst＋日期	瞬时大气温度	K	遥感影像
	NCEP	研究区内 NCEP 像元分布		遥感影像
模型输出	Tair＋日期	日均大气温度	K	遥感影像

输入参数获取方式如下。

Tair_inst＋日期：研究区日尺度卫星过境时刻瞬时气温影像数据，由瞬时气温反演模型得到。

NCEP：研究区 NCEP/NCAR 数据像元分布影像数据，根据 NCEP/NCAR 提供信息由 ArcGIS 生成。

4.2.2.7　瞬时大气温度

瞬时大气温度（Tair_inst）反演模型需要输入研究区下垫面坡度、坡向及高程信息；下垫面地表温度数据和卫星观测时间数据；下垫面植被参数 NDVI 以及栅格纬度数据（表 4-23）。

表 4-23　瞬时大气温度模拟输入输出表

	代码	参数名称	参数单位	参数说明
模型输入	Slope	坡度	度	遥感影像
	Aspect	坡向		遥感影像
	day	计算当天是一年中的第几天	d	数值
	DEMGAP	当前像元与半径 20km 范围平均高程的差	m	遥感影像
	Time＋日期	地表温度获取时间	h	遥感影像
	LST＋日期	地表温度	K	遥感影像
	NDVI＋日期	植被指数		遥感影像
	Latitude	各像元对应纬度	度	遥感影像
模型输出	Tair_inst	卫星国境时间瞬时气温	K	遥感影像

输入参数获取方式如下。

Slope：同上。

Asepct：同上。

day：同上。

DEMGAP：像元所处位置高程与半径 20km 范围平均高程的差值分布影像数据，由 DEM 数据与平均高程数据相减得到。

Time＋日期：同上。

LST＋日期：同上。

NDVI＋日期：研究区植被指数 NDVI 影像数据，由 MODSI（MOD13A2）数据线性插值到日尺度。

Latitude：同上。

4.2.2.8　融雪量计算

融雪计算模型需要输入研究区数字高程模型（DEM）、日均大气温度数据、研究区日尺度雪盖分布数据及积雪密度查找表（表 4-24）。

表 4-24　融雪量估算输入输出表

	代码	参数名称	参数单位	参数说明
模型输入	Snowdens	积雪密度查找表	g/cm³	文本
	DEM	高程	m	遥感影像
	Tair＋日期	日均气温	℃	遥感影像
	Snow＋日期	雪盖		遥感影像
模型输出	MeltWater＋日期	融雪量	mm/d	遥感影像

输入参数获取方式如下。

Snowdens：积雪密度查找表。

DEM：同上。

Tair＋日期：同上。

Snow＋日期：同上。

4.2.2.9　植被覆盖度计算

植被盖度估算模型需要输入研究区日尺度植被参数 LAI、土地利用类型、研究区栅格纬度信息数据以及不同植被类型对应聚集指数查找表（表 4-25）。

表 4-25　植被盖度模拟输入输出表

	代码	参数名称	参数单位	参数说明
模型输入	LAI＋日期	叶面积指数		遥感影像
	Land	土地利用类型		遥感影像
	Latitude	像元纬度	度	遥感影像
	day	当前计算日期 是一年中第几天	d	数值
	Qt	聚集指数查找表		文本
模型输出	VegCover＋日期	参考作物蒸散量	mm	遥感影像

输入参数获取方式如下。

LAI＋日期：同上。

Land：同上。

Latitude：同上。

day：同上。

Qt：植被类型对应聚集指数查找表。通过文献获得。

4.2.2.10　根系深度计算

根系深度估算模型需要输入研究区日尺度植被参数 LAI、土地利用类型数据（表 4-26）。

表 4-26　根系深度模拟输入输出表

	代码	参数名称	参数单位	参数说明
模型输入	Land	土地利用类型		遥感影像
	LAI＋日期	叶面积指数		遥感影像
模型输出	RootDepth＋日期	根系深度	m	遥感影像

输入参数获取方式如下。

Land：同上。

LAI＋日期：同上。

4.2.2.11　栅格汇流计算

栅格汇流计算模型所需数据主要包括产流计算中得到的栅格总产流参数；利用数字流域信息提取系统所得到的子流域划分数据以及子流域属性表(表 4-27)。

表 4-27　汇流模拟输入输出表

	代码	参数名称	参数单位	参数说明
模型输入	R＋日期	栅格总产流	mm	遥感影像
	Subbasin	子流域划分		遥感影像
	Subbasin. txt	子流域属性表		文本
模型输出	At1＋日期	日末子流域出口 径流断面面积	m²	遥感影像
	Qo＋日期	子流域出口径流量	m³/s	遥感影像

输入参数获取方式如下。

R＋日期：产流计算输出结果。

Subbasin：利用数字流域信息提取系统计算得到。

Subbasin. txt：利用数字流域信息提取系统计算得到。

4.2.3　操作步骤

4.2.3.1　栅格产流计算

栅格产流模型采用面向对象的开发方式，同时针对参与运算的海量影像数据采用文件夹方式批量进行读取、运算处理和输出。操作流程和界面如下。

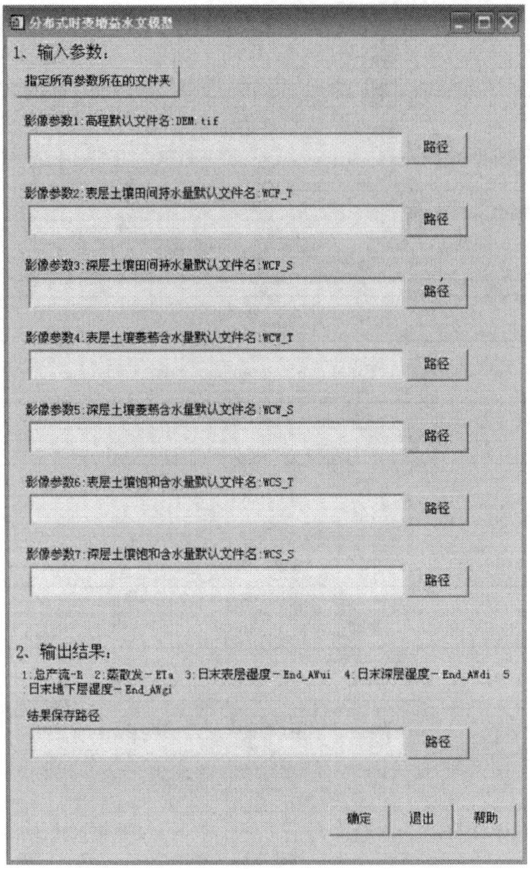

图 4-26 RS-DTVGM 模型计算界面

点击"指定所有参数所在文件夹"按钮如图 4-26 所示。

通过查询指定数据存放的文件夹目录(目录下数据命名需进行规范,具体要求参照模型输入输出命名规则)。指定好数据存储路径后,点击确定,程序可批量读取计算所需数据(图 4-27 和图 4-28)。

点击"确定"按钮开始运算,运算时,程序提供进度条显示计算运行状况和当前进度(图 4-29)。

4.2.3.2 潜在蒸散发

模型主界面如图 4-30 所示。

模型数据路径指定及运算参见栅格计算模型。

4.2.3.3 净辐射计算

模型主界面如图 4-31 所示。

模型数据路径指定及运算参见栅格计算模型。

图 4-27 RS-DTVGM 模型计算数据选取窗口

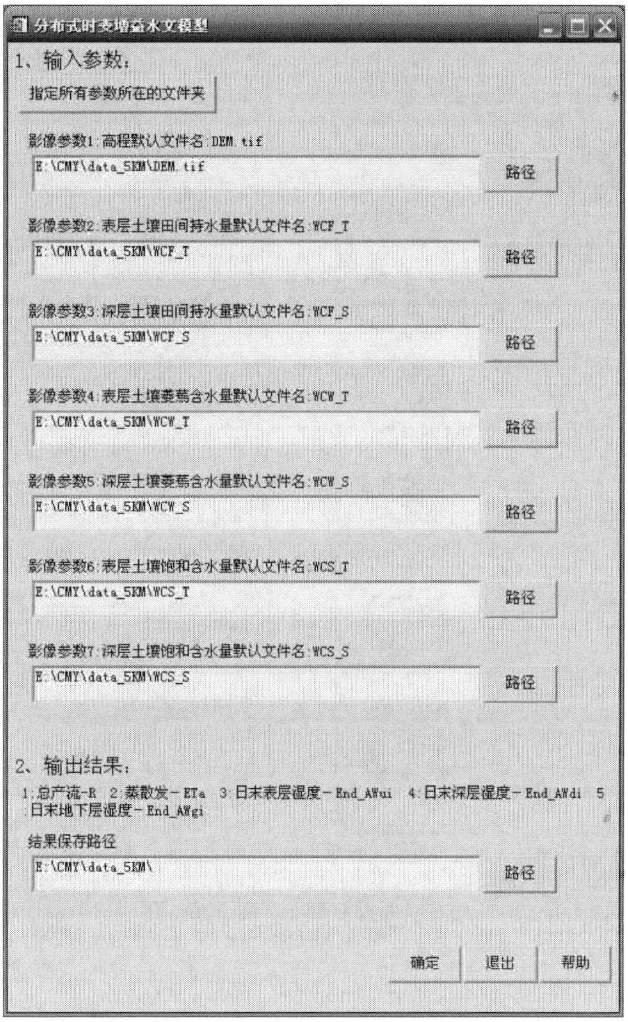

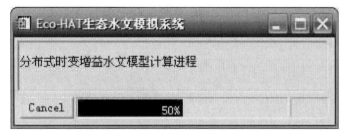

图 4-28　RS-DTVGM 模型数据选取完毕示意图

图 4-29　RS-DTVGM 模型计算进度示意图

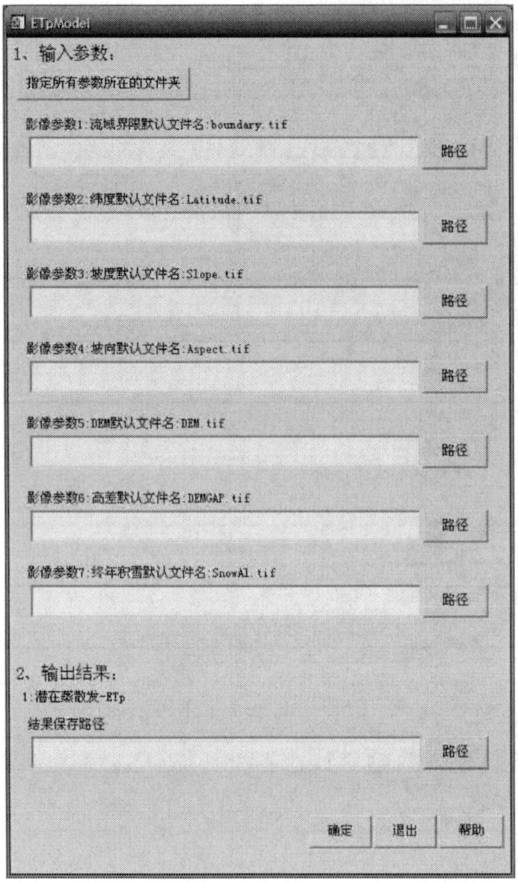

图 4-30　潜在蒸散发模型计算界面

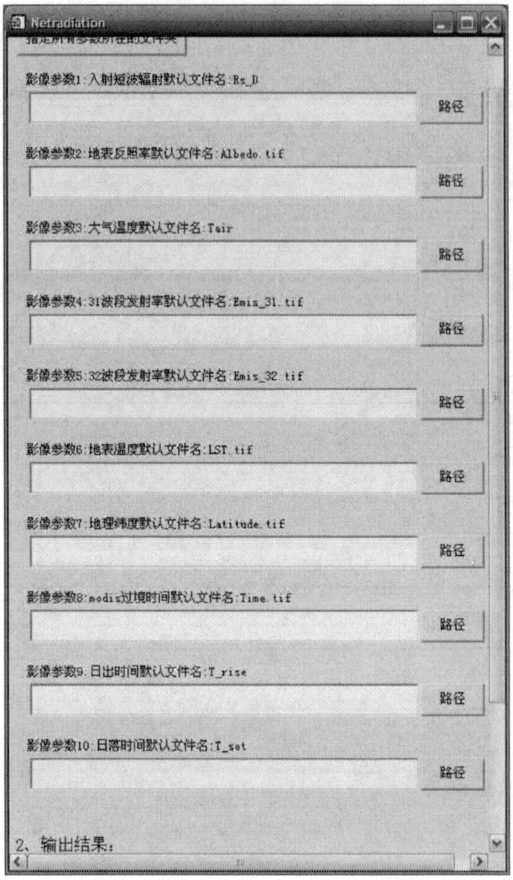

图 4-31　净辐射模型计算界面

4.2.3.4　日升/日落时间计算

模型主界面如图 4-32 所示。

模型数据路径指定及运算参见栅格计算模型。

4.2.3.5　土壤水分参数估算

模型主界面如图 4-33 所示。
模型数据路径指定及运算参见栅格计算模型。

4.2.3.6　日均大气温度

模型主界面如图 4-34 所示。
模型数据路径指定及运算参见栅格计算模型。

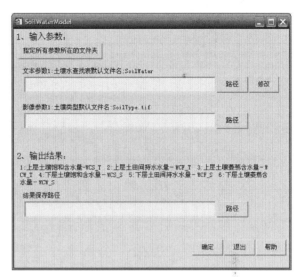

图 4-32　日升日落时间计算界面　　　　　　图 4-33　土壤水分特征估算界面

4.2.3.7　瞬时大气温度

模型主界面如图 4-35 所示。

模型数据路径指定及运算参见栅格计算模型。

图 4-34　日均大气温度反演界面

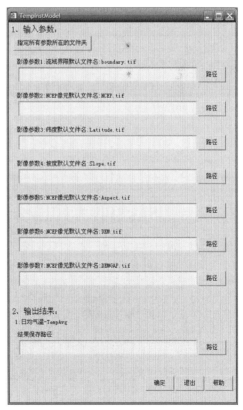

图 4-35　瞬时大气温度反演界面

4.2.3.8　融雪量计算

模型主界面如图 4-36 所示。

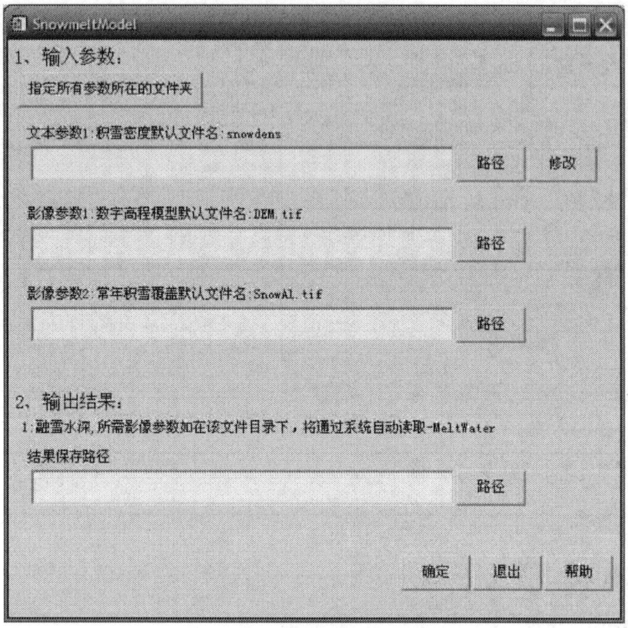

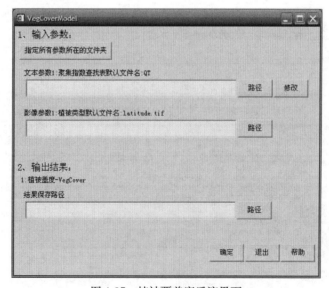

图 4-36　融雪量反演界面

模型数据路径指定及运算参见栅格计算模型。

4.2.3.9　植被覆盖度计算

模型主界面如图 4-37 所示。

图 4-37　植被覆盖度反演界面

模型数据路径指定及运算参见栅格计算模型。

4.2.3.10　根系深度计算

模型主界面如图 4-38 所示。

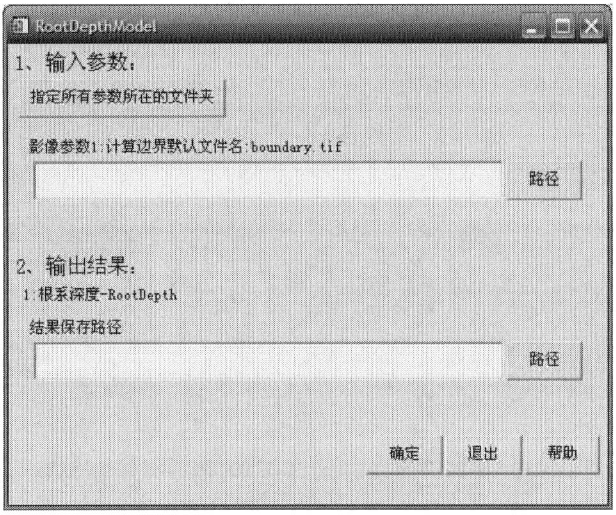

图 4-38　根系深度反演界面

模型数据路径指定及运算参见栅格计算模型。

4.2.3.11　栅格汇流计算

模型主界面如图 4-39 所示。

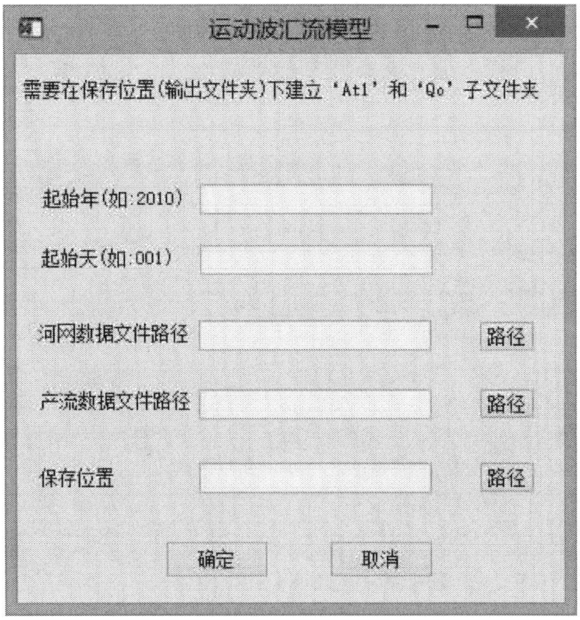

图 4-39　汇流过程模拟界面

模型数据路径指定及运算参见栅格计算模型。

4.2.4　案例：雅鲁藏布江水循环过程模拟

研究基于多源遥感数据平台，反演获取了雅鲁藏布江流域 2006～2012 年日尺度的潜在蒸散发数据、降水及气温数据、融雪数据；研究区日尺度下垫面植被参数信息(植被盖度、根系深度、NDVI 及 LAI)；基于 MODIS 数据，处理得到了 2006～2009 年年尺度土地利用数据 (2009 年以后土地利用数据采用 2009 年数据)；基于 SRTM 数字高程模型 DEM 提取了研究区坡度、坡向、子流域及河网划分等汇流信息。

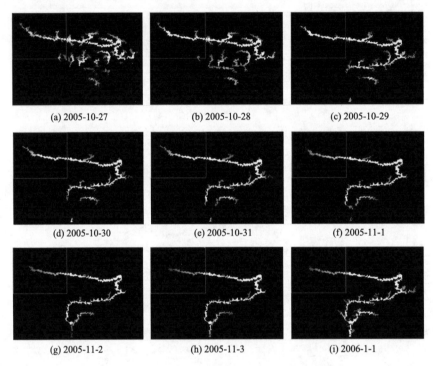

(a) 2005-10-27　　　　(b) 2005-10-28　　　　(c) 2005-10-29

(d) 2005-10-30　　　　(e) 2005-10-31　　　　(f) 2005-11-1

(g) 2005-11-2　　　　(h) 2005-11-3　　　　(i) 2006-1-1

图 4-40　雅鲁藏布江流域日尺度径流过程模拟

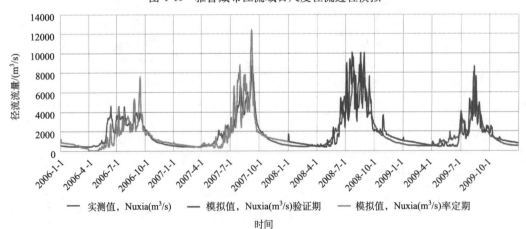

—— 实测值，Nuxia(m³/s)　　—— 模拟值，Nuxia(m³/s)验证期　　—— 模拟值，Nuxia(m³/s)率定期

时间

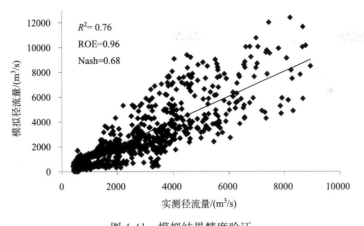

图 4-41　模拟结果精度验证

运用 4.2 中所述方法，模拟了雅鲁藏布江流域 2006～2012 年连续时间尺度的产汇流过程。模拟结果与雅鲁藏布江干流水文站奴下站进行了对比分析。结果显示纳西系数（Nash）、水量平衡系数（ROE）和相关性系数（R^2）分别为 0.68、0.97 和 0.76，表明模型的模拟精度较好。雅鲁藏布江流域日尺度径流过程模拟见图 4-40，模拟结果精度验证见图 4-41。

4.3　SPAC 能量与水分计算

能量与水分循环是岩石圈-水圈-生物圈-大气圈相互作用的纽带，是维持自然界与人类社会向前演化的驱动力。1966 年澳大利亚水文与土壤物理学家菲利普（Philip）提出土壤-植物-大气连续体即 SPAC 的概念。土壤-植物-大气系统内部的能量流动和物质循环过程控制植被生长的微气候环境，对植被的生长有重要影响；同时，地表与大气能量、水分的交换决定了边界层内湍流及扩散的强度和稳定度，而且控制着风速、温度和湿度等气候系统的下边界条件。因此，建立土壤-植物-大气传输模型模拟下垫面水热通量对于研究及预报气候变化、水分循环和生态环境动态变化等极为重要（刘昌明和孙睿，1999）。

SPAC 能量与水分计算流程如图 4-42 所示，主要包括蒸散发模块、植被截留模块和土壤水模块。其中，蒸散发模块又包括太阳辐射计算、地表净辐射计算、地表潜在蒸散计算和土壤水蒸发计算等。蒸散发计算时首先采用 SEBS 模型中的方法计算瞬时太阳辐射和卫星过境时的地表净辐射；其次，根据 Priestley-Taylor 公式计算潜在蒸散发；然后，结合 Ritchie 公式将潜在蒸散发分解为潜在土壤水蒸发和潜在植被蒸腾；最后，在土壤水分胁迫条件下计算出实际土壤水蒸发，在根系吸水作用下计算出实际植被蒸腾。考虑到植被特征差异，植被截留计算用 Aston 公式估算，降雨经植被截留重新分配后，入渗到土壤中，引起土壤含水量的变化。土壤水运移用一维垂向的 Richards 方程计算，以表层蒸散发强度和净雨量作为土壤水运动的上边界条件，假设土体无限深处的土壤含水量作土壤水运动的下边界条件。

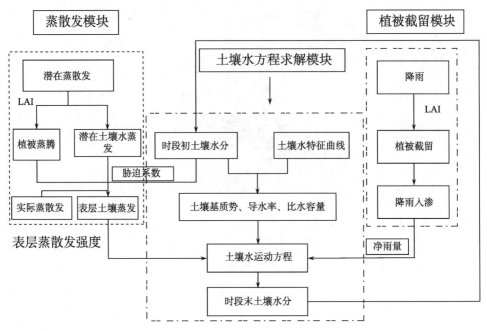

图 4-42　SPAC 能量与水分计算流程图

4.3.1　算法原理

4.3.1.1　太阳辐射计算

太阳辐射是太阳向宇宙空间中发射的电磁辐射，是地表能量的主要来源。到达地表的太阳短波辐射，是计算地表净辐射的重要参数。可用 SEBS 模型中的方法来计算瞬时太阳辐射，计算公式详见式(4-28)(Su，2002)。

4.3.1.2　地表净辐射计算

地表净辐射计算见 4.2.1.3。

4.3.1.3　地表潜在蒸散发计算

Priestley-Taylor 公式详见 4.2.1.2。

利用遥感数据只能算出卫星过境时刻的潜在蒸散发，必须经过转换才能得到一天中各时刻的潜在蒸散发。Hirsshman(1974)和 Jackson(1999)的研究表明，在晴朗天气条件下，太阳辐射各分量和农田蒸散量在一天内呈正弦曲线变化。谢贤群(1991)的研究表明，农田蒸散速率在日出后 1h 和日出前 1h 为零，在这之间呈余弦曲线变化。结合卫星过境时刻的潜在蒸散发和余弦曲线，可算出日出后 1h 到日落前 1h 任一时刻的潜在蒸散发，计算公式如下：

$$\mathrm{ET_{P\_max}} = \frac{\mathrm{IN(ET_P)}}{\sin\left[\left(\dfrac{t_{\mathrm{pass}} - (t_{\mathrm{rise}} + 1)}{t_{\mathrm{set}} - t_{\mathrm{rise}} - 2}\right)\pi\right]} \tag{4-72}$$

$$\mathrm{ET_P}(t) = \mathrm{ET_{P\_max}} \sin\left[\left(\frac{t-(t_{\mathrm{rise}}+1)}{t_{\mathrm{set}}-t_{\mathrm{rise}}-2}\right)\pi\right] \tag{4-73}$$

式中，$\mathrm{ET_{P\_max}}$ 为日最大潜在蒸散发，出现在正午时刻；$\mathrm{ET_P}$ 为卫星过境时刻的潜在蒸散发；t_{pass} 为卫星过境时刻；t_{rise} 和 t_{set} 为日出和日落时间，通过纬度和年份、日期计算得到；$\mathrm{ET_P}(t)$ 为推求的任一时刻 t 的潜在蒸散发。

4.3.1.4　地表潜在土壤水蒸发计算

由任一时刻的潜在蒸散发，结合 Ritchie 公式计算对应时刻的潜在土壤水蒸发：

$$\mathrm{EP_S} = \begin{cases} \mathrm{ET_P} \cdot (1-0.43 \cdot \mathrm{LAI}), & \mathrm{LAI} \leqslant 1 \\ \mathrm{ET_P}/1.1 \cdot \exp(-0.4 \cdot \mathrm{LAI}), & 1 < \mathrm{LAI} < 3 \\ 0, & \mathrm{LAI} > 3 \end{cases} \tag{4-74}$$

$$\mathrm{EP_V} = \begin{cases} (\mathrm{ET_P}-\mathrm{EP_S}) \cdot \mathrm{LAI}/3, & 0 \leqslant \mathrm{LAI} \leqslant 3 \\ \mathrm{ET_P}, & \mathrm{LAI} > 3 \end{cases} \tag{4-75}$$

式中，$\mathrm{EP_S}$ 为潜在土壤蒸发；$\mathrm{ET_P}$ 为潜在蒸散发；LAI 为叶面积指数，通过 MODIS 数据获取；$\mathrm{EP_V}$ 为潜在植被蒸腾。

4.3.1.5　降雨截留计算

植被截留是指降雨到达植被冠层后被截留并存储，产生降雨第一次分配的现象。植被截留水量将通过蒸发返回到大气中。

植被截留由植被冠层的枝干和树叶作用，因此截留量主要与植被特征（如植被盖度、叶面积指数）有关，随植被类型和生长时段变化。采用 Aston(1979)构建的植被截留计算公式：

$$S_{\mathrm{V}} = C_{\mathrm{V}} \cdot S_{\max} \cdot (1-\mathrm{e}^{-\eta\frac{P_{\mathrm{cum}}}{S_{\max}}}) \tag{4-76}$$

式中，S_{V} 为累计截留量，mm；C_{V} 为植被盖度，反映植被的茂密程度；P_{cum} 为累积降水量，mm；$S_{\max}$ 为林冠最大截留量，mm；η 为校正系数。

林冠最大截留量 $S_{\max}$ 和校正系数 η 基于叶面积指数估算，公式为

$$S_{\max} = 0.935 + 0.498 \cdot \mathrm{LAI} - 0.0057 \cdot \mathrm{LAI}^2 \tag{4-77}$$

$$\eta = 0.046 \cdot \mathrm{LAI} \tag{4-78}$$

降雨经过植被截留的重新分配后，入渗到土壤中，引起土壤含水量的变化。假设降雨集中在一天中某固定时间段内进行，取单位时间净雨量与饱和导水率之间的最小值，得到降雨入渗强度，作为土壤水运动方程的上边界条件。

4.3.1.6　土壤水运移计算

一维垂向土壤水运动可以通过 Richards 方程来描述：

$$C(h)\frac{\partial h}{\partial t} = \frac{\partial}{\partial z}\left[K(h)\left(\frac{\partial h}{\partial z}+1\right)\right] - S(h) \tag{4-79}$$

当忽略不计侧向径流时，可用垂直一维土壤水分运动数学模型来模拟实际土壤水运动。在渗漏量忽略不计情况下，发生自由入渗或蒸发时的土壤水分运动的数学模型定解见下式

（李保国等，2000）：

$$
\begin{cases}
C(h)\dfrac{\partial h}{\partial t}=\dfrac{\partial}{\partial z}\Big[K(h)\dfrac{\partial h}{\partial z}\Big]-\dfrac{\partial K(h)}{\partial z}, \\[2mm]
h(z,0)=h_0(z), & 0\leqslant z\leqslant L_z \quad \text{初始条件} \\[2mm]
\Big[-K(h)\dfrac{\partial h}{\partial z}+K(h)\Big]_{z=0}=\begin{cases}-E(t), & t>0 \quad\text{上边界条件}\\ Q(t)\end{cases} \\[2mm]
h(L_z,t)=h_1(t), & t>0 \quad \text{下边界条件}
\end{cases}
\tag{4-80}
$$

式中，h 为土壤水基质势（即土壤水负压水头），cm；$C(h)$ 为容水度，cm^{-1}，$C(h)=-\mathrm{d}\theta/\mathrm{d}h$；$K(h)$ 为非饱和水力传导率，cm/min；$E(t)$ 为表土水分蒸发强度，cm/min；$Q(t)$ 为降雨（或灌溉）入渗强度；Z 为空间坐标；t 为时间坐标；L_z 为模拟区域垂向总深度。

在蒸散发条件情况下，一维土壤水运移模型的上边界用 Penman 模式计算地表蒸散量；在降雨情况下，上边界条件为表层土壤达到饱和状态，土壤水势为零。

水分特征曲线采用 Van Genuchten 推荐的幂函数形式表达：

$$
\theta=\begin{cases}\dfrac{P_1 P_2}{P_2+|h|^{P_3}}+P_4, & h<0\\[3mm] \theta_s, & h\geqslant 0\end{cases}
\tag{4-81}
$$

式中，θ 为土壤水含量；θ_s 为饱和土壤含水量；h 为土壤水负压水头；P_1、P_2、P_3、P_4 为拟合参数，其中 P_4 为残留含水量，$P_1+P_4=\theta_s$。

土壤水力传导度 $K(h)$ 采用 Gardner（1970）推荐的指数函数形式表示：

$$
K(h)=\begin{cases}K_s\cdot\exp(\alpha\cdot h), & h<0\\[2mm] K_s, & h\geqslant 0\end{cases}
\tag{4-82}
$$

式中，$K(h)$ 为土壤水水力传导度；K_s 为饱和导水率；α 为拟合参数。不同质地的土壤有不同的 K_s 和 α 值，根据研究区域的土壤质地类型查土壤水分运移参数概化表，并对其进行参数的率定校正。

植被蒸腾通过潜在蒸散发和叶面积指数之间的线性关系式估算：

$$
T_P=\begin{cases}\dfrac{\mathrm{ET}_P\cdot\mathrm{LAI}}{3}, & 0\leqslant\mathrm{LAI}\leqslant 3\\[3mm] \mathrm{ET}_P, & \mathrm{LAI}>3\end{cases}
\tag{4-83}
$$

式中，T_P 为植被蒸腾量；ET_P 为潜在蒸散发量；LAI 为叶面积指数。

假定各层土壤的植被蒸腾量与根系密度成线性正比例关系，则各层植被蒸腾量表示为

$$
\mathrm{RDF}=\frac{e^{\mathrm{AROOT}\cdot Z_2}-e^{\mathrm{AROOT}\cdot Z_1}}{e^{\mathrm{AROOT}\cdot\mathrm{LR}}-1}
\tag{4-84}
$$

$$
T_{\mathrm{PN}}=T_{\mathrm{PS}}\cdot\mathrm{RDF}
\tag{4-85}
$$

式中，RDF 为根系分布函数；AROOT 为描述根分布的参数，在本书中取值为 0.1；Z_1、Z_2 分别为所求土壤层垂直方向上的两端坐标；LR 为根系深度，m；T_{PN} 为各层植被蒸腾量。

令 $Z_1=0.05$，$Z_2=0$，联立求出 $0\sim5\text{cm}$ 土壤中的植被蒸腾量，记为 T_{PS}。

根系深度是估算植被蒸腾量的一个重要参数。Andersen 提出了两种缺资料地区确定根

系深度的方法，一是建立根系深度和植被指数的统计关系式（Andersen et al.，2001）；二是对于不同土地覆被类型，根据 LAI 的变化模拟根系深度（Andersen et al.，2002）。具体计算方法参见 4.2.1.10。

4.3.1.7　水量平衡分量计算

水量平衡（water balance）是水文、水资源研究的基本原理，它是指在一个足够长的时期里，全球范围的总蒸发量等于总降水量。地球上某一区域在某一时段内，收入的水量与支出的水量之差等于该区域内时段始末的蓄水变量。水量平衡的一般方程式为

$$QE = Q - q \tag{4-86}$$

式中，Q 为时段内收入的水量；q 为时段内支出的水量；QE 为某一区域内时段始末的蓄水变量。方程式中各收入项、支出项和蓄水变量在不同地区各不相同。降水、蒸发和径流是水分循环中的三个重要环节，在水量平衡中，它们是三个重要因素。利用水量平衡方程式可以确定降水、蒸发、径流等水文要素间的数量关系，估计研究地区的水资源数量（式）。

$$R = P - I - T - E - \Delta WS \tag{4-87}$$

式中，R 为径流量；P 为降雨量；I 为植被截留量；T 为植被蒸腾量；E 为土壤蒸发量；ΔWS 为蓄水变量。

4.3.2　数据准备

4.3.2.1　太阳辐射计算数据准备

太阳辐射计算输入和输出数据见表 4-28 和表 4-29。

模型名称：Rs_Function。

模型方法：SEBS 模型。

表 4-28　太阳辐射计算输入数据

序号	输入参数	数据格式	内容	单位
1	Rs_para_txt_0	文本格式	所在时区中心经度	—
2	DEM_0	ENVI 标准格式	数字高程模型	m
3	Longitude_0	ENVI 标准格式	经度	度
4	Latitude_0	ENVI 标准格式	纬度	度

表 4-29　太阳辐射计算输出数据

序号	输出参数	数据格式	内容	单位
1	Rs_instant_日期	ENVI 标准格式	瞬时太阳辐射	W/m²

4.3.2.2　地表净辐射计算数据准备

地表净辐射计算输入和输出数据见表 4-30 和表 4-31。

模型名称：Rn _ Function。

模型方法：SEBS 模型。

表 4-30　地表净辐射计算输入数据

序号	输入参数	数据格式	内容	单位
1	albedo _ 日期	ENVI 标准格式	MODIS 反照率	—
2	Emis31 _ 日期	ENVI 标准格式	MODIS 第 31 波段辐射率	—
3	Emis32 _ 日期	ENVI 标准格式	MODIS 第 32 波段辐射率	
4	LST _ 日期	ENVI 标准格式	MODIS 陆地表面温度	K
5	T _ rise _ 日期	ENVI 标准格式	日出时间	h
6	T _ set _ 日期	ENVI 标准格式	日落时间	h
7	Tair _ instant _ 日期	ENVI 标准格式	瞬时气温	K
8	Rs _ instant _ 日期	ENVI 标准格式	瞬时太阳辐射	W/m^2

表 4-31　地表净辐射计算输出数据

序号	输出参数	数据格式	内容	单位
1	Rn _ instant _ 日期	ENVI 标准格式	瞬时净辐射	W/m^2

4.3.2.3　地表潜在蒸散发计算数据准备

地表潜在蒸散发计算输入和输出数据见表 4-32 和表 4-33。

模型名称：ETp _ Function。

模型方法：Priestley-Taylor 公式。

表 4-32　地表潜在蒸散发计算输入数据

序号	输入参数	数据格式	内容	单位
1	Rn _ instant _ 日期	ENVI 标准格式	瞬时净辐射	W/m^2
2	Tair _ instant _ 日期	ENVI 标准格式	瞬时气温	K
3	Vegcover _ 日期	ENVI 标准格式	植被盖度	%
4	DEM _ 0	ENVI 标准格式	数字高程模型	m
5	Boundary _ 0	ENVI 标准格式	研究区边界	—

表 4-33　地表潜在蒸散发计算输出数据

序号	输出参数	数据格式	内容	单位
1	ETp _ instant _ 日期	ENVI 标准格式	地表瞬时潜在蒸散发	10^{-6}mm

4.3.2.4　地表潜在土壤水蒸发计算数据准备

地表潜在土壤水蒸发计算输入和输出数据见表 4-34 和表 4-35。

模型名称：Eps _ Function。

模型方法：Ritchie 公式。

表 4-34　地表潜在土壤水蒸发计算输入数据

序号	输入参数	数据格式	内容	单位
1	ETp _ instant _ 日期	ENVI 标准格式	地表瞬时潜在蒸散发	10^{-6}mm
2	Lai _ 日期	ENVI 标准格式	MODIS 叶面积指数	
3	Boundary _ 0	ENVI 标准格式	研究区边界	

表 4-35　地表潜在土壤水蒸发计算输出数据

序号	输出参数	数据格式	内容	单位
1	Eps _ instant _ 日期	ENVI 标准格式	地表瞬时潜在土壤水蒸发	10^{-6}mm

4.3.2.5　降雨截留计算数据准备

降雨截留计算输入和输出数据见表 4-36 和表 4-37。

模型名称：Interception _ Function。

模型方法：Aston 公式。

表 4-36　降雨截留计算输入数据

序号	输入参数	数据格式	内容	单位
1	Precipitation _ 日期	ENVI 标准格式	雨量站或气象站日均降水量	mm
2	Lai _ 日期	ENVI 标准格式	MODIS 叶面积指数	—
3	Vegcover _ 日期	ENVI 标准格式	植被盖度	—
4	Boundary _ 0	ENVI 标准格式	研究区边界	—

表 4-37　降雨截留计算输出数据

序号	输出参数	数据格式	内容	单位
1	Interception _ 日期	ENVI 标准格式	日降雨截留量	mm

4.3.2.6　土壤水运移计算数据准备

土壤水运移计算输入和输出数据见表 4-38 和表 4-39。

模型名称：Richards _ Function。

模型方法：一维垂向 Richards 方程。

表 4-38　土壤水运移计算输入数据

序号	输入参数	数据格式	内容	单位
1	Eps_instant_日期	ENVI 标准格式	地表瞬时潜在土壤水蒸发	10^{-6}mm
2	ETp_instant_日期	ENVI 标准格式	地表瞬时潜在蒸散发	10^{-6}mm
3	Interception_日期	ENVI 标准格式	降雨截留量	mm
4	LAI_日期	ENVI 标准格式	MODIS 叶面积指数	—
5	Precipitation_日期	ENVI 标准格式	雨量站或气象站日均降水量	mm
6	RootDepth_根系深度	ENVI 标准格式	根系深度	mm
7	T_rise_日期	ENVI 标准格式	日出时间	h
8	T_set_日期	ENVI 标准格式	日落时间	h
9	Soil_日期	ENVI 标准格式	微波同步观测土壤水分数据	%
10	Soil_Type_0	ENVI 标准格式	土壤类型	—
11	Soil_moisture_layer1_日期	ENVI 标准格式	模拟开始日期第 1 层土壤初始含水量	%
12	Soil_moisture_layer2_日期	ENVI 标准格式	模拟开始日期第 2 层土壤初始含水量	%
13	Soil_moisture_layer3_日期	ENVI 标准格式	模拟开始日期第 3 层土壤初始含水量	%
14	Soil_moisture_layer4_日期	ENVI 标准格式	模拟开始日期第 4 层土壤初始含水量	%
15	Soil_moisture_layer5_日期	ENVI 标准格式	模拟开始日期第 5 层土壤初始含水量	%
16	Soil_moisture_layer6_日期	ENVI 标准格式	模拟开始日期第 6 层土壤初始含水量	%
17	Soil_moisture_layer7_日期	ENVI 标准格式	模拟开始日期第 7 层土壤初始含水量	%
18	Soil_moisture_layer8_日期	ENVI 标准格式	模拟开始日期第 8 层土壤初始含水量	%
19	Soil_moisture_layer9_日期	ENVI 标准格式	模拟开始日期第 9 层土壤初始含水量	%
20	Soil_moisture_layer10_日期	ENVI 标准格式	模拟开始日期第 10 层土壤初始含水量	%
21	Soil_moisture_layer11_日期	ENVI 标准格式	模拟开始日期第 11 层土壤初始含水量	%
22	Soil_moisture_layer12_日期	ENVI 标准格式	模拟开始日期第 12 层土壤初始含水量	%
23	Soil_moisture_layer13_日期	ENVI 标准格式	模拟开始日期第 13 层土壤初始含水量	%
24	Soil_moisture_layer14_日期	ENVI 标准格式	模拟开始日期第 14 层土壤初始含水量	%
25	Soil_moisture_layer15_日期	ENVI 标准格式	模拟开始日期第 15 层土壤初始含水量	%
26	Soil_moisture_layer16_日期	ENVI 标准格式	模拟开始日期第 16 层土壤初始含水量	%
27	Soil_moisture_layer17_日期	ENVI 标准格式	模拟开始日期第 17 层土壤初始含水量	%
28	Soil_moisture_layer18_日期	ENVI 标准格式	模拟开始日期第 18 层土壤初始含水量	%
29	Soil_moisture_layer19_日期	ENVI 标准格式	模拟开始日期第 19 层土壤初始含水量	%
30	Soil_moisture_layer20_日期	ENVI 标准格式	模拟开始日期第 20 层土壤初始含水量	%
31	Boundary_0	ENVI 标准格式	研究区边界	—
32	Model_init_txt_0	文本格式	模拟土层深度、时间间隔和降雨历时等参数	—
33	Soil_property_txt_0	文本格式	土壤水分特征参数及其运移概化参数等	—

表 4-39　土壤水运移计算输出数据

序号	输出参数	数据格式	内容	单位
1	Eps _ daily _ 日期	ENVI 标准格式	日潜在土壤水蒸发	10^{-6} mm
2	ETp _ daily _ 日期	ENVI 标准格式	日潜在蒸散发	10^{-6} mm
3	Etree _ daily _ 日期	ENVI 标准格式	日植被蒸腾量	10^{-6} mm
4	Soil _ moisture _ layer1 _ 日期	ENVI 标准格式	逐日模拟出第 1 层土壤含水量	%
5	Soil _ moisture _ layer2 _ 日期	ENVI 标准格式	逐日模拟出第 2 层土壤含水量	%
6	Soil _ moisture _ layer3 _ 日期	ENVI 标准格式	逐日模拟出第 3 层土壤含水量	%
7	Soil _ moisture _ layer4 _ 日期	ENVI 标准格式	逐日模拟出第 4 层土壤含水量	%
8	Soil _ moisture _ layer5 _ 日期	ENVI 标准格式	逐日模拟出第 5 层土壤含水量	%
9	Soil _ moisture _ layer6 _ 日期	ENVI 标准格式	逐日模拟出第 6 层土壤含水量	%
10	Soil _ moisture _ layer7 _ 日期	ENVI 标准格式	逐日模拟出第 7 层土壤含水量	%
11	Soil _ moisture _ layer8 _ 日期	ENVI 标准格式	逐日模拟出第 8 层土壤含水量	%
12	Soil _ moisture _ layer9 _ 日期	ENVI 标准格式	逐日模拟出第 9 层土壤含水量	%
13	Soil _ moisture _ layer10 _ 日期	ENVI 标准格式	逐日模拟出第 10 层土壤含水量	%
14	Soil _ moisture _ layer11 _ 日期	ENVI 标准格式	逐日模拟出第 11 层土壤含水量	%
15	Soil _ moisture _ layer12 _ 日期	ENVI 标准格式	逐日模拟出第 12 层土壤含水量	%
16	Soil _ moisture _ layer13 _ 日期	ENVI 标准格式	逐日模拟出第 13 层土壤含水量	%
17	Soil _ moisture _ layer14 _ 日期	ENVI 标准格式	逐日模拟出第 14 层土壤含水量	%
18	Soil _ moisture _ layer15 _ 日期	ENVI 标准格式	逐日模拟出第 15 层土壤含水量	%
19	Soil _ moisture _ layer16 _ 日期	ENVI 标准格式	逐日模拟出第 16 层土壤含水量	%
20	Soil _ moisture _ layer17 _ 日期	ENVI 标准格式	逐日模拟出第 17 层土壤含水量	%
21	Soil _ moisture _ layer18 _ 日期	ENVI 标准格式	逐日模拟出第 18 层土壤含水量	%
22	Soil _ moisture _ layer19 _ 日期	ENVI 标准格式	逐日模拟出第 19 层土壤含水量	%
23	Soil _ moisture _ layer20 _ 日期	ENVI 标准格式	逐日模拟出第 20 层土壤含水量	%

4.3.2.7　水量平衡分量计算数据准备

水量平衡分量计算输入和输出数据见表 4-40 和表 4-41。

模型名称：Water balance _ Function。

模型方法：水量平衡方程。

表 4-40　水量平衡分量计算输入数据

序号	输入参数	数据格式	内容	单位
1	Precipitation _ 日期	ENVI 标准格式	降水量	mm
2	Interception _ 日期	ENVI 标准格式	降水截留量	mm
3	Etree _ daily _ 日期	ENVI 标准格式	植被蒸腾量	mm
4	Eps _ daily _ 日期	ENVI 标准格式	土壤蒸发量	mm

续表

序号	输入参数	数据格式	内容	单位
5	Soil _ moisture _ layer1 _ 日期	ENVI 标准格式	模拟开始日期第 1 层土壤初始含水量	%
6	Soil _ moisture _ layer2 _ 日期	ENVI 标准格式	模拟开始日期第 2 层土壤初始含水量	%
7	Soil _ moisture _ layer3 _ 日期	ENVI 标准格式	模拟开始日期第 3 层土壤初始含水量	%
8	Soil _ moisture _ layer4 _ 日期	ENVI 标准格式	模拟开始日期第 4 层土壤初始含水量	%
9	Soil _ moisture _ layer5 _ 日期	ENVI 标准格式	模拟开始日期第 5 层土壤初始含水量	%
10	Soil _ moisture _ layer6 _ 日期	ENVI 标准格式	模拟开始日期第 6 层土壤初始含水量	%
11	Soil _ moisture _ layer7 _ 日期	ENVI 标准格式	模拟开始日期第 7 层土壤初始含水量	%
12	Soil _ moisture _ layer8 _ 日期	ENVI 标准格式	模拟开始日期第 8 层土壤初始含水量	%
13	Soil _ moisture _ layer9 _ 日期	ENVI 标准格式	模拟开始日期第 9 层土壤初始含水量	%
14	Soil _ moisture _ layer10 _ 日期	ENVI 标准格式	模拟开始日期第 10 层土壤初始含水量	%
15	Soil _ moisture _ layer11 _ 日期	ENVI 标准格式	模拟开始日期第 11 层土壤初始含水量	%
16	Soil _ moisture _ layer12 _ 日期	ENVI 标准格式	模拟开始日期第 12 层土壤初始含水量	%
17	Soil _ moisture _ layer13 _ 日期	ENVI 标准格式	模拟开始日期第 13 层土壤初始含水量	%
18	Soil _ moisture _ layer14 _ 日期	ENVI 标准格式	模拟开始日期第 14 层土壤初始含水量	%
19	Soil _ moisture _ layer15 _ 日期	ENVI 标准格式	模拟开始日期第 15 层土壤初始含水量	%
20	Soil _ moisture _ layer16 _ 日期	ENVI 标准格式	模拟开始日期第 16 层土壤初始含水量	%
21	Soil _ moisture _ layer17 _ 日期	ENVI 标准格式	模拟开始日期第 17 层土壤初始含水量	%
22	Soil _ moisture _ layer18 _ 日期	ENVI 标准格式	模拟开始日期第 18 层土壤初始含水量	%
23	Soil _ moisture _ layer19 _ 日期	ENVI 标准格式	模拟开始日期第 19 层土壤初始含水量	%
24	Soil _ moisture _ layer20 _ 日期	ENVI 标准格式	模拟开始日期第 20 层土壤初始含水量	%

表 4-41　水量平衡分量计算输出数据

序号	输出参数	数据格式	内容	单位
1	Precipitation _ 月份	ENVI 标准格式	月降水量	mm
2	Interception _ 月份	ENVI 标准格式	月降水截留量	mm
3	Etree _ daily _ 月份	ENVI 标准格式	月植被蒸腾量	mm
4	Eps _ daily _ 月份	ENVI 标准格式	月土壤蒸发量	mm
5	Soil _ moisture _ 月份	ENVI 标准格式	月土壤水分蓄变量	mm

4.3.3　操作步骤

4.3.3.1　太阳辐射计算步骤

太阳辐射计算需要准备研究区内的数字高程模型 DEM _ 0、经度图 Longitude _ 0 和纬度图 Latitude _ 0。以制作黄河中游 103°~114°E、33°~42°N 的数据为例。首先，通过地理空间数据云平台(http://www.gscloud.cn/)或 NASA 地球观测数据与信息系统 EOSDIS 平台(http://reverb.echo.nasa.gov/reverb/)下载 ASTER GDEM 或 SRTM 数据。其次，用

ArcGIS 完成多幅 DEM 的拼接、裁剪、投影转换和数据格式转换处理。

再次，如图 4-43 所示，将研究区四角点的经度和纬度数值分类存储为文本文件，用 ArcGIS 的 Tools＼Add XY data 定义 X 值、Y 值和坐标系统后生成四角点矢量文件，再用 ArcGIS 的 Create TIN From Features 分别按四角点矢量文件的经度和纬度数值创建 TIN，并全部转换成 ENVI 标准数据格式。最后，根据研究区所在时区中心经度制作 Rs＿para＿txt＿0 参数文件，如图 4-44 所示。

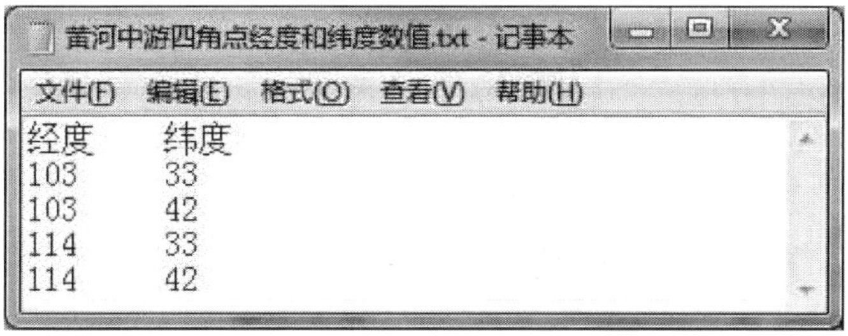

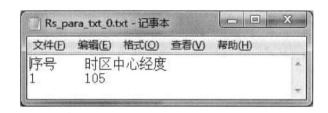

图 4-43　研究区四角点的经度和纬度数值分类存储

图 4-44　研究区所在时区中心经度 Rs＿para＿txt＿0 参数文件

全部输入数据准备好后，启动 EcoHAT 软件的能量与水分平衡计算模块，新建工程文件后调出"辐射参量＼太阳辐射"计算过程引导界面，如图 4-45 所示，分别输入模拟起止年月日，按路径选择、输入数据、选择结果保存位置后，即可运行程序进行太阳辐射计算，得到"Rs＿instant＿日期"格式的每日瞬时太阳辐射。

4.3.3.2　地表净辐射计算步骤

地表净辐射计算需要准备研究区的每日反照率 albedo＿日期、陆地表面温度 LST＿日期、MODIS 的第 31 和第 32 波段比辐射率 Emis31＿日期和 Emis32＿日期、日出和日落时间 T＿rise＿日期和 T＿set＿日期、瞬时气温 Tair＿instant＿日期和瞬时太阳辐射 Rs＿instant＿日期等数据。

首先，根据空间尺度需要，通过 EOSDIS 平台下载 MODIS 的 albedo 产品如 MCD43B3，下载 MODIS 的 LST 和 Emis 产品，如 MOD11A2。下载数据为分幅、分日期存储的 hdf 格式，需要用 MODIS 数据处理工具 Modistool，完成所有 MODIS 平台下载数据的拼接、投影与数据格式转换、裁剪、空间范围缺值插补和时间序列缺值插补等操作。

下面以处理黄河中游 103°～114°E、33°～42°N，2010 年 1 月份的每日反照率数据为例，进行操作展示。

第 1 步，如图 4-46 所示，登录 EOSDIS 平台下载 MODIS 产品界面，填写相关参数，下载 MCD43B3 数据。

图 4-45　太阳辐射计算过程引导界面

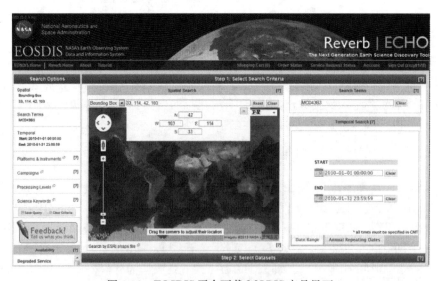

图 4-46　EOSDIS 平台下载 MODIS 产品界面

第 2 步，创建 MODIS 数据拼接和投影与数据格式转换的批处理 bat 程序。将图 4-47 所示 txt 文件修订相关参数后另存为 ∗.bat 文件，即可运行 bat 程序实现数据拼接批处理。将图 4-48 所示 txt 文件修订相关参数后另存为 ∗.bat 文件，即可运行 bat 程序实现投影与数据格式转换批处理。

```
set MRTDATADIR=c:\Modis\data
set /a DAY=2010001
set /a DEADLINE=2010031
:start
if %DAY% leq %DEADLINE% (goto ORDER) else exit
:ORDER

dir *%DAY%.*.hdf/a/b/s > MOSAICINPUT.TXT

c:/Modis/bin/mrtmosaic.exe -i MOSAICINPUT.TXT -s "0 0 0 0 0 0 0 0 0 0 0 0 0 0 0 0 0 0 0 0 0 0 0 1" -o MOSAIC_TMP_%DAY%.hdf

copy MOSAIC_TMP_%DAY%.hdf Result & del MOSAIC_TMP_%DAY%.hdf
del *%DAY%.*.hdf
set /a DAY= %DAY% + 8
goto start
```

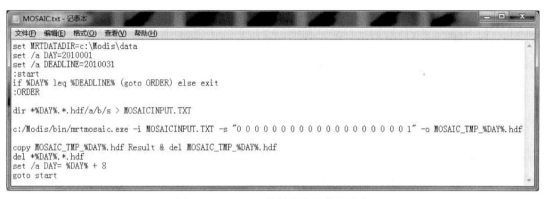

图 4-47　MODIS 数据拼接批处理程序

```
set MRTDATADIR=c:\Modis\data
for %%i in (*.hdf) do resample -p
MCD43B3_PP.prm -i %%i -o %%iout.tif
```

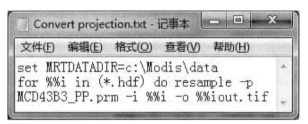

图 4-48　MODIS 数据投影与数据格式转换批处理程序

第 3 步，先用批量修改文件名的实用程序，将格式转换后的文件名统一更改为“albedo _ 日期”的格式后，再以研究区边界为准，运行图 4-49 所示 EcoHAT 批量裁剪工具进行数据批量裁剪。

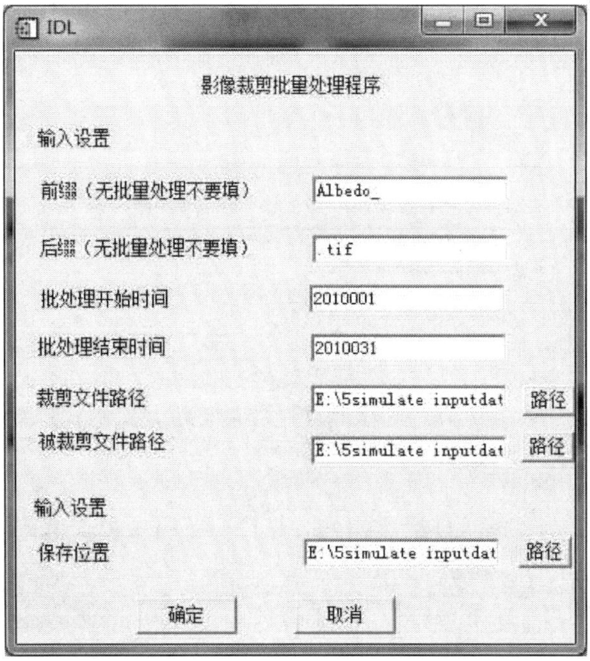

图 4-49　EcoHAT 批量裁剪工具

第 4 步，首先分别运行 EcoHAT 空间范围缺值插补（图 4-50）和时间序列缺值插补工具（图 4-51），完成空间范围缺值插补和时间序列缺值插补，得到 2010 年 1 月每日反照率数据。

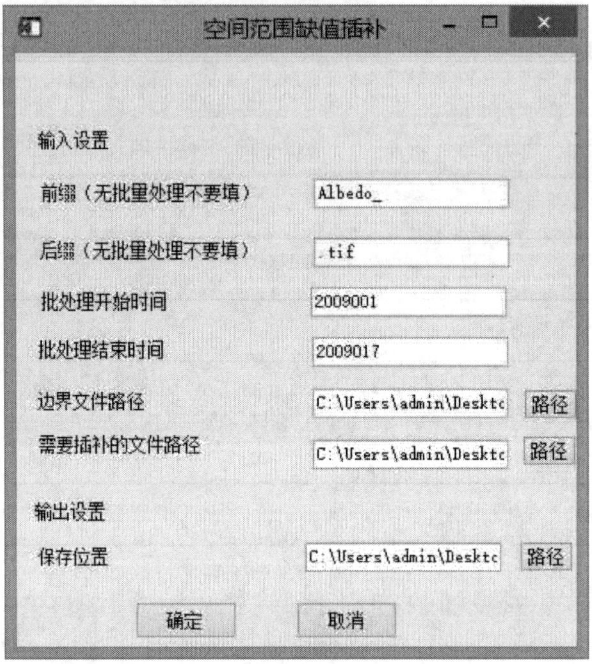

图 4-50　EcoHAT 空间范围缺值插补工具

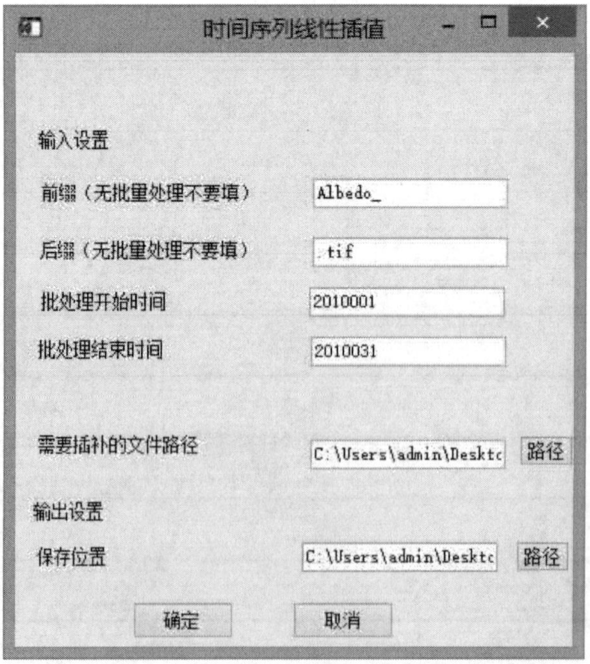

图 4-51　EcoHAT 时间序列缺值插补工具

其次，运行图 4-52 所示 EcoHAT 计算太阳时工具，计算得到"T ＿ rise ＿ 日期"和"T ＿ set ＿ 日期"格式的每日日出、日落数据。

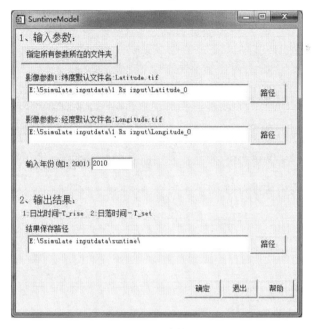

图 4-52　EcoHAT 计算太阳时工具

再次，近似地将从中国气象科学数据共享服务网(http://cdc.cma.gov.cn/home.do)下载的每日平均气温当做卫星传感器过境时的瞬时气温。用 ArcGIS 中"Command Line"空间插值批处理组件，插值得到"Tair ＿ instant ＿ 日期"格式的每日瞬时气温数据。

最后，全部数据准备完后，启动 EcoHAT 软件的能量与水分平衡计算模块，新建工程文件后调出"辐射参量＼净辐射"计算过程引导界面，如图 4-53 所示，分别输入模拟起止年月日，按路径选择、输入数据、选择结果保存位置后，即可运行程序进行瞬时地表净辐射计算，得到"Rn ＿ instant ＿ 日期"格式的每日瞬时地表净辐射。

4.3.3.3　地表潜在蒸散发计算步骤

地表潜在蒸散发计算需要准备研究区的每日植被盖度 Vegcover ＿ 日期、瞬时气温 Tair ＿ instant ＿ 日期、瞬时净辐射 Rn ＿ instant ＿ 日期、数字高程模型 DEM ＿ 0 和边界 Boundary ＿ 0 等数据。其中，准备 DEM ＿ 0 数据参见 4.3.3.1，准备 Tair ＿ instant ＿ 日期和 Rn ＿ instant ＿ 日期参见 4.3.3.2。在此，仅介绍植被盖度 Vegcover ＿ 日期的准备过程。

首先，参考 4.3.3.2 登录 EOSDIS 平台下载 MODIS 产品界面，填写相关参数，下载 MCD15A2 和 MCD12Q1 数据，并按照其中处理 MODIS 数据产品的流程处理好"Lai ＿ 日期"格式的每日 LAI 数据和土地覆盖数据。

其次，参考表 4-1，按不同土地覆盖类型分类赋值得到聚集指数图，并转为"Q"命名的 ENVI 标准格式，集中整理好 Lai ＿ 日期、Latitude ＿ 0、Longitude ＿ 0、Q 和 Rs ＿ para ＿ txt ＿ 0 作为计算植被盖度的输入数据。

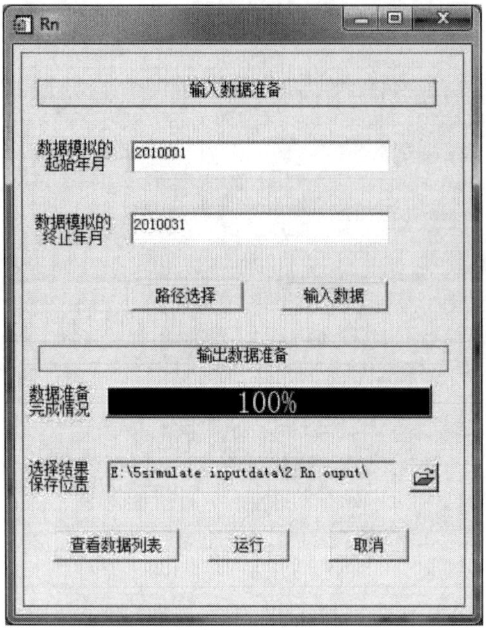

图 4-53　净辐射计算过程引导界面

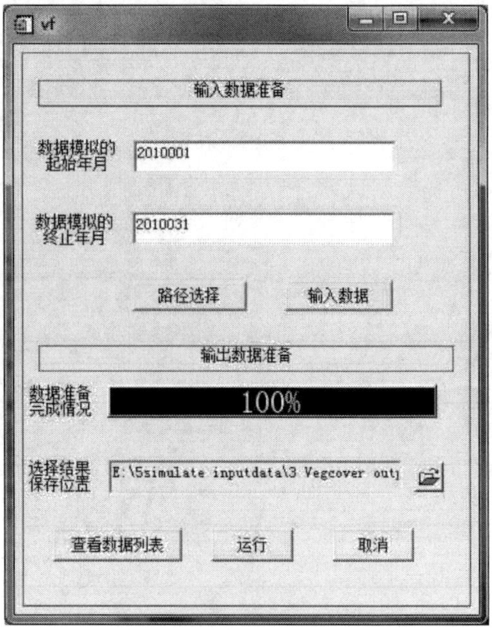

图 4-54　植被盖度计算过程引导界面

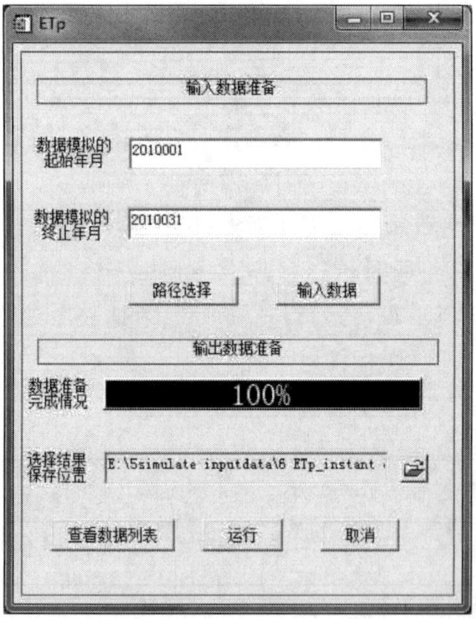

图 4-55　地表潜在蒸散发计算过程引导界面

再次，启动 EcoHAT 软件的能量与水分平衡计算模块，新建工程文件后调出"植被参数＼植被盖度"计算过程引导界面，如图 4-54 所示，分别输入模拟起止年月日，按路径选择、输入数据、选择结果保存位置后，即可运行程序进行植被盖度计算，得到"Vegcover ＿ 日期"格式的每日植被盖度。

最后，集中整理好每日植被盖度 Vegcover ＿日期、瞬时气温 Tair ＿ instant ＿ 日期、瞬时净辐射 Rn ＿ instant ＿ 日期、数字高程模型 DEM ＿ 0 和边界 Boundary ＿ 0 后，启动 EcoHAT 软件的能量与水分平衡计算模块，新建工程文件后调出"蒸散发＼瞬时潜在蒸散发"计算过程引导界面，如图 4-55 所示，分别输入模拟起止年月日，按路径选择、输入数据、选择结果保存位置后，即可运行程序进行地表潜在蒸散发计算，得到"ETp ＿ instant ＿ 日期"格式的每日地表瞬时潜在蒸散发。

4.3.3.4　地表潜在土壤水蒸发计算步骤

地表潜在土壤水蒸发计算需要集中整理好研究区的每日地表瞬时潜在蒸散发 ETp ＿ instant ＿ 日期、叶面积指数 LAI ＿ 日期和 Boundary ＿ 0 后，启动 EcoHAT 软件的能量与水分平衡计算模块，新建工程文件后调出"蒸散发\瞬时潜在土壤蒸发"计算过程引导界面，如图 4-56 所示，分别输入模拟起止年月日，按路径选择、输入数据、选择结果保存位置后，即可运行程序进行地表潜在蒸散发计算，得到"Eps_instant_日期"格式的每日地表瞬时潜在土壤水蒸发。

图 4-56　地表瞬时潜在土壤水
蒸发计算过程引导界面

图 4-57　降雨截留计算过程引导界面

4.3.3.5　降雨截留计算步骤

降雨截留计算需要集中整理好研究区的每日植被盖度 Vegcover_日期、叶面积指数 Lai_日期、降水量 Precipitation_日期和 Boundary_0 后，启动 EcoHAT 软件的能量与水分平衡计算模块，新建工程文件后调出"植被指数\植被截留"计算过程引导界面，如图 4-57 所示，分别输入模拟起止年月日，按路径选择、输入数据、选择结果保存位置后，即可运行程序进行降雨截留量计算，得到"Interception_日期"格式的每日降雨截留量。

4.3.3.6　土壤水运移计算步骤

土壤水分运移计算需要准备研究区的降水数据 Precipitation_日期、叶面积指数 LAI_日期、降雨截留 Interception_日期、地表瞬时潜在蒸散发 ETp_instant_日期、地表瞬时土壤水蒸发 Eps_instant_日期、日出时间 T_rise_日期、日落时间 T_set_日期、根系深度 RootDepth_日期、土壤类型 Soil_Type_0、每层土壤初始含水量 Soil_moisture_layer1_日期、微波同步观测土壤水分数据 Soil_日期、土壤水分参数文件 Soil_property_txt_0、模型模拟参数文件 Model_init_txt_0 和边界文件 Boundary_0 等数据。

第一，集中整理好每日叶面积指数 LAI_日期和土地覆盖 Landcover 数据，用于计算根系深度的输入数据，启动 EcoHAT 软件的能量与水分平衡计算模块，新建工程文件后调出

"植被指数＼根系深度"计算过程引导界面，如图 4-58 所示，分别输入模拟起止年月日，按路径选择、输入数据、选择结果保存位置后，即可运行程序进行根系深度计算，得到"Root-Depth＿日期"格式的每日根系深度。

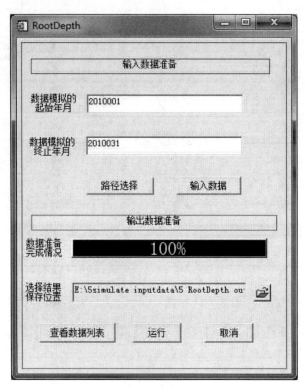

图 4-58　根系深度计算过程引导界面

第二，从世界土壤数据库 HWSD 提供矢量化 1∶100 万中国土壤数据中，裁剪出研究区土壤图并导出属性表，例如，另存为土壤参数获取 . xlsx。按土壤参数获取 . xlsx 中的 SOIL字段和 HWSD. mdb 属性表中 MU＿SOURCE1 字段相同，分别查找、记录每种土壤类型的砂粒含量 T＿SAND、黏粒含量 T＿CLAY、粉粒含量 T＿SILT、有机碳含量 T＿OC 和碎石含量 T＿GRAVEL 等特征参数。再用图 4-59 所示 SPAW 软件分别输入每种土壤类型的砂粒含量 SAND(％)、黏粒含量 CLAY(％)、有机质含量 Organic Matter(％)和碎石含量 Gravel(％)等参数后，查询、记录得到每种土壤的萎蔫含水量 Wilting point(％)、田间持水量 Field capacity(％)、饱和含水量 Saturation(％)、土壤有效含水量 Available water(in/ft)、饱和导水率 Sat. Hydraulic Cond(in/hr)和土壤质地 Texture Class。

第三，在土壤参数获取 . xlsx 中按土壤质地 Texture Class，分别给每种土壤赋予表 4-42所示的土壤水分运移概化参数。按 SOIL 字段从小到大排序后，新建"序号"和"Soil＿type"字段，分别按数值填充序列填充，得到每种土壤的顺序编号及其类型代码。再用 ArcGIS 将土壤参数获取 . xlsx 的全部信息，按 SOIL 字段与研究区矢量化土壤数据属性表中的 SOIL字段匹配，实现属性表与数据表的 Join 链接操作，得到含有更多土壤参数信息的矢量化土壤数据，如另存为 All＿土壤参数信息 . shp。

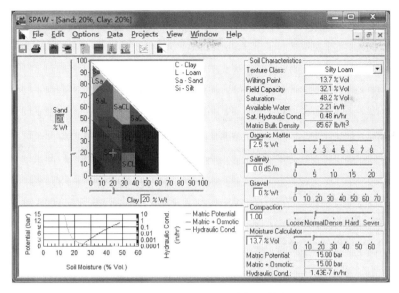

图 4-59　SPAW 查询土壤物理特性

表 4-42　土壤水分运移参数概化表

土壤质地	P1	P2/cm	P3	P4	Ks/(cm/min)	Rf/(1/cm)
重黏土	0.28	70.030	0.66	0.27	0.000006	0.005
轻黏土	0.28	50.159	0.63	0.16	0.00006	0.005
粉质黏土	0.31	175.995	0.80	0.11	0.0006	0.005
壤土	0.32	186.441	0.86	0.09	0.006	0.005
轻砂壤	0.28	247.682	0.92	0.09	0.06	0.005
砂土	0.35	1617.929	1.68	0.04	0.6	0.005

　　第四，将 All _ 土壤参数信息．shp 按 Soil _ type 字段，矢量转栅格得到土壤类型 Soil _ Type _ 0 数据。在属性表中按顺序排列和选中序号、Soil _ type、SWfc(田间持水量)、SWw (萎蔫含水量)和 SWf(饱和含水量)的所有列数据，复制、另存为如图 4-60 所示 Soil _ Moisture _ txt _ 0．txt 文件，作为土壤初始含水量数据准备的输入数据。在属性表中按顺序排列和选中序号、Soil _ type、P1、P2(cm)、P3、P4、Ks(cm/min)、Rf(1/cm)、SWfc、SWw 和 SWf 的所有列数据，复制、另存为如图 4-61 所示 Soil _ property _ txt _ 0．txt 文件，作为土壤水运移计算的输入数据。

序号	Soil_type	SWfc	SWw	SWf
1	1	0.292	0.142	0.464
2	2	0.292	0.142	0.464

图 4-60　Soil _ Moisture _ txt _ 0．txt 参数文件

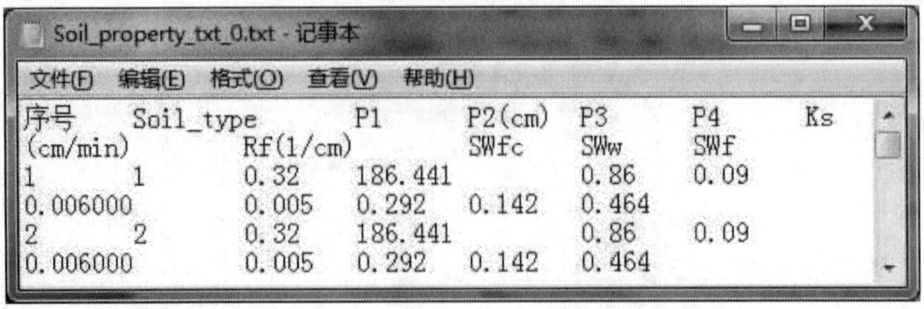

图 4-61　Soil _ property _ txt _ 0. txt 参数文件

第五，集中整理好 Soil _ Moisture _ txt _ 0. txt 和 Soil _ type _ 0 后，启动 EcoHAT 软件的能量与水分平衡计算模块，新建工程文件后调出"土壤水 \ 土壤水分初始化"计算过程引导界面，如图 4-62 所示，分别输入模拟起止年月日，按路径选择、输入数据、选择结果保存位置后，即可运行程序进行土壤初始含水量计算，得到"Soil _ moisture _ layer1 _ 日期"格式的模拟计算起始日之前一日的土壤初始含水量。

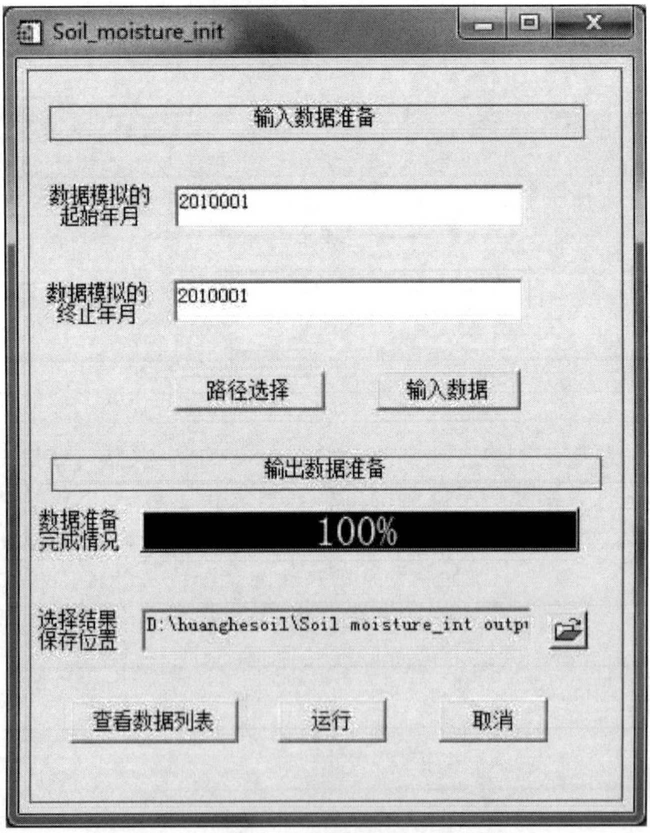

图 4-62　土壤初始含水量计算过程引导界面

第六，参考 4. 3. 3. 2 登录 EOSDIS 平台下载 MODIS 产品界面，填写相关参数，下载 AE-Land3 数据，提取其中的升轨土壤湿度数据，并进行降尺度处理，得到"Soil _ 日期"格式的微波同步观测土壤水分数据。

第七，制作如图 4-63 所示包括序号、模拟土体深度 Depth(cm)、模拟土层深度步长 Depth_interval(cm)、模拟时间步长 Time_interval(minute)、模拟降雨历时 Precipitation_time (minute)的 Model_init_txt_0.txt 文件，作为土壤水运移计算的输入参数。

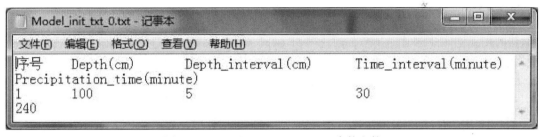

图 4-63 Model_init_txt_0.txt 参数文件

第八，集中整理好全部输入数据后，启动 EcoHAT 软件的能量与水分平衡计算模块，新建工程文件后调出"土壤水 \ Richards 土壤水计算"计算过程引导界面，如图 4-64 所示，分别输入模拟起止年月日，按路径选择、输入数据、选择结果保存位置后，即可运行程序进行土壤水运移计算，得到每日"Etp_daily_日期"格式的地表潜在蒸散发、"Eps_daily_日期"格式的地表实际土壤水蒸发、"Etree_daily_日期"格式的植被蒸腾、"Soil_moisture_layer 土层顺序_日期"格式的逐层土壤实际含水量。

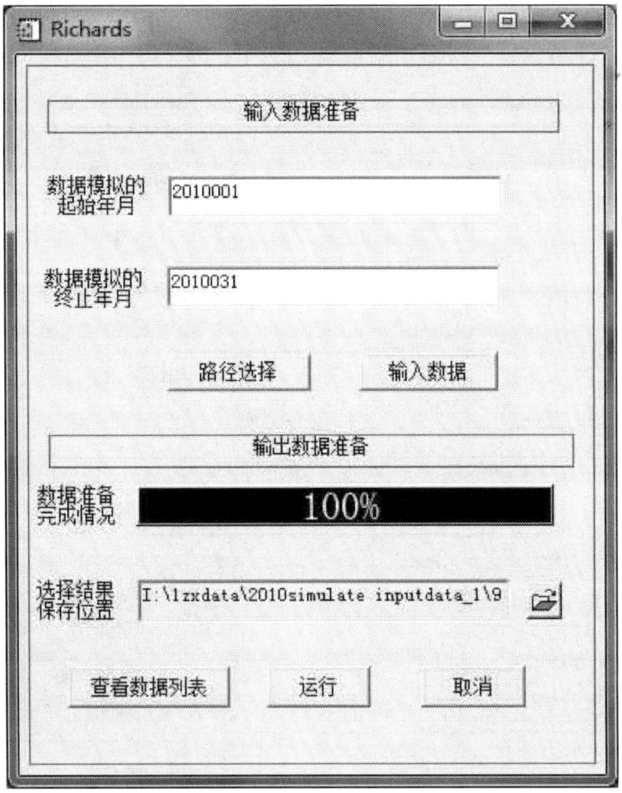

图 4-64 Richards 土壤水运移计算过程引导界面

4.3.3.7　水量平衡分量计算步骤

月尺度水量平衡计算需要分别集中准备每月的每日降水量 precipitation _ 日期、降水截留量 Interception _ 日期、植被蒸腾量 Etree _ daily _ 日期、土壤蒸发量 Eps _ daily _ 日期和土壤实际含水量 Soil _ moisture _ layer 土层顺序 _ 日期等数据。

首先，用 EcoHAT 统计工具累加计算得到每月降雨量 precipitation _ 月份、每月降雨截留量 precipitation _ 月份、每月植被蒸腾量 Etree _ daily _ 月份和每月土壤蒸发量 Eps _ daily _ 月份。

其次，用 EcoHAT 土壤蓄变量统计工具将后一天某层土壤实际含水量 Soil _ moisture _ layer 土层顺序 _ 日期减去前一天对应层土壤实际含水量 Soil _ moisture _ layer 土层顺序 _ 日期，得到前后时间段内每层土壤水分蓄变量后，再将 20 层土壤水分蓄变量累加得到总的土壤水分蓄变量，并将其单位换算成 mm。

再次，将每月降水量减去降水截留量、植被蒸腾量、土壤蒸发量和土壤水蓄变量后得到模型模拟的径流深度。

最后，将水文站点观测流量还原到水文站控制区内，得到天然径流量深度（mm），按照水量平衡理论模拟径流深度应等于天然径流深度，如不相等则可用相关系数、Nash 效率系数和水量平衡误差等指标评价模型模拟精度。

4.3.4　案例：延河流域水循环要素模拟

延河是黄河中游上段的一级支流，介于 $108°45' \sim 110°28'$E、$36°23' \sim 37°17'$N，流域面积约 7725km²。延河流域属于黄土丘陵沟壑区的第二副区，地表破碎，沟壑密度达 2.1～4.6km/km²，多年平均降雨量为 495.6mm，多年平均产流模数为 4776m³/(km²·a)，多年平均输沙模数为 8100t/(km²·a)，水土流失严重。为了防治水土流失，延河流域已开展大量的植树造林、封山育林、退耕还林还草及修筑梯田和淤地坝等水土保持工程，流域下垫面特征发生剧烈变化。流域特征变化的生态水文效应是水循环、水资源管理和生态环境恢复等的重要研究内容。

运用 4.3.1、4.3.2 和 4.3.3 的算法原理、数据准备和操作步骤，模拟出延河流域甘谷驿水文站以上 2002～2011 年径流变化结果检验如图 4-65 所示，纳什效率系数为 0.946、均方根误差为 3.050mm、R^2 为 0.951。近 10 年间延河流域平均截留量、蒸发量、蒸腾量、土壤蓄水量和蒸散量的空间分布如图 4-66～图 4-70 所示。图 4-71 和图 4-72 的统计分析表明，延河流域植被盖度呈显著增加趋势，而且随着植被盖度的增加蒸散量也呈增加趋势。

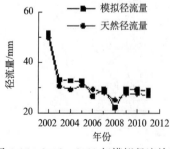

图 4-65　2002～2011 年模拟径流检验

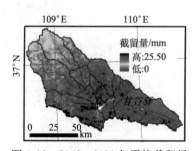

图 4-66　2002～2011 年平均截留量

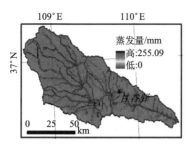

图 4-67 2002～2011 年平均蒸发量

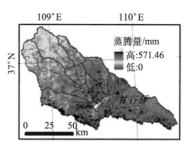

图 4-68 2002～2011 年平均蒸腾量

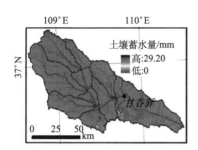

图 4-69 2002～2011 年平均土壤蓄水量

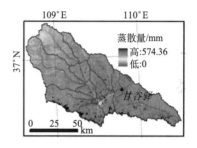

图 4-70 2002～2011 年平均蒸散量

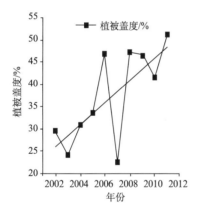

图 4-71 2002～2011 年植被盖度
变化趋势

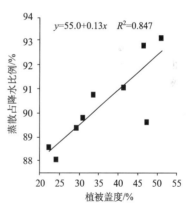

图 4-72 2002～2011 年植被变化
与蒸散变化关系

第5章 营养物质迁移计算

在自然地理系统中，围绕有机界发生的物质循环和能量转化过程称为生物循环。生物循环是更高级的物质循环形式。生物循环的基本途径有两种：一种是植物和微生物作为岩石风化壳及其土壤与大气之间的物质联系环节，而直接参与地质循环、水循环和大气循环运动过程，并通过它们自身的生物物理和生物化学作用促进水分循环以及水迁移元素和空气迁移元素在地球表层的循环；另一种途径是通过各种生物的生命活动与其无机环境进行物质交换（包括能量转化），即通过生物的新陈代谢作用，而促使自然地理系统的无机物和有机物在更广泛的范围内进行循环。这一过程包括碳循环、氮循环、磷循环、硫循环、微量营养元素循环和污染物循环等。

5.1 氮素循环过程模拟

氮素是生态系统最主要的养分之一。土壤氮素由有机氮和无机氮两大部分组成，其中有机态氮约占土壤全氮的90％左右。大多数有机氮不能被植物直接吸收利用，但是在植物生长过程中，有机氮通过矿化作用可以释放出无机氮，以满足植物生长的需要。土壤无机氮主要包括铵态氮、硝态氮和亚硝态氮等，其中亚硝态氮作为中间产物在一般土壤中的含量很少。铵态氮可分为土壤溶液中的铵、交换性铵和黏土矿物固定态铵。除了黏土矿物固定态铵，其余形态的无机态氮均可以直接被植物吸收，总称为速效氮。

氮素循环过程模拟包括水文过程模拟和氮素循环模拟（图5-1）。水文过程是氮素循环的动力因素，主要包括降雨过程，融雪过程，植被截留过程，蒸散发过程和产、汇流过程。氮素循环模拟主要包括植被中氮素循环模拟和土壤中氮素循环模拟两大部分。植被中氮素循环模拟主要包括植被营养元素吸收、植被NPP计算、生产力分配和凋落物计算；土壤中氮素循环模拟主要包括大气沉降、矿化、分解、硝化、反硝化和氨化的计算。

5.1.1 算法原理

氮素循环是指氮素通过不同途径进入生态系统，再经过诸多相互间的转化和移动过程后，又不同程度地离开这一系统。氮素在系统中输入的主要途径有施肥、大气沉降、生物固氮和凋落物的归返；氮素输出的主要途径有径流流失、渗漏（淋洗）淋失、氨挥发、硝化作用、反硝化作用和植物吸收；其中径流流失、渗漏淋失和土壤侵蚀损失是水体非点源氮污染的主要来源。目前，氮素循环模型可根据建模的方法划分为经验模型和机理模型；根据其模拟过程划分为简单过程模拟和多过程模型。

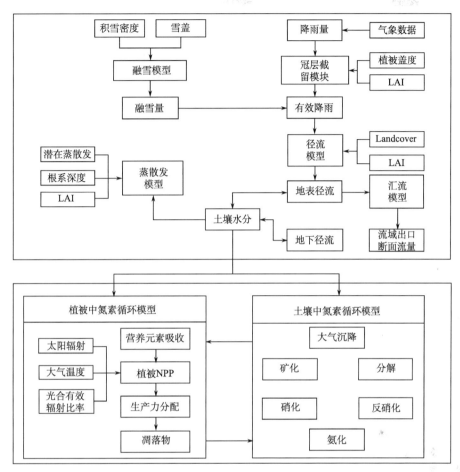

图 5-1　氮素循环过程模拟示意图

5.1.1.1　大气沉降与土壤中氮循环过程

1) 大气氮沉降

大气沉降的氮化合物有干湿沉降两种形式。湿沉降的氮种类主要是 NH_4^+ 和 NO_3^- 以及少量的可溶性有机氮。干沉降氮的形式主要有气态 NO、N_2O、NH_3 和 NHO_3，以及 $(NH_4)_2SO_4$ 和 NH_4NO_3，还有吸附在其他粒子上的氮。除了自然来源外，大气中的氮化合物主要来源于工业(NO_x)、化石燃料的燃烧(NO_x)、农田施肥和集约畜牧业(NO_x)。模拟湿沉降的 NO_3^-:

$$N_{rain} = 0.01 \cdot R_{NO_3} \cdot P \tag{5-1}$$

式中，N_{rain} 为随降雨增加的硝酸盐的量，kg N/hm²；R_{NO_3} 为降雨中硝酸根离子的浓度，mg N/L；P 为日降雨量，mm。

2）土壤中氮循环过程

自然界中氮元素动态循环过程复杂。从形态上看，可以将氮元素主要分为有机类和无机类两大类。从价态上看，氮元素在其转化过程中存在八个价态；从元素转化过程上看，氮元素循环主要包括微生物腐化分解过程、矿化过程、固定过程、吸附解析过程、硝化过程、反硝化过程和氨挥发过程。氮元素的循环过程示意图见图 5-2。

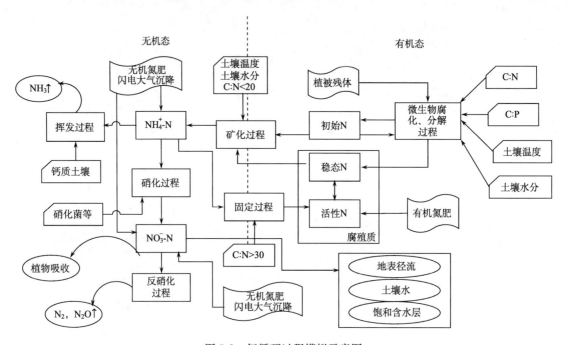

图 5-2　氮循环过程模拟示意图

土壤中氮元素的重要转化见图 5-3。从反应示意图中可以看到，模拟中需要预定义的氮素变量为硝态氮和铵态氮。模型中初始硝态氮和铵态氮值从土样测试实验获得，或者从研究区背景资料获得。

硝化过程：

$$NH_3 \longrightarrow NH_2OH \xrightarrow{\quad N_2O\uparrow\quad} NO_2^- \xrightarrow{\quad N_2O\uparrow\quad} NO_3^-$$

反硝化过程：

$$NO_3^- \longrightarrow NO_2^- \longrightarrow NO\uparrow \longrightarrow N_2O\uparrow \longrightarrow N_2\uparrow$$

氨挥发过程：遇钙和尿素

$$CaCO_3 + NH_4^+X \rightleftharpoons (NH_4)_2CO_3 + CaX_2$$

$$(NH_4)_2CO_3 \rightleftharpoons NH_3 + CO_2 + H_2O$$

图 5-3　土壤释氮反应示意图

5.1.1.2 反硝化过程

反硝化是指细菌在厌氧条件下将硝酸盐或亚硝酸盐还原成气态氮的过程。反硝化作用需要的三个条件是低氧、高硝酸盐浓度和可利用的有机碳。土壤含水量高会降低氧气可利用性，因为水阻碍了通过土壤孔隙的氧扩散。由于反硝化过程主要是通过异养细菌进行，有机碳底物的可利用性会限制反硝化作用。

当前，大多数氮循环的模型中均包括土壤反硝化模块，该模块的模型类型包括微生物生长模型(microbial growth model，MGM)、土壤结构模型(soil structural model，SSM)、简单的过程模型(simplified process model，SPM)等 3 类。由于微生物活动的复杂性和土壤结构的空间异质性，MGM 和 SSM 模型从表达形式到实际的应用都较为复杂，而 SPM 模型不考虑微生物活动和气体在土壤中的扩散作用，将土壤反硝化过程用容易测得的参数表达出来，如土壤水分、土壤温度和硝态氮含量等，因此 SPM 模型的应用性更强。研究中选用通用简单反硝化模型(Heinen，2006)对土壤反硝化过程进行模拟，模型表达式为

$$D_a = \alpha f_N f_S f_T f_{pH} \tag{5-2}$$

式中，D_a 为实际反硝化速率，mg N/(kg・d)或者 mg N/(m² ・ d)；f_N 为无维土壤硝酸盐衰减函数，范围为[0，1]；f_S 为无维土壤水分衰减函数；f_T 为无维土壤温度衰减函数；f_{pH} 为无维土壤酸碱性衰减函数；α 为可变系数，也是模型中的重要参数，根据假定的反应机理不同取值不同。

当 α 代表理想条件下的潜在反硝化速率时，则可用 D_p 表示，单位与 D_a 同；当假定硝酸盐按照一级动力学衰减时，α 为衰减系数 k_d。Heinen(2006)对 1990～2001 年资料调查表明，在所有采用 SPM 模块的氮循环模型中，35％的模型采用 D_p 表达式，65％采用表达式 k_d。研究中采用 D_p 表达式。其他函数的表达式如下：

$$f_N = \frac{N}{K + N} \tag{5-3}$$

$$f_S = \begin{cases} 0, & SW < S_t \\ \left(\dfrac{SW - S_t}{S_m - S_t}\right)^w, & S_t \leqslant SW \leqslant S_m \\ 1, & S_m < SW \end{cases} \tag{5-4}$$

$$f_T = \begin{cases} 0, & T_s \leqslant 0 \\ Q_{10}^{0.1(T_s - T_r)}, & 0 < T_s < T_r \\ 1, & T_r \leqslant T_s \end{cases} \tag{5-5}$$

$$f_{pH} = \begin{cases} 0, & pH \leqslant 3.5 \\ (pH - 3.5)/3, & 3.5 < pH < 6.5 \\ 1, & pH \geqslant 6.5 \end{cases} \tag{5-6}$$

式中，N 为土壤溶液中硝酸盐的浓度或者土壤中硝酸盐含量，mg N/kg；K 为当 $f_N = 0.5$ 时，土壤溶液中硝酸盐的浓度或者土壤中硝酸盐含量，mg N/kg；SW 为土壤实际的含水量，cm³/cm³；S_t 和 S_m 分别为低于 $f_S = 0$ 和高于 $f_S = 1$ 时所对应的土壤水分含量，cm³/

cm^3，通常在应用中 S_t 为田间持水量，S_m 取值为 1 或者 0.9；w 为线型参数，即决定曲线方程陡度的参数，f_S 中三个参数的统计见表 5-1；T_s 为实际的土壤温度，℃；T_r 为参考温度（通常取值为 25℃或者 20℃）；Q_{10} 为温度增长 10℃时反硝化速率的增长因子。

表 5-1　参数 S_m、S_t 和 w 在各模型中的统计

S_m	S_t	w	模型
1.0	1.6	1.0	CERES
1.0	S_{FC}	0.0	CREAMS-NT
1.0	0.85	2.0	DRAINMOD-N
1.0	0.62	1.735	Grundmann and Rolston
1.0	0.9	0.0	LASCAM-NP
1.0	0.62	1.74	NEMIS，STICS
1.0	0.5	2.5	NITDEN
1.0	0.9	1.0	NITWAT
1.0	0.58	2.0	SOILN
1.0	0.577	2.0	SONICG
1.0	$0.9-(T-10)/100$	1.0	STOTORASIM
1.0	S_{FC}	1.0	WASMOD
1.0	0.8	2.0	WAVE
1.0	0.9 或者 S_{FC}	1.0	WHNSIM

反硝化模型为

$$D_a = D_p f_A f_T [\alpha f_N + (1-\alpha) f_C] \tag{5-7}$$

$$f_A = \min\{1, \max[0.4, \beta f_A^{t-1} f_s (2 - \exp(-\gamma C))]\} \tag{5-8}$$

$$f_S = \min[1, 0.00304 \exp(0.0815 \, SW)] \tag{5-9}$$

$$f_T = \begin{cases} 0, & T_s < 0 \\ Q_{10}^{0.1(T_s-25)} & 0 < T_s < 25 \\ 1, & 25 \leqslant T_s \end{cases} \tag{5-10}$$

$$f_N = \min\left[1, \frac{N}{N_{crit}}\right] \tag{5-11}$$

$$f_C = \frac{C}{0.01 + C} \tag{5-12}$$

式中，D_a 为实际反硝化速率，kg N/(m²·d)；D_p 为潜在反硝化速率，kg N/(m²·d)；f_A 为无维土壤水分衰减函数；f_T 为无维土壤温度衰减函数；f_N 为无维土壤硝酸盐衰减函数；f_C 为无维土壤有机碳衰减函数；α 为硝酸盐对反硝化速度的影响系数(0.19)；β 为还原环境对反硝化影响的最大程度(1.5)；γ 为 C 含量对反硝化作用的影响，0.1kg/mg；SW 为土壤含水量，cm³/cm³；C 为反硝化过程中微生物需要的有效碳含量，mg C/kg；N_{crit} 为土层中反硝化反应 N 含量临界值(3mg N/kg)。

结合模型，增加 pH 影响因子项(Stacey et al.，2006)，采用的模型为

$$D_a = D_p f_N f_S f_T f_{pH} \tag{5-13}$$

参数方程为

$$D_p = \frac{4}{5} \cdot \frac{\alpha_{om}}{365} C \frac{14}{12} 10^6 \tag{5-14}$$

$$f_N = \min\left[1, \frac{N}{N_{crit}}\right] \tag{5-15}$$

$$f_S = \begin{cases} 0.000304\exp\left(8.15SW\right), & SW < SW_{FC} \\ \left(\dfrac{SW - SW_{FC}}{1 - SW_{FC}}\right)^w, & SW_{FC} \leqslant SW \leqslant SW_S \\ 1, & SW < SW_S \end{cases} \tag{5-16}$$

$$f_T = \begin{cases} 0, & T_s \leqslant 0 \\ Q_{10}^{0.1(T_s-25)}, & 0 < T_s < 25 \\ 1, & T_s \leqslant 25 \end{cases} \tag{5-17}$$

$$f_{pH} = \begin{cases} 0, & pH \leqslant 3.5 \\ (pH - 3.5)/3, & 3.5 < pH < 6.5 \\ 1, & pH \geqslant 6.5 \end{cases} \tag{5-18}$$

式中，SW 为土壤含水量，cm^3/cm^3；SW_{FC} 为土壤田间持水量，cm^3/cm^3；SW_S 为土壤饱和含水量，cm^3/cm^3；α_{om} 为土壤有机质衰减率；C 为土壤中有机碳的含量，g C/g；其他参数同上。

土壤水分参数的单位可以统一成 mm，也可统一成体积含水量，为后续模型的方便，均统一成 mm，即体积含水量与土层深度的乘积。

反硝化是水分含量、温度、碳含量和硝酸盐含量的函数，EcoHAT 中也耦合 SWAT 中反硝化模型，表述为

$$N_{denit,ly} = \begin{cases} NO_{3ly} \cdot [1 - \exp\left(-\beta_{denit} \cdot \gamma_{tmp,ly} \cdot orgC_{ly}\right)], & \gamma_{sw,ly} \geqslant \gamma_{sw,thr} \\ 0, & \gamma_{sw,ly} \leqslant \gamma_{sw,thr} \end{cases} \tag{5-19}$$

式中，$N_{denit,ly}$ 为反硝化损失的氮量，kg N/hm^2；NO_{3ly} 为土层硝酸盐含量，kg N/hm^2；β_{denit} 为反硝化系数；$\gamma_{tmp,ly}$ 为温度影响因子；$\gamma_{sw,ly}$ 为水分影响因子；$orgC_{ly}$ 为土层有机碳含量，%；$\gamma_{sw,thr}$ 为反硝化发生的阈值水分影响因子。

5.1.1.3　硝化过程与氨挥发过程

硝化是指 NH_4^+ 通过硝化细菌被氧化成 NO_2^- 和 NO_3^- 的过程。氨挥发是指石灰性土壤表面 NH_4^+ 或其他土壤表面尿素的气体损失过程。土壤中参与硝化和氨挥发反应的铵态氮总量见式(5-20)，其中硝化反应的速率见式(5-21)，氨挥发速率见式(5-22)。

$$N_{nit/vol,l} = NH_{4,l}^+ (1 - \exp[-\eta_{nit,l} - \eta_{vol,l}]) \tag{5-20}$$

$$N_{nit,l} = [1 - \exp(-\eta_{nit,l})]/[1 - \exp(-\eta_{nit,l}) + 1 - \exp(-\eta_{vol,l})] \times N_{nit/vol,l} \tag{5-21}$$

$$N_{vol,l} = [1 - \exp(-\eta_{vol,l})]/[1 - \exp(-\eta_{nit,l}) + 1 - \exp(-\eta_{vol,l})] \times N_{nit/vol,l} \tag{5-22}$$

参数方程为

$$\eta_{\mathrm{nit},l} = \eta_{\mathrm{tem},l} \cdot \eta_{\mathrm{s},l} \tag{5-23}$$

$$\eta_{\mathrm{vol},l} = \eta_{\mathrm{tem},l} \cdot \eta_{\mathrm{midz},l} \cdot \eta_{\mathrm{cec},l} \tag{5-24}$$

$$\eta_{\mathrm{tem},l} = 0.41 \cdot \frac{(T_{\mathrm{s},l} - 5)}{10} \qquad T_{\mathrm{s},l} > 5 \tag{5-25}$$

$$\eta_{\mathrm{s},l} = \begin{cases} \dfrac{\mathrm{SW} - \mathrm{SW_w}}{0.25 \cdot (\mathrm{SW_{FC}} - \mathrm{SW_w})}, & \mathrm{SW} < 0.25 \cdot \mathrm{SW_{FC}} - 0.75\,\mathrm{SW_w} \\ 1, & \mathrm{SW} \geqslant 0.25 \cdot \mathrm{SW_{FC}} - 0.75\,\mathrm{SW_w} \end{cases} \tag{5-26}$$

$$\eta_{\mathrm{midz},l} = 1 - \frac{Z_{\mathrm{mid},l}}{Z_{\mathrm{mid},l} + \exp(4.706 - 0.0305 \cdot Z_{\mathrm{mid},l})} \tag{5-27}$$

$$\eta_{\mathrm{cec},l} = 0.15 \tag{5-28}$$

式中，$N_{\mathrm{nit/vol},l}$ 为 l 土层中参与硝化和氨气挥发释放过程的铵态氮量，kg N/m²；$\mathrm{NH_4^+},l$ 为 l 土层中 $\mathrm{NH_4^+}$ 的含量，kg N/m²；$N_{\mathrm{nit},l}$ 为硝化反应速率，kg N/m²；$N_{\mathrm{vol},l}$ 为氨气挥发速率，kg N/m²；$\eta_{\mathrm{vol},l}$ 为 l 土层中氨气蒸发的影响因子；$\eta_{\mathrm{tem},l}$ 为温度影响因子；$\eta_{\mathrm{s},l}$ 为土壤水分影响因子；$\mathrm{SW_w}$ 为土壤萎蔫含水量；$\eta_{\mathrm{midz},l}$ 为土层深度影响因子；$\eta_{\mathrm{cec},l}$ 为阳离子交换影响因子；$T_{\mathrm{s},l}$ 为 l 土层的温度，℃；$Z_{\mathrm{mid},l}$ 为 l 土层半深度距离，mm。

5.1.1.4　矿化、分解过程

矿化是指土壤有机质碎屑中的氮素，在土壤动物和微生物作用下，由难于被植物吸收利用的有机态转化为可被植物直接吸收利用的无机态(主要为铵态氮)的过程，土壤氮素矿化受土壤肥力、土壤基质、土壤水热条件和土壤微生物等因素的综合影响。分解是指凋落物分解为简单的有机分子的过程；固定是指可被植物直接吸收利用的无机态在土壤动物和微生物的作用下转化为难于被植物吸收利用的有机态的过程。

1）腐殖质矿化

腐殖质活跃态有机氮和稳定态有机氮会发生相互转化，其过程表达为

$$N_{\mathrm{trns}} = \beta_{\mathrm{trns}}\, \mathrm{org}N_{\mathrm{act}} \cdot \left(\frac{1}{fr_{\mathrm{act,N}}} - 1\right) - \mathrm{org}N_{\mathrm{sta}} \tag{5-29}$$

式中，N_{trns} 为土壤上层活跃态和稳定态有机氮间转移的氮量，kg N/hm²；β_{trns} 为速率常数，取值 1×10^{-5}；org N_{act} 为土壤上层活跃态有机氮的含量，kg N/hm²；$fr_{\mathrm{act,N}}$ 为腐殖质氮中活跃态氮的分数，取值 0.02；$\mathrm{org}N_{\mathrm{sta}}$ 为土壤上层稳定态有机氮的含量，kg N/hm²。

如果 $N_{\mathrm{trns},1}$ 值为正，则氮从土壤上层活跃态有机氮转移到稳定态有机氮；反之，相反。

土壤上层腐殖质活跃态有机氮到硝酸盐的矿化过程表达为

$$N_{\mathrm{min\,a}} = \beta_{\mathrm{min}} \cdot \mathrm{org}N_{\mathrm{act}} \cdot (\gamma_{\mathrm{tem}} \cdot \gamma_{\mathrm{sw}})^{1/2} \tag{5-30}$$

式中，$N_{\mathrm{min\,a}}$ 为土壤上层腐殖质活跃态有机氮通过矿化作用转化为硝酸盐的氮量，kg N/hm²；β_{min} 为腐殖质活跃态有机养分的矿化系数，参考取值 0.0006；γ_{tem} 为温度影响因子；γ_{sw} 为水分影响因子。

温度影响因子 γ_{tem} 计算为

$$\gamma_{tem} = 0.9 \cdot \frac{T_{soil}}{T_{soil} + \exp[9.93 - 0.312 \cdot T_{soil}]} + 0.1 \tag{5-31}$$

式中，T_{soil} 为上层土壤温度，可用地表温度代替，℃。

水分影响因子 γ_{sw} 计算为

$$\gamma_{sw} = \frac{SW}{FC} \tag{5-32}$$

式中，SW 为上层土壤实际含水量，mm；FC 为上层土壤田间持水量，mm。

2）凋落物分解与矿化

新鲜有机氮的矿化过程表达为

$$N_{min f} = 0.8 \cdot \delta_{ntr} \cdot orgN_{frsh} \tag{5-33}$$

式中，$N_{min f}$ 为土壤上层新鲜有机氮通过矿化作用转化为硝酸盐的氮量，kg N/hm²；$orgN_{frsh}$ 为土壤上层新鲜有机氮含量，kg N/hm²，其主要来源为凋落物；δ_{ntr} 为凋落物腐烂速率，计算公式为

$$\delta_{ntr} = \beta_{rsd} \cdot \gamma_{tem} \cdot (\gamma_{tem} \cdot \gamma_{sw})^{1/2} \tag{5-34}$$

式中，β_{rsd} 为新鲜有机养分的矿化系数；γ_{tem} 为温度影响因子；γ_{sw} 为水分影响因子；γ_{ntr} 为土壤上层养分循环凋落物组成因子，计算公式为

$$\gamma_{ntr} = \min \begin{cases} \exp\left[-0.693 \cdot \dfrac{\varepsilon_{C:N} - 25}{25}\right] \\ \exp\left[-0.693 \cdot \dfrac{\varepsilon_{C:P} - 25}{25}\right] \\ 1.0 \end{cases} \tag{5-35}$$

式中，$\varepsilon_{C:N}$ 为上层土壤凋落物碳氮比；$\varepsilon_{C:P}$ 为上层土壤凋落物碳磷比，计算公式为

$$\varepsilon_{C:N} = \frac{0.58 \cdot rsd}{orgN_{fresh} + NO_3} \tag{5-36}$$

$$\varepsilon_{C:P} = \frac{0.58 \cdot rsd}{orgP_{fresh} + P_{solution}} \tag{5-37}$$

式中，rsd 为土壤上层凋落物含量，kg N/hm²；NO_3 为土壤上层硝酸盐含量，kg N/hm²；$orgP_{fresh}$ 为土壤上层新鲜有机磷含量，kg P/hm²；$P_{solution}$ 为土壤上层可溶性磷含量，kg P/hm²；0.58 为凋落物中碳的比例。

新鲜有机氮的分解过程表达为

$$N_{dec} = 0.2 \cdot \delta_{ntr} \cdot orgN_{fresh} \tag{5-38}$$

式中，N_{dec} 为土壤上层新鲜有机氮通过分解作用转化为腐殖质活跃态有机氮的氮量，kg N/hm²。

5.1.2 数据准备

氮素循环过程模拟主要包括 8 个子模块，分别是土壤温度计算模块，太阳辐射计算子模

块，净辐射计算子模块，潜在蒸散发计算子模块，植被净初级生产力计算子模块，施肥计算子模块，N、P 元素赋初值模块，氮素迁移计算子模块。前 7 个子模块主要为氮素迁移模块提供必需的计算参数。

5.1.2.1 土壤温度

土壤温度子模块有 6 个输入参数（表 5-2），计算公式采用 SWAT（Neitsch et al.，2009）模型中土壤温度的计算方法，模型名称为 Tsoil_function。输入参数的格式为 1 个文本格式，5 个 ENVI 标准文件格式。模型输出结果如表 5-3 所示。

表 5-2　土壤温度计算输入参数列表

序号	输入参数	数据格式	内容	单位
1	Tsoil_para_txt_0	文本格式	延滞系数 lag、年平均大气温度 Taair	
2	Ts_U+日期	栅格格式	前一日上层土壤温度	℃
3	Ts_L+日期	栅格格式	前一日下层土壤温度	℃
4	SW_U+日期	栅格格式	前一日上层土壤蓄水量	mm
5	SW_L+日期	栅格格式	前一日下层土壤蓄水量	mm
6	LST+日期	栅格格式	当日地表温度	℃

表 5-3　土壤温度计算输出参数列表

序号	输出参数	数据格式	内容	单位
1	Ts_U+日期	栅格格式	当日上层土壤温度	℃
2	Ts_L+日期	栅格格式	当日下层土壤温度	℃

1）输入参数获取方式

Tsoil_para_txt_0：延滞系数 lag 取值范围为 0.0～1.0；年均大气温度 Taair 为研究区年均气温，可查文献值或根据研究区多年气象数据求平均。

Ts_U+日期：为循环迭代算法，需赋初值。可采用实测数据插值；也可直接采用当日地表温度，将前几日结果作为模型预热。

Ts_L+日期：同上。

SW_U+日期：可以采用 RS-DTVGM 水文模型或者 Richards 方程等其他模型的土壤含水量估算结果。

SW_L+日期：同上。

LST+日期：可直接采用遥感产品，如 MODIS 数据——地表温度和地表发射率（MOD11）；也可采用模型反演的算法，例如覃志豪的单窗算法等。

2）数据的准备操作

Tsoil_para_txt_0：为文本文档，其中内容为一行两列矩阵，第一个位置放置延滞系数，第二个位置放置年均大气温度。

Ts_U＋日期/Ts_L＋日期：为 ENVI 标准格式的影像文件。当采用实测数据插值时在 ArcGIS 软件中采用 Geostatistical Analyst 模块操作即可，差值方法可选反距离加权法或克里金插值法。

SW_U＋日期/SW_L＋日期：为 ENVI 标准格式的影像文件。采用 RS-DTVGM 水文模型或者 Richards 方程等其他模型的土壤含水量估算结果。

LST＋日期：Ts 数据采用 MODIS 数据产品 MOD11A1，时间分辨率为 1d。MOD11为陆地 2、3 级标准数据产品，内容为地表温度和辐射率，Lambert 投影，空间分辨率 1km，地理坐标为 30″，每日数据为 2 级数据，每旬、每月数据合成为 3 级数据。

数据的处理采用 NASA 出品的 MRT（MODIS Reprojection Tool）软件进行（图 5-4）。MRT 软件能够对 MODIS 数据进行目标产品提取、投影转换、拼接、镶嵌、重采样和格式转换等重要操作。主要的功能如下。

Open Input File：载入 MODIS 数据，HDF 格式文件。

Input File Info：载入的文件信息。

Available Bands：载入的 MODIS 数据中的可用波段。

Selected Bands：选择目标波段。

Spatial Subset：可进行空间大小的设定。

Specify Output File：输出数据路径设置。

Output File：输出文件路径和名称显示。

Output File Type：输出文件格式设置，提供 3 种格式类型。

Resampling Type：重采样类型，提供 3 种常用的重采样类型。

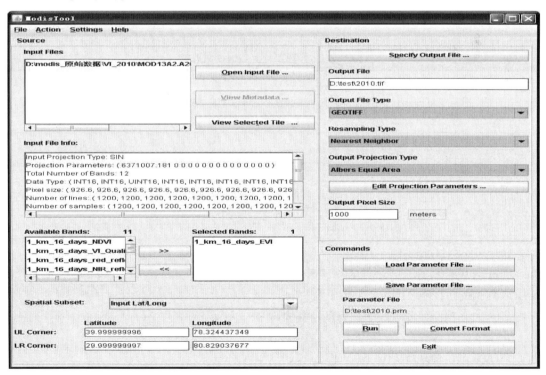

图 5-4　MRT 界面与主要功能

Output projection Type：输出文件投影设置，提供 14 种投影方式。

Edit Projection Parameters：设置投影参数，主要有投影区最南、最北纬度设置，投影区中央经线，参考椭球的选择等设置。

Output Pixel Size：输出文件像元的大小，单位为 m。

Load/Save Parameter File：可以载入和保存设置好的参数，批处理时常用。

5.1.2.2　太阳辐射

太阳辐射子模块有 7 个输入参数（表 5-4），计算公式采用 SEBS(Su，2001)模型中太阳辐射的计算方法，根据太阳辐射日变化正弦曲线推算日总入射太阳辐射，模型名称为 Rs_function。输入参数的格式为 1 个文本格式，6 个 ENVI 标准文件格式。模型输出结果如表 5-5 所示。

表 5-4　太阳辐射计算输入参数列表

序号	输入参数	数据格式	内容	单位
1	Rs_para_txt_0	文本格式	时区中央经度	度
2	Longitude	栅格格式	经度	度
3	Latitude	栅格格式	纬度	度
4	DEM	栅格格式	高程	m
5	T_rise＋日期	栅格格式	日出时间	h
6	T_set＋日期	栅格格式	日落时间	h
7	ViewTime＋日期	栅格格式	过境时间	h

表 5-5　太阳辐射计算输出参数列表

序号	输出参数	数据格式	内容	单位
1	Rs_instant＋日期	栅格格式	瞬时净辐射	W/m^2
2	Rs_day＋日期	栅格格式	日净辐射	$MJ/(m^2 \cdot d)$

1）输入参数获取方式

Rs_para_txt_0：查阅历史资料或者全球时区图。

Longitude：由 FY 数据参考影像获取。

Latitude：同上。

DEM：可采用 ASTER-GDEM 数据的 GDEM2 产品，空间分辨率为 26.35m，或者采用 STRM 数据的 STRM3 产品，分辨率为 90m。

T_rise：根据研究区经纬度信息计算太阳时。

T_set：同上。

ViewTime：查询研究区 MODIS 卫星的过境时间。

2）数据的准备操作

Rs_para_txt_0：为文本文件，文件中只有一个时区中央经度数值。

Longitude/Latitude：ENVI 标准格式文件，可由 FY 数据参考影像获取。也可采用 Arc-GIS 软件生成。具体的操作步骤是：首先，打开研究区图层，记录下能够包含研究区图框的 (X、Y) 坐标（地理坐标）记录在 txt 文件或 excel 文件中，X 表示经度，Y 表示纬度。其次，选择 ArcGIS 的"Tools—Add XY data"，选择刚才存储的 txt 文件，X 表示精度，Y 表示纬度，设置坐标系统为 WGS 1984。再次，选择 3D Analyst 模块，选择"Create TIN—Create TIN From Features"，其中"Heigh source"选择"X/Y"，选择 X 生成只有经度信息三角网，选择 Y 生成只有纬度信息的三角网，点击确定，选择保存文件位置。最后，选择 3D Analyst 模块，"Convert—TIN to Raster"，将生成的三角网文件转换成栅格格式文件。生成的栅格文件重新定义投影、调整栅格文件的格式和像元大小与其他数据的投影和像元大小保持一致，然后用研究区边界进行裁剪。

DEM：ENVI 标准格式文件。可采用 ASTER-GDEM 数据的 GDEM2 产品，空间分辨率为 26.35m，或者采用 STRM 数据的 STRM3 产品，分辨率为 90m。

T_rise/T_set：ENVI 标准格式文件。T_rise/T_set 以 Longitude/Latitude 为基础数据，以相应的算法得出，生成日尺度的数据。

ViewTime：ENVI 标准格式文件，可查询 MODIS 卫星的过境时间。

5.1.2.3 净辐射

净辐射子模块有 9 个输入参数（表 5-6），计算公式采用 SEBS(Su et al.，2001) 模型中净辐射的计算方法，根据太阳辐射日变化正弦曲线推算日地表净辐射，模型名称为 Rn_function。输入参数的格式全部为 ENVI 标准文件格式。净辐射计算模块输出见表 5-7。

表 5-6 净辐射计算输入参数列表

序号	输入参数	数据格式	内容	单位
1	Rs_instant＋日期	栅格格式	瞬时太阳辐射	w/m²
2	Emis31＋日期	栅格格式	MODIS 数据第 31 波段发射率	无量纲
3	Emis32＋日期	栅格格式	MODIS 数据第 32 波段发射率	无量纲
4	Tair_instant＋日期	栅格格式	瞬时气温	K
5	LST＋日期	栅格格式	地表温度	K
6	T_rise＋日期	栅格格式	日出时间	h
7	T_set＋日期	栅格格式	日落时间	h
8	ViewTime＋日期	栅格格式	过境时间	h
9	Albedo＋日期	栅格格式	MOD43B3 产品地表反照率	无量纲

表 5-7 净辐射计算输出参数列表

序号	输出参数	数据格式	内容	单位
1	Rn_instant＋日期	栅格格式	瞬时净辐射	W/m²
2	Rn_day＋日期	栅格格式	日净辐射	MJ/(m²·d)

1）输入参数获取方式

Rs_instant：采用太阳辐射模型计算结果。

Emis31：MODIS 数据——地表温度和发射率（MOD11A1）。

Emis32：同上。

Tair_instant：可采用研究区气象站点数据插值结果，或者使用遥感产品（如 GLDAS 产品）。

LST：可直接采用遥感产品，如 MODIS 数据——地表温度和地表发射率（MOD11）；也可采用模型反演的算法，如覃志豪的单窗算法等。

T_rise：根据研究区经纬度信息计算太阳时。

T_set：同上。

ViewTime：查询研究区 MODIS 卫星的过境时间。

Albedo：可直接采用遥感产品，如 MOD43B3 数据——地表反照率。

2）数据的准备操作

Rs_instant：ENVI 标准格式文件，采用太阳辐射模型计算结果。

Emis31/Emis32：ENVI 标准格式文件，采用 MODIS 数据产品 MOD11A1，应用 MRT 软件进行处理，提取目标产品即可。

Tair_instant：ENVI 标准格式文件，可采用研究区气象站点数据插值结果，在 ArcGIS 软件中采用 Geostatistical Analyst 模块操作，插值方法可选反距离加权法或克里金插值法。或者使用遥感产品，如 NASA 出品的全球陆地数据同化系统产品 GLDAS（global land data assimilation system）。GLDAS 数据下载后（http://gdata1.sci.gsfc.nasa.gov/daac-bin/G3/gui.cgi? instance_id＝GLDAS10_3H)先进行解码，并从解码文件中查看所需要的产品的索引。文件解码后，可启动 EcoHAT 系统轻松处理（图 5-5）。

图 5-5　启动 EcoHAT 中 GLDAS 数据处理平台

启动后的 GLDAS 数据处理平台见图 5-6。

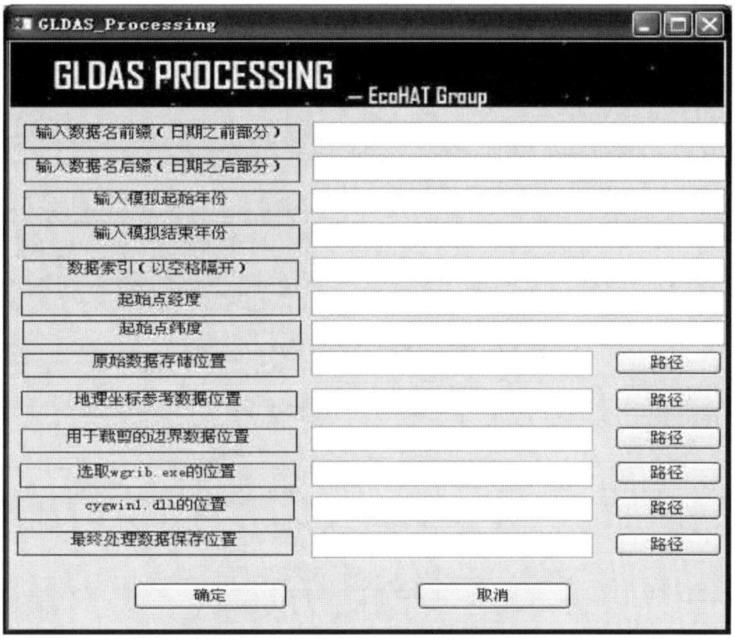

图 5-6　启动后的 GLDAS 数据处理平台

输入数据命名前缀（日期之前部分）：如一个 GLDAS 原始数据经解码后的文件是"GLDAS_NOAH025SUBP_3H. A2000055. 0600. 001. 2011322043441. pss. gr"，

那么这里就填写 GLDAS_NOAH025SUBP_3H. A。

输入数据命名后缀（日期之后部分）：如上例，则此处填 001. 2011322043441. pss. gr。

输入模拟起始年份：如上例，则填 2000（2000 年）。

输入模拟结束年份：看用户实际要处理的数据情况，如只处理 2000 年一年的，则填写 2000。

数据索引（以空格隔开）：在数据解码后，会生成两个文本文件，从其中选择查找目标数据的索引，如填写'2_3'，则目标产品是温度和风速，可同时填写多个索引，进行批处理。

起始点经度：解码文件中查找。

起始点纬度：解码文件中查找。

原始数据存储位置：原始数据存放路径。

地理坐标参考数据：ENVI 标准格式文件，文件的投影和坐标系统为用户指定。

用于裁剪边界的数据：边界数据可采用地理坐标参考数据，也可采用边界二值数据。

选取 wgrib. exe 的位置：此文件解码时用到，选择其位置路径即可。

选取 cygwinl. dll 的位置：此文件解码时用到，选择其位置路径即可。

最终处理数据保存位置：处理后文件保存路径。

LST：ENVI 标准格式文件，可直接采用遥感产品，如 MODIS 数据，应用 MRT 软件进行处理；也可采用模型反演的算法，如覃志豪的单窗算法等。

T_rise/T_set：ENVI 标准格式文件。T_rise/T_set 是以 Longitude/Latitude 为基

础的数据,以相应的算法得出,生成日尺度的数据。

ViewTime:ENVI 标准格式文件,可查询 MODIS 卫星的过境时间。

Albedo:可直接采用遥感产品,如 MOD43B3 数据——地表反照率,应用 MRT 软件进行处理,提取目标产品即可。

5.1.2.4 潜在蒸散发

潜在蒸散发子模块有 9 个输入参数(表 5-8),计算公式采用 FAO P-M(Kristensen and Jensen,1975)算法中潜在蒸散发的计算方法,模型名称为 PenmanMoteith _ function。输入参数的格式全部为 ENVI 标准文件格式。潜在蒸散发计算输出如表 5-9 所示。

表 5-8　潜在蒸散发计算输入参数列表

序号	输入参数	数据格式	内容	单位
1	Kc+日期	栅格格式	作物系数	无量纲
2	Tair+日期	栅格格式	日均气温	℃
3	DEM	栅格格式	高程	m
4	RH+日期	栅格格式	空气相对湿度	%
5	Boundary _ 0	栅格格式	研究区边界	无量纲
6	Rn+日期	栅格格式	日净辐射	$MJ/(m^2 \cdot d)$
7	U2+日期	栅格格式	2m 处风速	m/s
8	Vegcover+日期	栅格格式	植被盖度	无量纲
9	Landuse	栅格格式	土地利用类型	无量纲

表 5-9　潜在蒸散发计算输出参数列表

序号	输出参数	数据格式	内容	单位
1	ETp+日期	栅格格式	潜在蒸散发	mm

1) 数据获取方式

Kc:在没有试验资料的情况下,可采用联合国粮食及农业组织(简称联合国粮农组织,FAO)给出的不同作物各发育阶段作物系数经验值。

DEM:可采用 ASTER-GDEM 数据的 GDEM2 产品,空间分辨率为 26.35m,或者采用 STRM 数据的 STRM3 产品,分辨率为 90m。

Tair:可采用研究区气象站点数据插值结果,或者使用遥感产品(如 GLDAS 产品)。

RH:同上。

Rn:同上。

U2:同上。

Boundary _ 0:研究区边界的 .shp 文件转为栅格。

Vegcover:采用模型反演的方法获取,如采用 MODIS 数据——叶面积指数/光合有效辐射吸收比率(MOD15)根据 Nilson(1971)提出的计算方法进行反演。

Landuse:采用目视解译、监督分类或者直接采用现有的遥感产品。

2）数据的准备操作

Kc：ENVI 标准格式文件，在没有试验资料的情况下，可采用联合国粮农组织给出的不同作物各发育阶段作物系数经验值。

DEM：ENVI 标准格式文件，可采用 ASTER-GDEM 数据的 GDEM2 产品，空间分辨率为 26.35m，或者采用 STRM 数据的 STRM3 产品，分辨率为 90m。

Tair/RH/Rn/U2：ENVI 标准格式文件，可采用研究区气象站点数据插值结果，在 ArcGIS 软件中采用 Geostatistical Analyst 模块操作，插值方法可选反距离加权法或克里金插值法。或者使用遥感产品（如 GLDAS 产品），处理方法见上文。

Boundary：ENVI 标准格式文件，研究区边界的 .shp 文件转为栅格，也可采用二值数据。

Vegcover：ENVI 标准格式文件，采用模型反演的方法获取，如采用 MODIS 数据——叶面积指数/光合有效辐射吸收比率（MOD15）根据 Nilson（1971）提出的计算方法进行反演。

Landuse：ENVI 标准格式文件，采用目视解译、监督分类或者直接采用现有的遥感产品。

5.1.2.5 植被净初级生产力

植被净初级生产力子模块有 7 个输入参数（表 5-10），计算公式采用 CASA 模型中植被净初级生产力的计算方法，模型名称为 npp _ casa _ function。输入参数中 1 个为文本格式，6 个为 ENVI 标准文件格式。植被净初级生产力计算输出如表 5-11 所示。

表 5-10 植被净初级生产力计算输入参数列表

序号	输入参数	数据格式	内容	单位
1	NPP _ txt _ 0	文本格式	最大光能利用率（e _ solar）	g C/MJ
2	Landuse	栅格格式	土地利用类型	无量纲
3	Q _ day＋日期	栅格格式	太阳净辐射	MJ/m²
4	Fpar＋日期	栅格格式	植被层对入射光合有效辐射的吸收比例	无量纲
5	Tair＋日期	栅格格式	日均气温	℃
6	ETp＋日期	栅格格式	潜在蒸散发	mm
7	ETa＋日期	栅格格式	实际蒸散发	mm

表 5-11 植被净初级生产力计算输出参数列表

序号	输出参数	数据格式	内容	单位
1	NPP＋日期	栅格格式	当日 NPP	g C/m²

1）输入参数获取方式

NPP _ txt _ 0：最大光能利用率 e _ solar 参考朱文泉（2007）研究结果进行取值。

Landuse：采用目视解译、监督分类或者直接采用现有的遥感产品。

Q_day：采用太阳辐射模型计算结果。

Fpar：可直接采用遥感产品，如 MODIS 数据——叶面积指数/光合有效辐射吸收比率（MOD15）。

Tair：可采用研究区气象站点数据插值结果，或者使用遥感产品（如 GLDAS 产品）。

ETp：采用潜在蒸散发模型计算结果。

ETa：采用 RS-DTVGM 水文模型计算结果。

2）数据的准备操作

NPP_txt_0：文本格式文件，存放不同植被类型光能利用率。

Landuse：ENVI 标准格式文件，采用目视解译、监督分类或者直接采用现有的遥感产品。

Q_day：ENVI 标准格式文件，采用上述太阳辐射模型计算结果。

Fpar：ENVI 标准格式文件，可直接采用遥感产品，如 MODIS 数据——叶面积指数/光合有效辐射吸收比率（MOD15）。MODIS 数据采用 MRT 软件进行操作处理。

Tair：ENVI 标准格式文件，可采用研究区气象站点数据插值结果，在 ArcGIS 软件中采用 Geostatistical Analyst 模块操作，插值方法可选反距离加权法或克里金插值法，或者使用遥感产品（如 GLDAS 产品），处理方法见上文。

ETp：ENVI 标准格式文件，采用上述潜在蒸散发模型计算结果。

ETa：ENVI 标准格式文件，采用 RS-DTVGM 水文模型计算结果。

5.1.2.6　施肥模块

施肥子模块有 8 个输入参数（表 5-12），计算公式采用 SWAT（Neitsch et al.，2009）模型中施肥的计算方法，模型名称为 fert。输入参数中 1 个为文本格式，7 个为 ENVI 标准文件格式。施肥模块计算输出结果如表 5-13 所示。

表 5-12　施肥模块计算输入参数列表

序号	输入参数	数据格式	内容	单位
1	Fert_para_txt_0	文本格式	土地利用类型、施肥日期[月份（month）、天（day）]、施肥量（fert）、肥料中氮含量（fert N）、肥料中氨氮含量（fert NH_4）、肥料中磷含量（fert P）、上层土壤施肥比例（fr_U）	
2	Landuse_0	栅格格式	土地利用类型	无量纲
3	NO_3_U+日期	栅格格式	施肥前一天上层硝酸盐含量	kg/hm^2
4	NO_3_L+日期	栅格格式	施肥前一天下层硝酸盐含量	kg/hm^2
5	NH_4_U+日期	栅格格式	施肥前一天上层氨氮含量	kg/hm^2
6	NH_4_L+日期	栅格格式	施肥前一天下层氨氮含量	kg/hm^2
7	PSO_U+日期	栅格格式	施肥前一天上层可溶性磷含量	kg/hm^2
8	PSO_L+日期	栅格格式	施肥前一天下层可溶性磷含量	kg/hm^2

表 5-13　施肥模块计算输出参数列表

序号	输出参数	数据格式	内容	单位
1	NO_3 _ U＋日期	栅格格式	上层硝酸盐含量	kg/hm^2
2	NO_3 _ L＋日期	栅格格式	下层硝酸盐含量	kg/hm^2
3	NH_4 _ U＋日期	栅格格式	上层氨氮含量	kg/hm^2
4	NH_4 _ L＋日期	栅格格式	下层氨氮含量	kg/hm^2
5	PSO _ U＋日期	栅格格式	上层可溶性磷含量	kg/hm^2
6	PSO _ L＋日期	栅格格式	下层可溶性磷含量	kg/hm^2

1）输入参数获取方式

Fert _ para _ txt _ 0：采用实地调查结果，注意折纯。

NO_3 _ U＋日期：可采用实测值，或者氮磷循环迁移模型计算结果。

NO_3 _ L＋日期：同上。

NH_4 _ U＋日期：同上。

NH_4 _ L＋日期：同上。

PSO _ U＋日期：同上。

PSO _ L＋日期：同上。

2）数据的准备操作

Fert _ para _ txt _ 0：文本文件，内容有土地利用类型代码、施肥日期、肥料中氮素含量、肥料中氨氮的含量、肥料中磷素的含量，所有的这些值为元素含量，非化肥用量，注意折纯。

NO_3 _ U＋日期/NO_3 _ L＋日期/NH_4 _ U＋日期/PSO _ U＋日期/PSO _ L＋日期：ENVI 标准格式文件，可采用实测值，如格网采样插值或者采用氮磷循环迁移模型计算结果。

5.1.2.7　N、P 元素赋初值

N、P 元素赋初值子模块有 8 个输入参数（表 5-14），计算公式采用 SWAT（Neitsch et al.，2009）模型中赋初值的计算方法，模型名称为 NPInitial _ function。输入参数中 3 个为文本格式，5 个为 ENVI 标准文件格式。N、P 元素赋初值计算输出如表 5-15 所示。

表 5-14　N、P 元素赋初值计算输入参数列表

序号	输入参数	数据格式	内容	单位
1	Initial1 _ txt	文本格式	各土地利用类型的磷可利用系数	无量纲
2	Initial2 _ txt	文本格式	土层厚度，1/2 土层厚度	mm
3	Initial3 _ txt	文本格式	各土壤类型的有机质含量（%）、全氮含量（%）、氨氮含量（ppm）、全磷含量（%）、速效磷含量（ppm）	

续表

序号	输入参数	数据格式	内容	单位
4	Landuse	栅格格式	土地利用类型	无量纲
5	Soil	栅格格式	土壤类型	无量纲
6	Bulkd _ U	栅格格式	上层土壤容重	mg/m³
7	Bulkd _ L	栅格格式	下层土壤容重	mg/m³
8	Lit＋日期	栅格格式	植被凋落物	kg/hm²

表 5-15　N、P 元素赋初值计算输出参数列表

序号	输出参数	数据格式	内容	单位
1	OC _ U	栅格格式	初始上层有机碳含量	%
2	OC _ L	栅格格式	初始下层有机碳含量	%
3	NO₃ _ U＋日期	栅格格式	初始上层硝酸盐含量	kg/hm²
4	NO₃ _ L＋日期	栅格格式	初始下层硝酸盐含量	kg/hm²
5	ONA _ U＋日期	栅格格式	初始上层活跃态有机氮含量	kg/hm²
6	ONA _ L＋日期	栅格格式	初始下层活跃态有机氮含量	kg/hm²
7	ONS _ U＋日期	栅格格式	初始上层稳定态有机氮含量	kg/hm²
8	ONS _ L＋日期	栅格格式	初始下层稳定态有机氮含量	kg/hm²
9	ONF _ U＋日期	栅格格式	初始上层新鲜有机氮含量	kg/hm²
10	NH₄ _ U＋日期	栅格格式	初始上层氨氮含量	kg/hm²
11	NH₄ _ L＋日期	栅格格式	初始下层氨氮含量	kg/hm²
12	PSO _ U＋日期	栅格格式	初始上层可溶性磷含量	kg/hm²
13	PSO _ L＋日期	栅格格式	初始下层可溶性磷含量	kg/hm²
14	MPA _ U＋日期	栅格格式	初始上层活跃态矿物质磷含量	kg/hm²
15	MPA _ L＋日期	栅格格式	初始下层活跃态矿物质磷含量	kg/hm²
16	MPS _ U＋日期	栅格格式	初始上层稳定态矿物质磷含量	kg/hm²
17	MPS _ L＋日期	栅格格式	初始下层稳定态矿物质磷含量	kg/hm²
18	OP _ U＋日期	栅格格式	初始上层有机磷含量	kg/hm²
19	OP _ L＋日期	栅格格式	初始下层有机磷含量	kg/hm²
20	OPF _ U＋日期	栅格格式	初始上层新鲜有机磷含量	kg/hm²

1）输入参数获取方式

Initial1 _ txt：按土地利用类型赋值。采用研究区历史资料或者实验测定结果，SWAT 模型默认值为 0.4。

Initial2 _ txt：根据研究区模拟土层厚度设置。

Initial3 _ txt：采用研究区历史资料或者实验测定结果。

Landuse：采用目视解译、监督分类或者直接采用现有的遥感产品。

Soil _ 0：来自全国土壤数据库。

Bulkd _ U _ 0：根据 HWSD 数据库查询结果按土壤类型赋值。

Bulkd _ L _ 0：同上。

2）数据的准备操作

Initial1_txt：文本文件，存放各土地利用类型的磷可利用系数。

Initial2_txt：文本文件，根据研究区模拟土层厚度设置。

Initial3_txt：文本文件，采用研究区历史资料或者实验测定结果。

Landuse：ENVI 标准文件，采用目视解译、监督分类或者直接采用现有的遥感产品。

Soil_0：ENVI 标准文件，来自全国土壤数据库，采用研究区边界在 ArcGIS 中直接裁剪全国土壤数据，然后将其转换为 ENVI 标准格式文件即可。

Bulkd_U_0/Bulkd_L_0：ENVI 标准文件，根据 HWSD 数据库查询结果按土壤类型赋值。HWSD(harmonized world soil database)是由联合国粮农组织(FAO)和维也纳国际应用系统分析研究所(简称维也纳国际应用研究所，IIASA)联合构建的全球土壤属性数据库。根据研究区土壤类型，在 HWSD 中查询研究区土壤类型的基本属性，如容重、机械组成等信息(图 5-7)。然后在 ArcGIS 中对土壤类型图增加相应的土壤属性字段，并输入相应的土壤类型基本信息，然后将 shp 格式文件转化为 ENVI 标准格式文件即可。

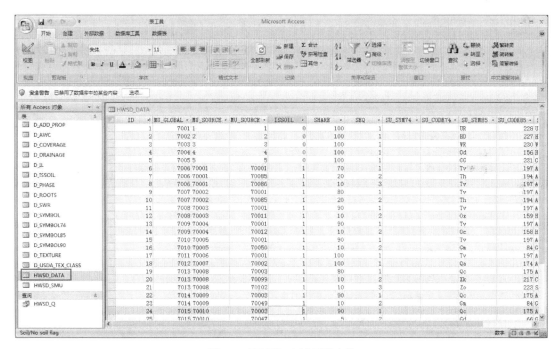

图 5-7　HWSD 土壤属性查询

5.1.2.8　氮循环迁移模型

氮循环迁移子模块有 43 个输入参数(表 5-16)，计算公式采用 SWAT(Neitsch et al.，2009)模型中氮循环的计算方法，模型名称为 Nitrogen_function。输入参数中 5 个为文本格式，38 个为 ENVI 标准文件格式。氮循环迁移模型计算输出结果如表 5-17 所示。

表 5-16　氮循环迁移模型计算输入参数列表

序号	输入参数	数据格式	内容	单位
1	Alloc _ txt	文本格式	比叶面积(SLA)、叶片凋落系数(affh)、根系凋落系数(Kra)	
2	Demand _ txt	文本格式	各类型各组织的氮磷养分浓度、叶片养分返回系数(Kretra)、养分吸收分布参数(b)、根系深度	
3	NPmindn _ para _ txt	文本格式	矿化速率常数(Bmin)、新鲜有机养分的矿化系数(Brsd)、反硝化系数(Bdenit)、反硝化发生的阈值水分影响因子(Rswthr)、活跃有机氮比例	
4	Nrain _ txt	文本格式	降雨中氮的浓度(RNO_3)	mg/L
5	NO_3move _ txt	文本格式	硝酸盐渗漏系数(BNO_3)ANION _ EXCL、地下径流中硝酸盐含量(GW _ NO_3)	
6	Landuse	栅格格式	土地利用类型	无量纲
7	FC _ U	栅格格式	上层土壤田间含水量	%
8	FC _ L	栅格格式	下层土壤田间含水量	%
9	WP _ U	栅格格式	上层土壤凋萎含水量	%
10	WP _ L	栅格格式	下层土壤凋萎含水量	%
11	SAT _ U	栅格格式	上层土壤饱和含水量	%
12	SAT _ L	栅格格式	下层土壤饱和含水量	%
13	OC _ U	栅格格式	上层有机碳含量	kg/hm^2
14	OC _ L	栅格格式	下层有机碳含量	kg/hm^2
15	Bulkd	栅格格式	土壤容重	mg/m^3
16	LAI＋日期	栅格格式	当日叶面积指数	m^2/m^2
17	LAI0＋日期	栅格格式	前一日叶面积指数	m^2/m^2
18	NPP＋日期	栅格格式	当日净第一性生产力	g C/m^2
19	NPP0＋日期	栅格格式	前一日净第一性生产力	g C/m^2
20	Ts _ U＋日期	栅格格式	当日上层土壤温度	℃
21	Ts _ L＋日期	栅格格式	当日下层土壤温度	℃
22	Precipitation＋日期	栅格格式	当日降水量	mm
23	Rs＋日期	栅格格式	当日地表径流	mm
24	Perc _ U＋日期	栅格格式	当日上层渗漏水量	mm
25	Perc _ L＋日期	栅格格式	当日下层渗漏水量	mm
26	Interflow＋日期	栅格格式	当日壤中流	mm
27	Rg＋日期	栅格格式	当日地下径流	mm
28	Sed＋日期	栅格格式	当日土壤侵蚀量	t/m^2
29	Lit＋日期	栅格格式	前一日植被凋落物	kg/hm^2
30	FB＋日期	栅格格式	前一日叶片分配的 NPP	g C/m^2
31	NO_3 _ U＋日期	栅格格式	前一日上层硝态氮含量	kg/hm^2

续表

序号	输入参数	数据格式	内容	单位
32	NO₃_L+日期	栅格格式	前一日下层硝态氮含量	kg/hm²
33	ONA_U+日期	栅格格式	前一日上层活跃态有机氮含量	kg/hm²
34	ONA_L+日期	栅格格式	前一日下层活跃态有机氮含量	kg/hm²
35	ONS_U+日期	栅格格式	前一日上层稳定态有机氮含量	kg/hm²
36	ONS_L+日期	栅格格式	前一日下层稳定态有机氮含量	kg/hm²
37	ONF_U+日期	栅格格式	前一日上层新鲜有机氮含量	kg/hm²
38	SW_U+日期	栅格格式	前一日上层土壤实际含水量	%
39	SW_L+日期	栅格格式	前一日下层土壤实际含水量	%
40	NH₄_U+日期	栅格格式	前一日上层氨氮含量	kg/hm²
41	NH₄_L+日期	栅格格式	前一日下层氨氮含量	kg/hm²
42	Fert_NH₄_U+日期	栅格格式	当日施铵氮折纯量	kg/hm²
43	Fert_NO₃_U+日期	栅格格式	当日施硝酸盐折纯量	kg/hm²

表 5-17　氮循环迁移模型计算输出参数列表

序号	输出参数	数据格式	内容	单位
1	Lit+日期	栅格格式	当日植被凋落物	kg/hm²
2	FB+日期	栅格格式	当日叶片分配的 NPP	g C/m²
3	NO₃_U+日期	栅格格式	当日上层硝态氮含量	kg/hm²
4	NO₃_L+日期	栅格格式	当日下层硝态氮含量	kg/hm²
5	ONA_U+日期	栅格格式	当日上层活跃态有机氮含量	kg/hm²
6	ONA_L+日期	栅格格式	当日下层活跃态有机氮含量	kg/hm²
7	ONS_U+日期	栅格格式	当日上层稳定态有机氮含量	kg/hm²
8	ONS_L+日期	栅格格式	当日下层稳定态有机氮含量	kg/hm²
9	ONF_U+日期	栅格格式	当日上层新鲜有机氮含量	kg/hm²
10	NH₄_U+日期	栅格格式	当日上层氨氮含量	kg/hm²
11	NH₄_L+日期	栅格格式	当日下层氨氮含量	kg/hm²
12	Nup+日期	栅格格式	当日植被生长吸收的氮	kg/hm²
13	NO₃surf+日期	栅格格式	当日随地表径流流失的硝态氮	kg/hm²
14	NO₃lat+日期	栅格格式	当日随壤中流流失的硝态氮	kg/hm²
15	NO₃perc+日期	栅格格式	当日随渗漏流失的硝态氮	kg/hm²
16	NO₃gw+日期	栅格格式	当日随地下径流流失的硝态氮	kg/hm²
17	Onsurf+日期	栅格格式	当日地表径流流失的有机氮	kg/hm²

1）输入参数获取方式

Alloc_txt：比叶面积（SLA）参考 MOD17 的查找表进行取值，如表 5-18 所示；叶片凋落系数（affh）和根系凋落系数（Kra）来自研究区历史资料或者实验测定结果。

表 5-18　不同植被类型比叶面积列表

植被类型	比叶面积/(m²/kg)	植被类型	比叶面积/(m²/kg)
常绿针叶林	21.1	落叶灌丛及稀树草原	33.8
常绿阔叶林	23.3	矮林灌丛	12.0
落叶针叶林	31.0	稀疏灌丛	19.0
落叶阔叶林	26.2	草地	40.0
混交林	21.5	耕作植被	36.0
灌木林	33.8		

Demand_txt：各植被类型各组织的氮磷养分浓度、叶片养分返回系数(Kretra)、养分吸收分布参数(b)、根系深度。

NPmindn_para_txt：数据来自研究区历史资料或者实验测定结果。没有数据情况下，可采用 SWAT 模型默认值，矿化速率常数(Bmin)默认值为 0.0003；新鲜有机养分的矿化系数(Brsd)默认值为 0.05；反硝化系数(Bdenit)取值范围为 0.0～3.0，默认值为 1.4；反硝化发生的阈值水分影响因子(Rswthr)默认值为 1.1；活跃有机氮比例默认值为 0.02。

Nrain_txt：数据来自研究区历史资料或者实验测定结果。没有数据情况下，可采用 SWAT 模型默认值为 1.0 mg N/L。

NO_3move_txt：数据来自研究区历史资料或者实验测定结果。没有数据情况下，可采用 SWAT 模型默认值，硝酸盐渗漏系数(BNO_3)取值范围为 0.01～1.0，默认值为 0.2；孔隙度分数(ANION_EXCL)默认值为 0.5；地下径流中硝酸盐含量(GW_NO_3)采用研究区历史资料或者实验测定结果。

Landuse：采用目视解译、监督分类或者直接采用现有的遥感产品。

FC_U：采用 SPAW 模型计算结果，参见土壤水数据获取。

FC_L：同上。

WP_U：同上。

WP_L：同上。

SAT_U：同上。

SAT_L：同上。

OC_U：根据 HWSD 数据库查询结果按土壤类型赋值。

OC_L：同上。

Bulkd：根据 HWSD 数据库查询结果按土壤类型赋值。

LAI：采用模型反演或者直接使用遥感产品，如 MODIS 数据——叶面积指数/光合有效辐射吸收比率(MOD15)。

LAI0：同上。

NPP：采用 NPP 模型计算结果。

NPP0：同上。

Ts_U：采用土壤温度模型计算结果。

Ts_L：同上。

Precipitation：采用研究区气象站点数据插值结果，或者使用遥感产品(如 FY 产品)。

Rs：采用 RS-DTVGM 水文模型计算结果。

Perc_U：采用 SW_U 的 5%。

Perc_L：采用 SW_L 的 5%。

Interflow：采用 RS-DTVGM 水文模型计算结果。

Rg：同上。

Sed：采用 MUSLE 方程或者 USLE 方程计算结果。

Lit：为循环迭代算法，需赋初值。

FB：为循环迭代算法，需赋初值。

NO_3_U：为循环迭代算法，赋初值见 N、P 元素赋初值模块。

NO_3_L：同上。

ONA_U：同上。

ONA_L：同上。

ONS_U：同上。

ONS_L：同上。

SW_U：可以采用 RS-DTVGM 水文模型或者 Richards 方程等其他模型的土壤含水量估算结果。

SW_L：同上。

ONF_U：为循环迭代算法，赋初值见 N、P 元素赋初值模块。

NH_4_U：同上。

NH_4_L：同上。

Fert_NH_4_U：采用施肥模块计算结果。

Fert_NO_3_U：同上。

2）数据的准备操作

Alloc_txt：文本文件，文件内为 5 行 3 列的数值矩阵。比叶面积（SLA）参考 MOD17 的查找表进行取值；叶片凋落系数（affh）和根系凋落系数（Kra）来自研究区历史资料或者实验测定结果。

Demand_txt：文本文件，文件内为 5 行 10 列的数值矩阵。各植被类型各组织的氮磷养分浓度、叶片养分返回系数（Kretra）、养分吸收分布参数（b）、根系深度。数据来自研究区历史资料或者实验测定结果。

NPmindn_para_txt：文本文件，文件内为 2 行 5 列的数值矩阵。数据来自研究区历史资料或者实验测定结果。

Nrain_txt：文本文件，文件内为 2 行 1 列的数值矩阵。数据来自研究区历史资料或者实验测定结果。

NO_3move_txt：文本文件，文件内为 2 行 3 列的数值矩阵。数据来自研究区历史资料或者实验测定结果。

Landuse：ENVI 标准格式文件，采用目视解译、监督分类或者直接采用现有的遥感产品。

FC_U/FC_L/WP_U/WP_L/SAT_U/SAT_L：ENVI 标准格式文件，采用

SPAW 模型计算结果。

运用 SPAW（http：//hydrolab. arsusda. gov/SPAW/index. htm）模型提供的 SWCT 模块，通过输入土壤属性的黏粒和砂粒含量，估算各种类型土壤的饱和含水量、田间持水量和凋萎含水量。在 ArcGIS 中对土壤类型图加土壤含水量属性字段，并将用 SWCT 计算出的土壤含水量数值以图斑为单位输入，然后变换成 ENVI 标准格式（图 5-8）。

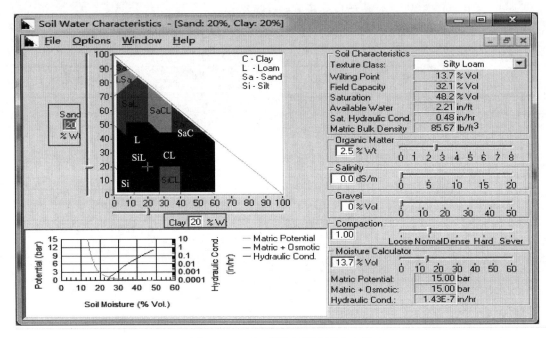

图 5-8　SWCT 模块计算土壤含水量

OC _ U/OC _ L：ENVI 标准格式文件，根据 HWSD 数据库查询结果按土壤类型赋值。

Bulkd：ENVI 标准格式文件，根据 HWSD 数据库查询结果按土壤类型赋值。

LAI/LAI0：ENVI 标准格式文件，采用模型反演或者直接使用遥感产品，如 MODIS 数据——叶面积指数/光合有效辐射吸收比率（MOD15），MODIS 数据采用 MRT 软件进行处理。

NPP/NPP0：ENVI 标准格式文件，采用 NPP 模型计算结果，上文已介绍。

Ts _ U/Ts _ L：ENVI 标准格式文件，采用土壤温度模型计算结果，上文已介绍。

Precipitation：ENVI 标准格式文件，采用研究区气象站点数据插值结果，在 ArcGIS 软件中采用 Geostatistical Analyst 模块操作，插值方法可选反距离加权法或克里金插值法。或者使用遥感产品（如 FY 产品）。

Rs：ENVI 标准格式文件，采用 RS-DTVGM 水文模型计算结果。

Perc _ U：ENVI 标准格式文件，采用 SW _ U 数值的 5%。

Perc _ L：ENVI 标准格式文件，采用 SW _ L 数值的 5%。

Interflow：ENVI 标准格式文件，采用 RS-DTVGM 水文模型计算结果。

Rg：ENVI 标准格式文件，采用 RS-DTVGM 水文模型计算结果。

Sed：ENVI 标准格式文件，采用 MUSLE 方程或者 USLE 方程计算结果。

Lit：ENVI 标准格式文件，为循环迭代算法，需赋初值。

FB：ENVI 标准格式文件，为循环迭代算法，需赋初值。

NO$_3$ _ U/NO$_3$ _ L/ONA _ U/ONA _ L/ONS _ U/ONS _ L：ENVI 标准格式文件，为循环迭代算法，赋初值见 N、P 元素赋初值模块。

SW _ U/SW _ L：ENVI 标准格式文件，可以采用 RS-DTVGM 水文模型或者 Richards 方程等其他模型的土壤含水量估算结果。

ONF _ U/NH$_4$ _ U/NH$_4$ _ L：ENVI 标准格式文件，为循环迭代算法，赋初值见 N、P 元素赋初值模块。

Fert _ NH$_4$ _ U/Fert _ NO$_3$ _ U：ENVI 标准格式文件，采用施肥模块计算结果。

5.1.3　操作步骤

5.1.3.1　土壤温度计算

将准备好的数据放入同一个文件中，文件的命名要遵守列表中的命名规则。然后运行 EcoHAT 计算土壤温度(图 5-9)。

5.1.3.2　太阳辐射计算

将准备好的数据放入同一个文件中，文件的命名要遵守列表中的命名规则。然后运行 EcoHAT 计算太阳辐射(图 5-10)。

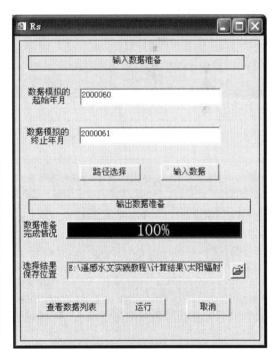

图 5-9　启动 EcoHAT 计算土壤温度　　　　图 5-10　启动 EcoHAT 计算太阳辐射

5.1.3.3　净辐射计算

将准备好的数据放入同一个文件中，文件的命名要遵守列表中的命名规则。然后运行 EcoHAT 计算净辐射(图 5-11)。

5.1.3.4　潜在蒸散发计算

将准备好的数据放入同一个文件中，文件的命名要遵守列表中的命名规则。然后运行 EcoHAT 计算潜在蒸散发(图 5-12)。

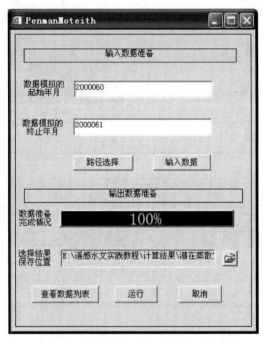

图 5-11　启动 EcoHAT 计算净辐射　　　　图 5-12　启动 EcoHAT 计算潜在蒸散发

5.1.3.5　植被净初级生产力计算

将准备好的数据放入同一个文件中，文件的命名要遵守列表中的命名规则。然后运行 EcoHAT 计算植被净初级生产力(图 5-13)。

5.1.3.6　施肥计算

将准备好的数据放入同一个文件中，文件的命名要遵守列表中的命名规则。然后运行 EcoHAT 计算土壤肥力(图 5-14)。

5.1.3.7　N、P 元素赋初值计算

将准备好的数据放入同一个文件中，文件的命名要遵守列表中的命名规则。然后启动 EcoHAT 运行赋初值模块(图 5-15)。

5.1.3.8　氮循环迁移计算

将准备好的数据放入同一个文件中，文件的命名要遵守列表中的命名规则。然后启动 EcoHAT 运行赋初值模块（图 5-16）。

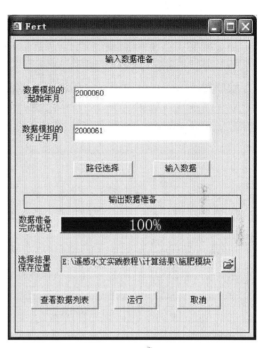

图 5-13　启动 EcoHAT 计算植被净初级生产力　　　　图 5-14　启动 EcoHAT 计算土壤肥力

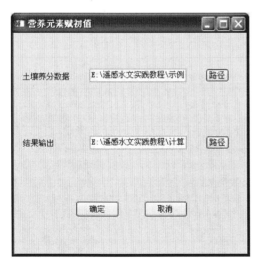

图 5-15　赋初值模块

图 5-16　氮素迁移模块

5.1.4　案例：2000～2010 年三江平原不同形态氮素变化

三江平原位于黑龙江省东部，北自黑龙江畔，南抵兴凯湖，西起小兴安岭，东至乌苏里江。介于 43°49′55″～48°27′40″N，129°11′20″～135°05′26″E，总面积 10.89 万 km²。三江平原是由黑龙江、乌苏里江及松花江三江冲积而成的低地平原，地势由西南向东北倾斜。该区属于温带湿润、半湿润大陆性季风气候区，年平均气温 2.5～3.6℃，冻结期 140～190d。年降水量 500～650mm，降水时空分布不均匀，75%～85% 的降水集中在 6～10 月。土壤类型主要有暗棕壤、沼泽土、白浆土、草甸土、黑土和水稻土，自然肥力高，适宜农作物生长。植被种类主要以森林、沼泽化草甸和沼泽植被为主，属于长白植物区系。区内水资源丰富，分属黑龙江、乌苏里江和松花江三大水系，总流程 5418km²，流域面积 9.45 万 km²。多年平均径流深为 124.4mm，多年平均径流量为 135.45 亿 m³。该区是全国重要的商品粮生产基地，自新中国成立以来，经历了 4 次土地开发热潮，随着农业开发强度的增大，湿地面积不断下降，耕地面积不断增长，氮、磷营养元素的迁移转化过程受到强烈扰动，生态环境问题日益突出。

应用氮素循环模型计算 2000～2010 年三江平原氮的循环过程，得到三江平原每年土壤中上下两层的硝态氮、活跃态有机氮、稳定态有机氮含量的空间分布，分析模型开始年 2000 年和结束年 2010 年不同形态氮素的变化。

图 5-17 为 2000 年和 2010 年三江平原上下层硝态氮空间分布图；图 5-18 为 2000 年和 2010 年三江平原上下层活跃态有机氮的空间变化图；图 5-19 为 2000 年和 2010 年三江平原稳定态有机氮的空间变化图；图 5-20 为 2000～2010 年地表径流中硝态氮和吸附态氮的年均值。如图 5-17 所示，2000～2010 年三江平原硝态氮的含量发生了显著变化，上下两层硝态氮含量整体上升，其中上层上升明显；11 年间土壤中上层活跃态有机氮也有提高，下层活跃态有机氮基本保持稳定；三江平原稳定态有机氮自 2000 年以来基本处于一个稳定的状态，11 年间变化很小，上层稳定态有机氮含量维持在 6000～8000kg/hm²，而下层处于 2000～3000kg/hm²。通过计算多年的地表径流中流失的硝态氮和吸附态氮的含量，发现每年流失的硝态氮处于 2～6kg/hm² 的水平，而流失的吸附态氮基本小于 50kg/hm²。

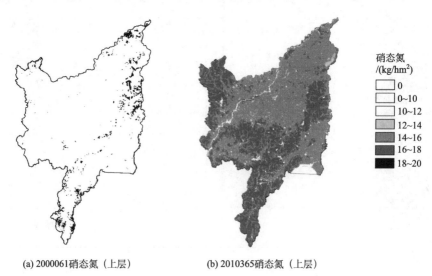

(a) 2000061硝态氮（上层）　　　　　　(b) 2010365硝态氮（上层）

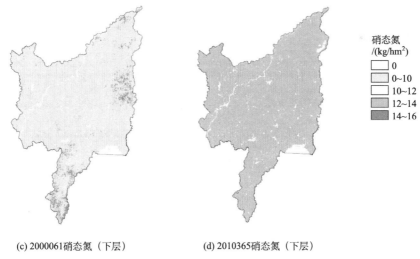

(c) 2000061硝态氮（下层）　　　　　　　(d) 2010365硝态氮（下层）

图 5-17　2000 年和 2010 年三江平原上下层硝态氮空间分布图

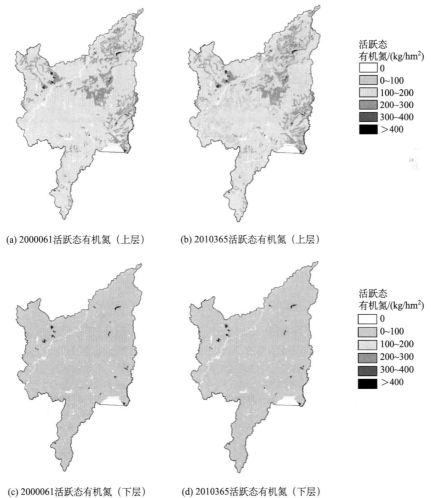

(a) 2000061活跃态有机氮（上层）　　　　(b) 2010365活跃态有机氮（上层）

(c) 2000061活跃态有机氮（下层）　　　　(d) 2010365活跃态有机氮（下层）

图 5-18　2000 年和 2010 年三江平原上下层活跃态有机氮的空间变化图

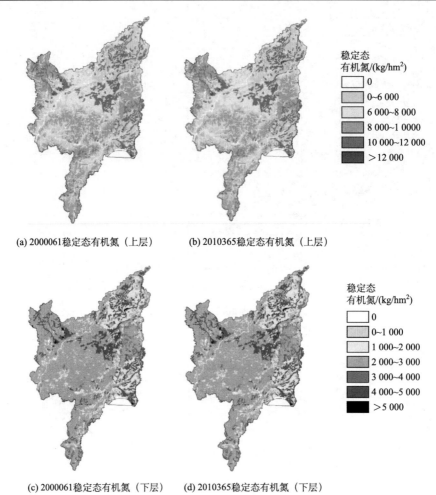

(a) 2000061稳定态有机氮（上层）　　(b) 2010365稳定态有机氮（上层）

稳定态
有机氮/(kg/hm²)
　0
　0~6 000
　6 000~8 000
　8 000~1 0000
　10 000~12 000
　>12 000

(c) 2000061稳定态有机氮（下层）　　(d) 2010365稳定态有机氮（下层）

稳定态
有机氮/(kg/hm²)
　0
　0~1 000
　1 000~2 000
　2 000~3 000
　3 000~4 000
　4 000~5 000
　>5 000

图 5-19　2000 年和 2010 年三江平原稳定态有机氮的空间变化图

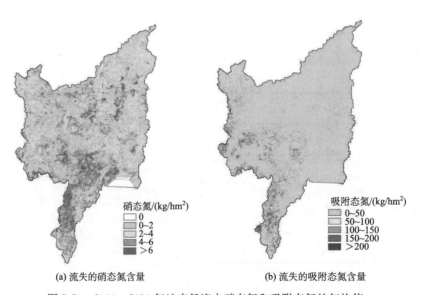

硝态氮/(kg/hm²)
　0
　0~2
　2~4
　4~6
　>6

吸附态氮/(kg/hm²)
　0~50
　50~100
　100~150
　150~200
　>200

(a) 流失的硝态氮含量　　　　　　　(b) 流失的吸附态氮含量

图 5-20　2000~2010 年地表径流中硝态氮和吸附态氮的年均值

5.2　磷素循环过程模拟

磷素是陆、水生植物和动物所必需的主要营养元素之一，自然界有超过 200 种无机磷的化合物，主要是多磷酸盐；有机磷主要来自于动植物残体、人和畜禽粪便。根据自然环境中温度、水分状况的变化，磷通过矿化和固定作用在有机和无机形态之间进行交换。磷根据物理形态又可分为溶解态磷和颗粒态磷两大类，颗粒态磷以吸附在土壤胶体上的形态存在，占总磷的 95%～99%。

5.2.1　算法原理

磷的形态根据磷产生的化学变化过程可分为有机磷和无机磷，磷主要是离子状的（吸附的）。磷的产生及输出过程十分复杂，目前其具体机理过程还不是十分清楚，磷的流失途径包括降雨或人工排水形成的地表径流、土壤侵蚀及渗漏淋溶。

整个磷的循环是以 Jones 等的简单磷循环模型(Jones et al.，1984；Seligman and Van，1981)为基础，一般将磷素分为六个磷池，植被凋落物中的新鲜有机磷池、腐殖质中的活跃态有机磷池和稳定态有机磷池、土壤中的溶解态无机磷池、活跃态无机磷池和稳定态无机磷池；有机磷和无机磷通过矿化和固定作用进行交换。模拟循环过程如图 5-21 所示，模型具体包括凋落物分解子模块、有机磷池内部交换子模块、有机磷池与无机磷池交换子模块、无机磷慢平衡子模块、无机磷快平衡子模块、土壤湿度子模块、土壤温度子模块。

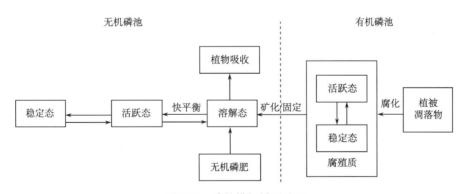

图 5-21　磷的模拟循环过程

磷模型中需要定义磷的初始值为 TP(全磷)、OP(有机磷)、LP(溶解态无机磷)，OP 与 LP 的实验测量繁琐，通过建立 OP 与 TN(全氮)、LP 与 OlsenP(NaHCO$_3$ 法测得的速效磷)的相关方程获得式(5-39)和式(5-40)，其他参数均可根据这三个参数或从背景资料获取。

$$LP = 1.07 OlsenP + 4.1 \tag{5-39}$$

$$OP = 1130 TN + 44.4 \tag{5-40}$$

式中，各种形态 P 的单位均为 $\mu g\ P/g$；TN 的单位为%。

磷循环受到很多反应和机制的影响，几乎所有的模型均采用半机理的经验模型。通常采用的模拟方法以有机磷和无机磷概括所有磷的存在形式，一般包括分解、固化/矿化、吸附/解析、植物吸收过程，部分模型增加了淋溶、人为影响等因素。

5.2.1.1　矿凋落物分解

植物在吸收土壤中营养元素进行自身生长的同时，其凋零物会在土壤微生物的作用下由有机态化合物转化为无机态化合物，从而作为土壤中营养元素的另一来源途径。

凋零物的分解速率与森林环境的温度和湿度有着很大关系（Zhu et al.，2003），可以用如下方程表示：

$$\frac{\mathrm{d}L_{\mathrm{dec}}}{\mathrm{d}t} = L_{\mathrm{ff}}(1 - \mathrm{e}^{-k_\delta}) \tag{5-41}$$

$$k_\delta = a_{\tau\omega} k_{\delta\tau} k_{\omega\delta} \tag{5-42}$$

式中，L_{ff} 为凋落物的量，g C/m²；L_{dec} 为凋零物的分解速率；$a_{\tau\omega} = 0.91$，$k_{\delta\tau}$ 为温度因子；$k_{\omega\delta}$ 为湿度因子。其中，温度因子可以表示为

$$k_{\delta\tau} = \left(\frac{T_{\mathrm{air}} - T_{\mathrm{min}}}{T_{\mathrm{opt}} - T_{\mathrm{min}}}\right)\left(\frac{T_{\mathrm{max}} - T_{\mathrm{air}}}{T_{\mathrm{max}} - T_{\mathrm{opt}}}\right)^{b_{\mathrm{op}}} \tag{5-43}$$

$$b_{\mathrm{op}} = \frac{T_{\mathrm{max}} - T_{\mathrm{opt}}}{T_{\mathrm{opt}} - T_{\mathrm{min}}} \tag{5-44}$$

式中，T_{air} 为气温，℃；T_{max} 和 T_{min} 分别为使植被光合作用停止的最高温和最低温，℃；T_{opt} 为植被最适宜生长的温度，℃。

湿度因子可以表示为

$$k_{\omega\delta} = \left(\frac{\mathrm{MC_{soil}} - \mathrm{PWP}}{\mathrm{FC} - \mathrm{PWP}}\right)\left(\frac{\mathrm{POP} - \mathrm{MC}}{\mathrm{POP} - \mathrm{FC}}\right)^{b_{\mathrm{MC}}} \tag{5-45}$$

$$b_{\mathrm{MC}} = \frac{\mathrm{POP} - \mathrm{FC}}{\mathrm{FC} - \mathrm{PWP}} \tag{5-46}$$

式中，MC 为土壤含水量，mm；PWP 为萎蔫含水量，mm；POP 为土壤孔隙度，mm；PWP 为田间持水量，mm。

5.2.1.2　矿有机磷池与无机磷池交换

根据土壤温度、土壤水分、土壤 C:N、土壤 C:P 等因素的差别，有机磷池与无机磷池处于动态交换平衡状态，这种平衡状态也称之为矿化/固定，有机磷池与无机磷池的交换包括活跃态有机磷池与溶解态无机磷池交换平衡，以及稳定态有机磷池与溶解态无机磷池的交换平衡。

活跃态有机磷池到溶解态无机磷池的交换平衡与凋落物新鲜磷池到溶解态无机磷池的交换平衡同时进行，用如下方程表示：

$$R_{\mathrm{pr}} = 0.8 \cdot K_{\mathrm{or}} \cdot P_{\mathrm{or}} \cdot (F_{\mathrm{ot}} \cdot F_{\mathrm{om}})^{\frac{1}{2}} \cdot \min(F_{\mathrm{cn}}, F_{\mathrm{cp}}) \tag{5-47}$$

式中，R_{pr} 为腐殖质中活跃态有机磷池到土壤中溶解态无机磷池的转化量，以及凋落物新鲜

磷池到溶解态无机磷池转化量之和，mg/kg，其他参数同上。

稳定态有机磷池到溶解态无机磷池的交换平衡用如下方程表示：

$$R_{pos} = K_{os} \cdot P_{os} \cdot \min(F_{om}, \ F_{ot}) \tag{5-48}$$

式中，R_{pos} 为稳定态有机磷池到溶解态无机磷池的转化量，mg/kg；K_{os} 为稳定态有机磷池的矿化常数，d^{-1}，根据 SWAT 的参数数据库 K_{os} 取值 0.0003。

5.2.1.3　矿无机磷块平衡

土壤中的溶解态无机磷池不稳定，在短时间内向活跃态无机磷池转化，虽然溶解态无机磷池与活跃态无机磷池也会达到动态的平衡，但活跃态无机磷池向溶解态无机磷池转化的速率则相对较慢。农业中使用的磷肥多以植物能够直接利用的溶解态无机磷池的形态出现；施入土壤后，将迅速被土壤粒子吸附，无法被植物利用，这也是磷肥的利用率相对较低的原因。

溶解态无机磷池与活跃态无机磷池的动态平衡用如下方程表示：

$$\begin{aligned}
R_{la} &= P_{il} - P_{ia} \cdot \left(\frac{F_1}{1-F_1}\right), & P_{il} &> P_{ia} \cdot \left(\frac{F_1}{1-F_1}\right) \\
R_{la} &= 0.1\left[P_{il} - P_{ia} \cdot \left(\frac{F_1}{1-F_1}\right)\right] \cdot F_{ot} \cdot F_{om}, & P_{il} &< P_{ia} \cdot \left(\frac{F_1}{1-F_1}\right)
\end{aligned} \tag{5-49}$$

式中，R_{la} 是溶解态无机磷池与活跃态无机磷池的转化量，mg/kg；P_{il} 是土壤中溶解态无机磷池含量，mg/kg；P_{ia} 是活跃态无机磷池含量，mg/kg；F_1 是无机磷池的可利用指数，无量纲。

无机磷可利用指数 F_1 是影响溶解态无机磷池与活跃态无机磷池动态平衡的一个关键参数，表示磷肥的利用率(可利用磷与施入磷肥的比值)，在简单磷循环模型中 Jones 推荐的方法是实验室内，在 25°室温不断的干湿交替环境下，培养 6 个月，测量得到溶解态无机磷的含量，以确定 F_1。该方法较为复杂，在先前研究中，对不同土壤类型的 F_1 取值范围为 0.26～0.51，变化范围不大，因此模型采用 SWAT 参数数据库取值 0.4。

5.2.2　数据准备

磷素循环过程模拟主要包括 8 个子模块，分别是土壤温度计算模块，太阳辐射计算子模块，净辐射计算子模块，潜在蒸散发计算子模块，植被净初级生产力计算子模块，施肥计算子模块，N、P 元素赋初值模块，氮素迁移计算子模块。前 7 个子模块主要为磷素迁移模块提供必需的计算参数，计算方法可参考 5.2.1。

磷循环迁移模型介绍如下。磷循环迁移子模块有 35 个输入参数(表 5-19)，计算公式采用 SWAT 模型中磷循环的计算方法(Neitsch et al.，2009)，模型名称为 Phosphorus_function。输入参数中 5 个为文本格式，30 个为 ENVI 标准文件格式。磷循环迁移模型输出结果如表 5-20 所示。

表 5-19　磷循环迁移模型输入参数列表

序号	输入参数	数据格式	内容	单位
1	Alloc_txt	文本格式	比叶面积(SLA)、叶片凋落系数(affh)、根系凋落系数(Kra)	
2	Demand_txt	文本格式	各类型各组织的氮磷养分浓度、叶片养分返回系数(Kretra)、养分吸收分布参数(b)、根系深度	
3	NPmindn_para_txt	文本格式	矿化速率常数(Bmin)、新鲜有机养分的矿化系数(Brsd)	
4	Pminrl_para_txt	文本格式	磷可利用指数(pai)	
5	PSOmove_txt	文本格式	磷渗漏系数(kperc)、地下径流中硝酸盐含量(GW_PSO)	
6	Landuse	栅格格式	土地利用类型	无量纲
7	FC_U	栅格格式	上层土壤田间含水量	%
8	FC_L	栅格格式	下层土壤田间含水量	%
9	OC_U	栅格格式	上层有机碳含量	kg/hm^2
10	OC_L	栅格格式	下层有机碳含量	kg/hm^2
11	Bulkd	栅格格式	土壤容重	mg/m^3
12	LAI+日期	栅格格式	当日叶面积指数	m^2/m^2
13	LAI0+日期	栅格格式	前一日叶面积指数	m^2/m^2
14	NPP+日期	栅格格式	当日净第一性生产力	$g\,C/m^2$
15	NPP0+日期	栅格格式	前一日净第一性生产力	$g\,C/m^2$
16	Ts_U+日期	栅格格式	当日上层土壤温度	℃
17	Ts_L+日期	栅格格式	当日下层土壤温度	℃
18	Rs+日期	栅格格式	当日地表径流	mm
19	Perc_U+日期	栅格格式	当日上层渗漏水量	mm
20	Rg+日期	栅格格式	当日地下径流	mm
21	Sed+日期	栅格格式	当日土壤侵蚀量	t/m^2
22	Lit+日期	栅格格式	前一日植被凋落物	kg/hm^2
23	FB+日期	栅格格式	前一日叶片分配的 NPP	$g\,C/m^2$
24	PSO_U+日期	栅格格式	前一日上层可溶性磷含量	kg/hm^2
25	PSO_L+日期	栅格格式	前一日下层可溶性磷含量	kg/hm^2
26	MPA_U+日期	栅格格式	前一日上层活跃态矿物质磷含量	kg/hm^2
27	MPA_L+日期	栅格格式	前一日下层活跃态矿物质磷含量	kg/hm^2
28	MPS_U+日期	栅格格式	前一日上层稳定态矿物质磷含量	kg/hm^2
29	MPS_L+日期	栅格格式	前一日下层稳定态矿物质磷含量	kg/hm^2
30	SW_U+日期	栅格格式	当日上层土壤实际含水量	%
31	SW_L+日期	栅格格式	当日下层土壤实际含水量	%

续表

序号	输入参数	数据格式	内容	单位
32	OPF_U+日期	栅格格式	前一日上层新鲜有机磷含量	kg/hm^2
33	OP_U+日期	栅格格式	前一日上层有机磷含量	kg/hm^2
34	OP_L+日期	栅格格式	前一日下层有机磷含量	kg/hm^2
35	Fert_PSO_U+日期	栅格格式	施磷酸盐折纯量	kg/hm^2

表 5-20　磷循环迁移模型输出参数列表

序号	输出参数	数据格式	内容	单位
1	Lit+日期	栅格格式	植被凋落物	kg/hm^2
2	FB+日期	栅格格式	当日叶片分配的 NPP	$g\ C/m^2$
3	PSO_U+日期	栅格格式	当日上层磷酸盐含量	kg/hm^2
4	PSO_L+日期	栅格格式	当日下层磷酸盐含量	kg/hm^2
5	MPA_U+日期	栅格格式	当日上层活跃态矿物质磷含量	kg/hm^2
6	MPA_L+日期	栅格格式	当日下层活跃态矿物质磷含量	kg/hm^2
7	MPS_U+日期	栅格格式	当日上层稳定态矿物质磷含量	kg/hm^2
8	MPS_L+日期	栅格格式	当日下层稳定态矿物质磷含量	kg/hm^2
9	OPF_U+日期	栅格格式	当日上层新鲜有机磷含量	kg/hm^2
10	OP_U+日期	栅格格式	当日上层有机磷含量	kg/hm^2
11	OP_L+日期	栅格格式	当日下层有机磷含量	kg/hm^2
12	Pup+日期	栅格格式	当日植被生长吸收的磷	kg/hm^2
13	PSOsurf+日期	栅格格式	当日随地表径流流失的磷	kg/hm^2
14	PSOperc+日期	栅格格式	当日随渗漏流失的磷	kg/hm^2
15	PSOgw+日期	栅格格式	当日随地下径流流失的磷	kg/hm^2
16	Psed+日期	栅格格式	当日泥沙吸附的磷	kg/hm^2

1）输入参数获取方式

Alloc_txt：比叶面积（SLA）参考 MOD17 的查找表进行取值，如表 5-18 所示；叶片凋落系数（affh）和根系凋落系数（Kra）来自研究区历史资料或者实验测定结果。

Demand_txt：各植被类型各组织的氮磷养分浓度、叶片养分返回系数（Kretra）、养分吸收分布参数（b）、根系深度。

NPmindn_para_txt：数据来自研究区历史资料或者实验测定结果。没有数据情况下，可采用 SWAT 模型默认值，矿化速率常数（Bmin）默认值为 0.0003；新鲜有机养分的矿化系数（Brsd）默认值为 0.05。

Pminrl_para_txt：磷可利用指数（pai）SWAT 模型默认值为 0.4。

PSOmove_txt：磷渗漏系数（kperc）取值范围为 10.0～17.5，SWAT 模型默认值为

10.0；地下径流中硝酸盐含量(GW_PSO)采用研究区历史资料或者实验测定结果。

　　Landuse：采用目视解译、监督分类或者直接采用现有的遥感产品。

　　FC_U：采用 SPAW 模型计算结果，参见土壤水数据获取。

　　FC_L：同上。

　　OC_U：根据 HWSD 数据库查询结果按土壤类型赋值。

　　OC_L：同上。

　　Bulkd：根据 HWSD 数据库查询结果按土壤类型赋值。

　　LAI：采用模型反演或者直接使用遥感产品，如 MODIS 数据——叶面积指数/光合有效辐射吸收比率(MOD15)。

　　LAI0：同上。

　　NPP：采用 NPP 模型计算结果。

　　NPP0：同上。

　　Ts_U：采用土壤温度模型计算结果。

　　Ts_L：同上。

　　Rs：采用 RS-DTVGM 水文模型计算结果。

　　Perc_U：采用 SW_U 的 5%。

　　Rg：采用 RS-DTVGM 水文模型计算结果。

　　Sed：采用 MUSLE 方程或者 USLE 方程计算结果。

　　Lit：为循环迭代算法，需赋初值。

　　FB：为循环迭代算法，需赋初值。

　　PSO_U：为循环迭代算法，赋初值见 N、P 元素赋初值模块。

　　PSO_L：同上。

　　MPA_U：同上。

　　MPA_L：同上。

　　MPS_U：同上。

　　MPS_L：同上。

　　SW_U：可以采用 RS-DTVGM 水文模型或者 Richards 方程等其他模型的土壤含水量估算结果。

　　SW_L：同上。

　　OPF_U：为循环迭代算法，赋初值见 N、P 元素赋初值模块。

　　OP_U：同上。

　　OP_L：同上。

　　Fert_PSO_U：采用施肥模块计算结果。

2）数据的准备操作

　　Alloc_txt：文本文件，文件内为 5 行 3 列的数值矩阵。比叶面积(SLA)参考 MOD17 的查找表进行取值；叶片凋落系数(affh)和根系凋落系数(Kra)来自研究区历史资料或者实验测定结果。

　　Demand_txt：文本文件，文件内为 5 行 10 列的数值矩阵。各植被类型各组织的氮磷养分浓度、叶片养分返回系数(Kretra)、养分吸收分布参数(b)、根系深度。数据来自研究区历史资料或者实验测定结果。

NPmindn_para_txt：文本文件，文件内为 2 行 5 列的数值矩阵。数据来自研究区历史资料或者实验测定结果。

Pminrl_para_txt：文本文件，文件内为 1 行 1 列的数值矩阵。数据来自研究区历史资料或者实验测定结果。

PSOmove_txt：文本文件，文件内为 2 行 3 列的数值矩阵。数据来自研究区历史资料或者实验测定结果。

Landuse：ENVI 标准格式文件，采用目视解译、监督分类或者直接采用现有的遥感产品。

FC_U/FC_L：ENVI 标准格式文件，采用 SPAW 模型计算结果。

OC_U/OC_L：ENVI 标准格式文件，根据 HWSD 数据库查询结果按土壤类型赋值。

Bulkd：ENVI 标准格式文件，根据 HWSD 数据库查询结果按土壤类型赋值。

LAI/LAI0：ENVI 标准格式文件，采用模型反演或者直接使用遥感产品，如 MODIS 数据——叶面积指数/光合有效辐射吸收比率(MOD15)，MODIS 数据采用 MRT 软件进行处理。

NPP/NPP0：ENVI 标准格式文件，采用 NPP 模型计算结果，上文已介绍。

Ts_U/Ts_L：ENVI 标准格式文件，采用土壤温度模型计算结果，上文已介绍。

Rs：ENVI 标准格式文件，采用 RS-DTVGM 水文模型计算结果。

Perc_U：ENVI 标准格式文件，采用 SW_U 数值的 5%。

Rg：ENVI 标准格式文件，采用 RS-DTVGM 水文模型计算结果。

Sed：ENVI 标准格式文件，采用 MUSLE 方程或者 USLE 方程计算结果。

Lit：ENVI 标准格式文件，为循环迭代算法，需赋初值。

FB：ENVI 标准格式文件，为循环迭代算法，需赋初值。

PSO_U/PSO_L/MPA_U/MPA_L/MPS_U/MPS_L：ENVI 标准格式文件，为循环迭代算法，赋初值见 N、P 元素赋初值模块。

SW_U/SW_L：ENVI 标准格式文件，可以采用 RS-DTVGM 水文模型或者 Richards 方程等其他模型的土壤含水量估算结果。

OPF_U/OP_U/OP_L：ENVI 标准格式文件，为循环迭代算法，赋初值见 N、P 元素赋初值模块。

Fert_PSO_U：ENVI 标准格式文件，采用施肥模块计算结果。

5.2.3　操作步骤

磷循环迁移计算如下。

将准备好的数据放入同一个文件中，文件的命名要遵守列表中的命名规则。然后运行 EcoHAT 计算磷素的循环和迁移(图 5-22)。

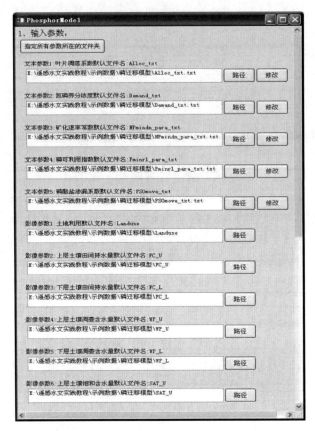

图 5-22　运行磷素迁移模型

5.2.4　案例：三江平原磷循环过程的时空分布特征

应用磷循环模型模拟 2000～2010 年三江平原土壤中磷元素的循环过程，得到日尺度上三江平原上下层土壤（0～20cm，20～40cm）中溶解态磷、活跃态矿物质磷、稳定态矿物质磷和有机磷的空间分布，分析模拟期前后不同形态磷元素含量的变化。

2000 年和 2010 年三江平原上下层土壤中溶解态磷的空间分布如图 5-23 所示，非农业用地上下层土壤中溶解态磷含量整体维持不变，旱田和水田受施肥影响上层土壤中溶解态磷明显增加，下层土壤中溶解态磷减少；2000 年和 2010 年三江平原上下层土壤中活跃态矿物质磷的空间分布如图 5-24 所示，上层土壤中活跃态矿物质磷含量除农业用地增加外，其余均维持不变，下层土壤中活跃态矿物质磷含量除农业用地减少外，其余均维持不变；2000 年和 2010 年三江平原上下层土壤中稳定态矿物质磷的空间分布如图 5-25 所示，上层土壤中稳定态矿物质磷含量除农业用地增加外，其余均维持在 500～700kg/hm²，下层土壤中稳定态矿物质磷含量除农业用地减少外，其余均维持在 200～300kg/hm²；2000 年和 2010 年三江平原上下层土壤中有机磷的空间分布如图 5-26 所示，上层土壤中有机磷含量除农业用地减少外，其余均维持在 2～4kg/hm²，下层土壤中有机磷含量整体维持不变。

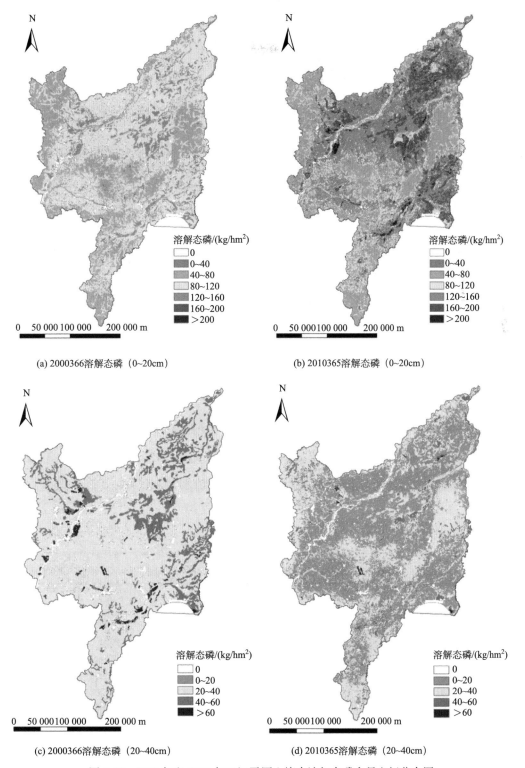

图 5-23 2000 年和 2010 年三江平原土壤中溶解态磷含量空间分布图

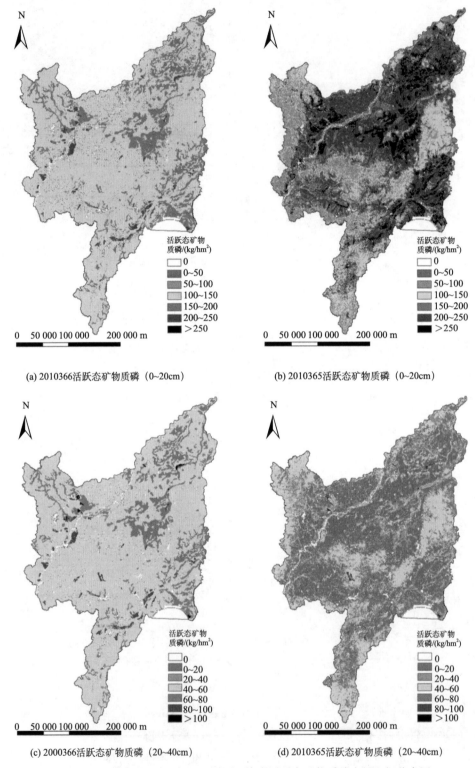

(a) 2010366活跃态矿物质磷（0~20cm）

(b) 2010365活跃态矿物质磷（0~20cm）

(c) 2000366活跃态矿物质磷（20~40cm）

(d) 2010365活跃态矿物质磷（20~40cm）

图 5-24 2000 年和 2010 年三江平原土壤中活跃态矿物质磷含量空间分布图

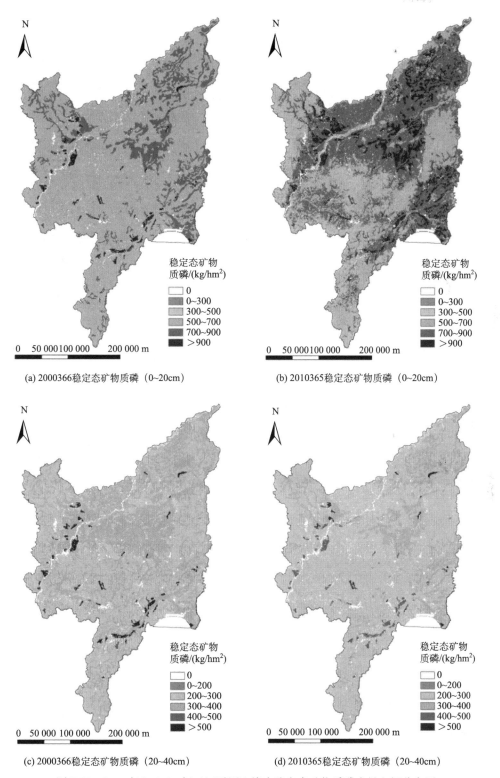

(a) 2000366稳定态矿物质磷（0~20cm）

(b) 2010365稳定态矿物质磷（0~20cm）

(c) 2000366稳定态矿物质磷（20~40cm）

(d) 2010365稳定态矿物质磷（20~40cm）

图 5-25　2000 年和 2010 年三江平原土壤中稳定态矿物质磷含量空间分布图

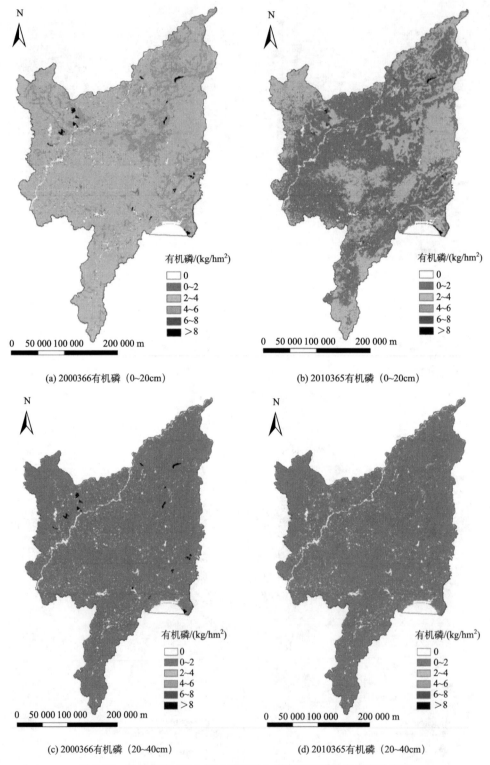

(a) 2000366有机磷（0~20cm）

(b) 2010365有机磷（0~20cm）

(c) 2000366有机磷（20~40cm）

(d) 2010365有机磷（20~40cm）

图 5-26　2000 年和 2010 年三江平原土壤中有机磷含量空间分布图

5.3　植被生长模拟

5.3.1　植被净第一性生产力

植被净第一性生产力(net primary productivity，NPP)，也称净初级生产力，指绿色植物在单位时间、单位面积上所能累积的生物量，为绿色植物通过光合作用生产的全部有机质(即总第一性生产力，GPP)扣除自养呼吸(autotrophic respiration，R_a)消耗后剩余的有机质量，这一部分用于植被的生长和生殖。总第一性生产力(gross primary productivity，GPP)，也称总初级生产力，是指在单位时间和单位面积内，生物体(主要是绿色植物)通过光合作用所固定的有机碳量，即光合总量。

NPP 计算流程如图 5-27 所示：第一步根据 GLO-PEM 模型(Prince，1995)计算总第一性生产力(GPP)。主要包括光能转化率计算(ε)、植被所吸收的光合有效辐射(APAR)计算、温度胁迫影响系数$[f_1(T)]$计算和水分胁迫影响系数$[f_2(\beta)]$计算。第二步根据经验公式计算自养呼吸(R_a)(Goward et al.，1987；Furumi et al.，2002)。第三步，用总第一性生产力(GPP)减去自养呼吸(R_a)消耗后剩余有机质量估算 NPP。

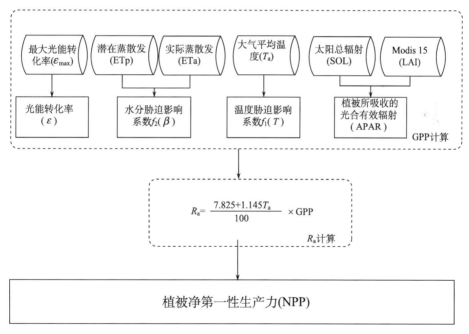

图 5-27　NPP 计算流程图(注：柱体表示计算输入数据)

5.3.1.1　算法原理

植被净第一性生产力的估算模型主要可以概括为三类，即统计模型(statistical model)、参数模型(parameter model)和过程模型(process-based model)。统计模型也称为气候相关模型，以 Miami 模型、Thornthwaite Memorial 等模型(Lieth，1975)为代表。参数模型也称光能利用率模型，是在农作物研究的基础上发展起来的模型，以光能利用率理论为基础，利用植被所吸收的太阳辐射以及其他调控因子来估算植被净第一性生产力，以 CASA 模型为代表。过程模型是在参数模型基础上的引申，根据植物生理、生态学原理来研究植物生产力，时间尺度都比较短，典型代表如 FOREST-BGC 模型(Running and Coughlan，1988)、TEM 模型、BIOME-BGC 模型(Foley，1994)、BEPS 模型(Liu et al，1997)等。本书主要采用参数模型进行 NPP 估算。

根据净第一性生产力(NPP)定义，用总第一性生产力(GPP)扣除自养呼吸(R_a)消耗后剩余的有机质量来估算。

NPP 的计算公式为

$$NPP = GPP - R_a \tag{5-50}$$

式中，NPP 为净第一性生产力，g C/m²；GPP 为总第一性生产力，g C/m²；R_a 为呼吸消耗量，g C/m²。

1) 总第一性生产力(GPP)计算

基于光能利用率原理，参考 GLO-PEM 模型(Prince，1995)，考虑温度和水分的胁迫按下式对总第一性生产力(GPP)估算：

$$GPP = \varepsilon \cdot APRA \cdot f_1(T) \cdot f_2(\beta) \tag{5-51}$$

式中，ε 为植被将所吸收的光合有效辐射转化为有机物的转化率，即光能转化率 g C/MJ；APAR(absorbed photosynthesis active radiation)为考虑植物吸收的光合有效辐射量(MJ/m²)；$f_1(T)$ 为温度对光合作用的影响函数(无量纲)，是温度 T_a(℃)的函数(孙睿和朱启疆，1999)；$f_2(\beta)$ 为水分对光合作用的影响函数(无量纲)，β 为蒸发比。

光能转化率(ε)是指植被把所吸收的光合有效辐射(PAR)转化为有机碳的效率。Potter 等(1993)认为在理想条件下植被具有最大光能转化率。而在现实中光能转化率主要受温度和水分的影响。在 CASA 模型中，植被的光能转化率由下式计算：

$$\varepsilon(x, t) = T_{\varepsilon1(x, t)} \cdot T_{\varepsilon2(x, t)} \cdot W_{\varepsilon(x, 1)} \cdot \varepsilon^* \tag{5-52}$$

式中，$T_{\varepsilon1}$、$T_{\varepsilon2}$ 为温度对光能转化率的影响；W_ε 为水分胁迫系数；ε^* 为理想条件下的最大光能转化率。下面分别阐述这四个参数的计算方法。

$T_{\varepsilon1(x,t)}$ 反映低温和高温使植物内在的生化作用对光合的限制而降低的第一性生产力，可用下式计算：

$$T_{\varepsilon1(x)} = 0.8 + 0.02 \cdot T_{opt}(x) - 0.0005 \cdot [T_{opt}(x)]^2 \tag{5-53}$$

式中，$T_{opt}(x)$ 为某一区域一年内 NDVI 达到最高时的当月平均温度，该温度可以看成是植被生长的最适温度，某一月的平均温度小于-10℃时，$T_{\varepsilon1}(x)$ 取 0。

$T_{\varepsilon2}(x, t)$ 表示环境温度从最适温度 $T_{opt(x)}$ 向高温和低温变化时植物光能转化率的反应，是植被在偏离最适温度的条件下温度对其光能转化率的影响，也是光能转化率对温度的响应。可用下式计算：

$$T_{\varepsilon2(x,\ t)} = \frac{1.1814}{1 + e^{[0.2 \cdot (T_{opt(x)} - 10 - T_{(x,\ t)})]} \cdot \frac{1}{1 + e^{[0.3 \cdot (-T_{opt(x)} - 10 + T_{(x,\ t)})]}}} \tag{5-54}$$

当某一月平均温度 $T_{(x,t)}$ 比最适宜温度 $T_{opt(x)}$ 高 10℃ 或低 13℃ 时，该月的 $T_{\varepsilon2}$ 值等于月均温度 $T_{(x,t)}$，为最适宜温度 $T_{opt(x)}$ 时 $T_{\varepsilon2}$ 值的一半。

$W_{\varepsilon(x,t)}$ 反映了植物所能利用的有效水分条件对光能利用率的影响，它随环境中有效水分的增加而逐渐增大，取值范围为 0.5(在极端干旱条件下)~1(非常湿润条件下)，可用下式计算：

$$W_{\varepsilon(x,\ t)} = 0.5 + \frac{0.5 \cdot \text{EET}_{(x,\ t)}}{\text{PET}_{(x,\ t)}} \tag{5-55}$$

式中，$\text{EET}_{(x,t)}$、$\text{PET}_{(x,t)}$ 分别为像元 x 在 t 月份的潜在蒸散量和实际蒸散量。其中潜在蒸散量采用 FAO Penman-Monteith 公式进行计算：

$$\text{ET0} = \frac{0.408\Delta(R_n - G) + \gamma \dfrac{900}{T_a + 273} U_2 (e_s - e_d)}{\Delta + \gamma(1 + 0.34U_2)} \tag{5-56}$$

式中，Δ 为气温 T_a 下的饱和水汽压曲线斜率，kPa/℃；R_n 为净辐射，MJ/(m² · d)；G 为土壤热通量；γ 为干湿表常数，kPa/℃；T_a 为月平均温度，℃；U_2 为 2m 处风速，m/s；e_s 为气温 T_a 下的饱和水汽压，kPa；e_d 为实际水汽压，kPa。

饱和水汽压曲线斜率 Δ 的计算公式如下：

$$\Delta = \frac{4098\left[0.6108\exp\left(\dfrac{17.27T_a}{T_a + 237.3}\right)\right]}{(T_a + 237.3)^2} \tag{5-57}$$

式中，Δ 为气温 T_a 时的饱和水汽压曲线斜率，kPa/℃；T_a 为月平均温度，℃。

土壤热通量 G 通过它与净辐射及植被覆盖或者植被指数的关系来确定，本教程采用 Su(2002)提出的计算方法，对于有植被覆盖的区域计算公式如下：

$$G = R_n[\Gamma_c + (1 - f_c)(\Gamma_s - \Gamma_c)] \tag{5-58}$$

式中，全植被覆盖下土壤热通量与净辐射的比值 $\Gamma_c = 0.05$；裸地情况下土壤热通量与净辐射比值 $\Gamma_s = 0.315$；f_c 为植被覆盖率。对于水体和冰雪热通量，本书取 0.5 倍的净辐射(Waers et al.，2002)。

干湿表常数 γ 的计算公式如下：

$$\gamma = \frac{C_p P_r}{\varepsilon\lambda} = 0.665 \cdot 10^{-3} P_r \tag{5-59}$$

式中，γ 为干湿表常数，kPa/℃；C_p 为空气定压比热，值为 1.013×10^{-3} MJ/(kg · ℃)；P_r 为大气压，kPa；λ 为蒸发潜热，取 2.45MJ/kg；ε 为水汽分子量与干空气分子量之比，值为 0.622。

在理想气体条件下，假设气温为 20℃，则大气压 P_r 为

$$P_r = 101.3\left(\frac{293 - 0.0065H}{293}\right)^{5.26} \tag{5-60}$$

式中，P_r 为气压，kPa；H 为海拔高度，m，由 DEM 获取。

气温 T_a 下的平均饱和水汽压 e_s 计算公式如下：

$$e_s = 0.6108\exp\left(\frac{17.27T_a}{T_a + 237.3}\right) \tag{5-61}$$

实际水汽压 e_d 计算公式如下：

$$e_d = RH \cdot e_s \tag{5-62}$$

式中，RH 是空气相对湿度，%，由实测气象站点数据获取。

最大光能利用率：采用较为通用的 Running 等（2000）的研究成果（表 5-21）。

表 5-21　最大光能利用率取值表

植被类型	最大光能利用率/(g C/MJ)	植被类型	最大光能利用率/(g C/MJ)
常绿针叶林	1.008	落叶灌丛及稀树草原	0.768
常绿阔叶林	1.259	矮林灌丛	0.888
落叶针叶林	1.103	稀疏灌木	0.774
落叶阔叶林	1.044	草地	0.604
混交林	1.116	耕作植被	0.604
灌木林	0.864		

植被吸收的光合有效辐射（APAR）等于树叶拦截的光合有效辐射 IPAR（PAR incident on the vegetation），根据 beer 定律（张佳华，1999），光在群体中的分布为，平均辐射量随叶面积指数的增加而递减，则有

$$APAR = IPAR = PAR(1 - e^{-K \cdot LAI}) \tag{5-63}$$

式中，PAR 为入射的光合有效辐射，MJ/(m^2·月）；LAI 为叶面积指数，由遥感数据直接反演得到；K 为叶层消光系数。

其中，光合有效辐射可用下式计算：

$$PAR = \alpha Q \tag{5-64}$$

式中，Q 为太阳总辐射，MJ/(m^2·月）；α 为光合有效辐射与总辐射的比例因子，可以由试验样本计算获得，在研究中，数值一般为 0.49；Q 可由辐射站监测数据获得，或由经验模型计算。

太阳辐射是太阳向宇宙空间中发射的电磁辐射，是地表能量的主要来源。到达地表的太阳短波辐射，是计算地表净辐射的重要参数。可用 SEBS 模型中的方法来计算瞬时太阳辐射（Li et al.，2003）：

$$R_S = \frac{I_0 \cdot \tau \cdot \cos z}{R^2} \tag{5-65}$$

式中，R_S 为瞬时太阳辐射，W/m^2；I_0 为太阳常数，取值为 1353W/m^2；τ 为大气透射率，无量纲；z 为太阳天顶角，rad；$\frac{1}{R^2}$ 为日地订正因子，无量纲。

叶层消光系数（K）与植冠叶子的角分布和叶生长季有关，Monsi 和 Saeki（1953）认为草本植物的 $K = 0.3 \sim 0.5$，而水平叶子的 $K = 1$。若植冠的叶子是球状分布，即叶子相对于水平面的倾角是连续分布的，K 是太阳天顶角的函数，表达式如下：

$$K = 0.5\cos z \tag{5-66}$$

$$\cos z = \sin\delta\sin\varphi + \cos\delta\cos\varphi\cos\omega_0 \tag{5-67}$$

式中，z 为太阳天顶角；φ 为地理纬度；δ 为太阳赤纬；ω_0 为日落时角。

温度胁迫系数 $f_1(T)$ 是气温 T 的函数，由下式计算：

$$f_1(T) = \frac{1}{[1 + \exp(4.5 - T_a)] \cdot [1 + \exp(T_a - 37.5)]} \tag{5-68}$$

式中，T_a 为大气平均温度（℃）。

温度胁迫系数也可采用 3-PG 模型（Sandsa and Landsbergb，2002）来进行计算。

$$f_1(T) = \left[\frac{T_a - T_{min}}{T_{opt} - T_{min}}\right]\left[\frac{T_{max} - T_a}{T_{max} - T_{opt}}\right]^{b_{b_p}} \tag{5-69}$$

$$b_{bp} = \frac{T_{max} - T_{opt}}{T_{opt} - T_{min}} \tag{5-70}$$

式中，T_a 为大气平均温度；T_{max} 为植被生长能耐的最高大气温度；T_{min} 为植被生长能耐的最低大气温度；T_{opt} 为最适于植被生长的大气温度。

水分胁迫系数 $f_2(\beta)$ 同 CASA 模型（Potter，1993），见公式（5-56）。

2）自养呼吸（R_a）计算

自养呼吸（R_a）是 GPP 和气温的函数；在 GPP 计算的基础上，通过以下经验公式计算（Goward et al.，1987；Furumi et al.，2002）：

$$R_a = \frac{7.825 + 1.145 T_a}{100} \cdot \text{GPP} \tag{5-71}$$

5.3.1.2　数据准备

计算 NPP 所需数据主要可分为模型计算结果数据、文本数据和遥感数据。根据 NPP 计算原理及参数计算方法，将主要计算方法及模型整合到 EcoHAT 程序中，主要包括太阳辐射计算模型、潜在蒸散发计算模型、实际蒸散发计算模型（见 4.2 节）和 NPP 计算模型；人工准备的文本数据主要包括 NPP_txt，遥感数据主要有土地利用类型数据、研究区高程数据。

1）太阳辐射计算所需数据

根据太阳辐射计算原理，将该模型整合入 EcoHAT 程序中，模型名称为 Rs_Function，计算所需数据如表 5-22 所示，计算输出数据为瞬时太阳辐射如表 5-23 所示。

表 5-22　太阳辐射计算所需数据

序号	输入参数	数据格式	内容	单位
1	Rs_para_txt_0.txt	文本格式	时区中央经度	度
2	Longitude	栅格格式	经度	度
3	Latitude	栅格格式	纬度	度
4	DEM	栅格格式	高程	m
5	T_rise	栅格格式	日出时间	h
6	T_set	栅格格式	日落时间	h
7	ViewTime	栅格格式	卫星过境时间	h

表 5-23 太阳辐射计算输出数据

序号	输入参数	数据格式	内容	单位
1	Rs_instant_日期	ENVI 标准格式	瞬时太阳辐射	W/m²

输入参数获取方式：

Rs_para_txt_0：查阅历史资料或者全球时区图。

Longitude：由 FY 数据参考影像获取。

Latitude：同上。

DEM_0：可采用 ASTER-GDEM 数据的 GDEM2 产品，空间分辨率为 26.35m，或者采用 STRM 数据的 STRM3 产品，分辨率为 90m。

2）潜在蒸散发计算所需数据

根据潜在蒸散发计算原理将该模型整合入 EcoHAT 程序中，模型名称为 PenmanMoteith_function，计算所需数据如表 5-24 所示，计算输出数据为潜在蒸散发如表 5-25 所示。

表 5-24 PenmanMoteith_function 输入数据

序号	输入参数	数据格式	内容	单位
1	Kc+日期	栅格格式	作物系数	无量纲
2	Tair+日期	栅格格式	日均气温	℃
3	DEM	栅格格式	高程	m
4	RH+日期	栅格格式	空气相对湿度	%
5	Boundary	栅格格式	研究区边界	无量纲
6	Rn+日期	栅格格式	日净辐射	
7	U2+日期	栅格格式	2m 处风速	m/s
8	Vegcover 日期	栅格格式	植被盖度	无量纲
9	Landuse	栅格格式	土地利用类型	无量纲

表 5-25 PenmanMoteith_function 输出数据

序号	输出参数	数据格式	内容	单位
1	ETp+日期	栅格格式	日潜在蒸散发	mm

Kc：在没有试验资料的情况下，可采用联合国粮农组织（FAO）给出的不同作物各发育阶段作物系数经验值。

DEM：可采用 ASTER-GDEM 数据的 GDEM2 产品，空间分辨率为 26.35m，或者采用 STRM 数据的 STRM3 产品，分辨率为 90m。

Tair：可采用研究区气象站点数据插值结果，或者使用遥感产品（如 GLDAS 产品）。

RH：同上。

Rn：同上，也可以利用模型计算结果。

U2：同上。

Boundary：研究区边界的 . shp 文件转为栅格。

Vegcover：采用模型反演的方法获取，如采用 MODIS 数据——叶面积指数/光合有效辐射吸收比率(MOD15)根据 Nilson(1971)提出的计算方法进行反演。

Landuse：采用目视解译、监督分类或者直接采用现有的遥感产品。

3) NPP _ txt 准备

该文档中包括四个参数，分别是植被类型(简称为植被)、Alfa(α)、K(叶层消光系数)、e _ solar/g C/MJ(最大光能利用率)，如图 5-28 所示。

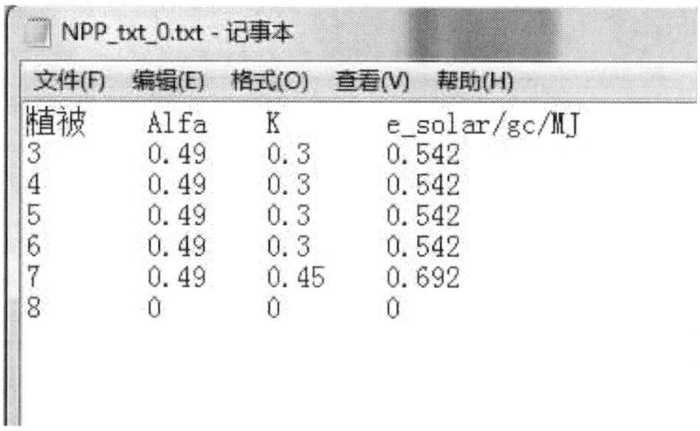
NPP_txt_0.txt - 记事本

文件(F)　编辑(E)　格式(O)　查看(V)　帮助(H)

植被	Alfa	K	e_solar/gc/MJ
3	0.49	0.3	0.542
4	0.49	0.3	0.542
5	0.49	0.3	0.542
6	0.49	0.3	0.542
7	0.49	0.45	0.692
8	0	0	0

图 5-28　NPP _ txt 文档内容示意图

其中，植被类型(简称为植被)下面数列分别表示各种土地利用类型对应植被(3 表示旱地、4 表示水田、5 表示湿地、6 表示草地、7 表示林地、8 表示水体)；Alfa(α)为光合有效辐射与总辐射的比例因子，通常取值为 0.49；K 值可由式(5-66)和式(5-67)求得；e _ solar(最大光能利用率)按表 5-22 进行取值。

4) NPP 计算

根据潜在 NPP 计算原理将该模型整合入 EcoHAT 程序中，模型名称为 NPP _ casa _ function，计算所需数据如表 5-26 所示，计算输出数据如表 5-27 所示。

表 5-26　NPP _ casa _ function 计算输入数据

序号	输入参数	数据格式	内容	单位
1	NPP _ txt	文本格式	最大光能利用率(e _ solar)	g C/MJ
2	Landuse _ 0	栅格格式	土地利用类型	无量纲
3	Q _ day+日期	栅格格式	太阳辐射	MJ/m²
4	Fpar+日期	栅格格式	植被层对入射光合有效辐射的吸收比例	无量纲
5	Tair+日期	栅格格式	日均气温	℃
6	ETp+日期	栅格格式	潜在蒸散发	mm
7	ETa+日期	栅格格式	实际蒸散发	mm

表 5-27　NPP _ casa _ function 计算输出数据

序号	输出参数	数据格式	内容	单位
1	NPP＋日期	栅格格式	当日 NPP	g C/m^2

Landuse：采用遥感影像目视解译、监督分类结果或者直接采用现有的遥感产品。

Q _ day：采用太阳辐射模型计算结果。

Fpar：可直接采用遥感产品，如 MODIS 数据——叶面积指数/光合有效辐射吸收比率（MOD15）。

Tair：可采用研究区气象站点数据插值结果，或者使用遥感产品（如 GLDAS 产品）。

ETp：采用潜在蒸散发模型计算结果。

ETa：采用教程 4.2 节 RS-DTVGM 水文模型计算的结果。

5.3.1.3　操作步骤

1) 下载数据

通过地理空间数据云平台（http：//www. gscloud. cn/）或 NASA 地球观测数据与信息系统 EOSDIS 平台（http://reverb. echo. nasa. gov/reverb/）下载研究区涉及的 TM 卫星影像数据和 MODIS 卫星 MOD15 数据。通过 NASA 的地球科学数据和信息服务中心 GES DISC 平台（http://disc. sci. gsfc. nasa. gov/hydrology/data-holdings）下载 GLDAS 气象产品；通过中国气象科学数据共享服务网（http：//cdc. cma. gov. cn/）下载国内气象数据；通过国家气象数据中心（national climatic data center）（http://www. ncdc. noaa. gov/oa/mpp/freedata. html）下载国际气象数据。

2) 数据处理及计算

数据预处理：在 ArcGIS 中完成多幅遥感影像的拼接、投影转换、裁剪等数据预处理，得到研究区范围的遥感影像；利用 MRT 对 MODIS 数据进行拼接、重投影批处理。

Landuse（土地利用图）数据处理：采用目视解译的方法得到研究区的土地利用图，并将数据格式转换为 ENVI 标准格式。

Fpar（植被层对入射光合有效辐射的吸收比例）数据处理：采用 MRT 工具对 MOD15 数据进行重采样、重投影和拼接处理；并对产品空间和时间序列缺值情况进行插补，最后统一转换为 ENVI 标准格式。

Tair（气温）数据处理：可利用下载的气象数据在 ArcGIS 中完成空间插值，也可以对下载的 GLDAS 气象数据进行处理得到气温数据。

太阳辐射计算：全部输入数据准备好后放在文件夹中。启动 EcoHAT 软件，新建工程文件后点击"常用计算"下拉菜单中的"太阳辐射"计算模块，调出"太阳辐射（Rs）"计算过程引导界面，如图 5-29 所示，分别输入模拟起止年日（标准格式如"2010161"），点击"路径选择"按钮，选取计算太阳辐射的准备数据所在文件夹，然后点击"输入数据"；待"数据准备完成情况"进度条到达 100％后，点击"选择结果保存位置"，即可点击"运行"进行太阳辐射计算，得到"Rs _ instant _ 日期"格式的每日瞬时太阳辐射。计算结果存入文件夹中。

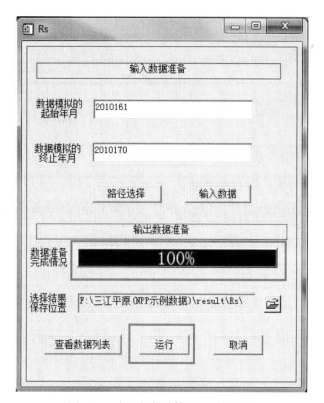

图 5-29　太阳辐射计算过程引导界面

ETp(潜在蒸散发)计算：将全部处理数据放在文件夹中。启动 EcoHAT 软件，首先新建工程路径，然后点击"常用计算"下拉菜单中的"FAO 潜在蒸散发"计算模块，调出"PenmanMoteith"计算过程引导界面，如图 5-30 所示，分别输入模拟起止年日(标准格式如"2010001")，点击"路径选择"按钮，选取计算潜在蒸散发准备数据所在文件夹；点击"输入数据"按钮，等待"数据准备完成情况"进度条达到 100%，点击"选择结果保存位置"，即可点击"运行"进行潜在蒸散发的计算。计算结果存入文件夹中。

NPP(植被净第一性生产力)计算：将全部处理数据放在文件夹中。启动 EcoHAT 软件，首先新建工程路径，然后点击"植物生长模块"下拉菜单中的"NPP(CASA)"计算模块，调出"NPP _ CASA"计算过程引导界面，如图 5-31 所示，分别输入模拟起止年日(标准格式如"2010001")，然后点击"路径选择"按钮，选取计算 NPP 准备数据所在文件夹；点击"输入数据"按钮，等待"数据准备完成情况"进度条达到 100%，点击"选择结果保存位置"，即可点击"运行"进行 NPP 计算。计算结果存入文件夹中。

5.3.2　生产力分配

对于林木和灌木，考虑 NPP 的分配。根据 Zhu 等的 ForNBM 森林生态系统模型，植被净第一性生产力在植被各部分的分配次序是：首先分配到叶片，其次是根系，最后是枝干(Paul et al.，1996；Zhu et al.，2003a)。

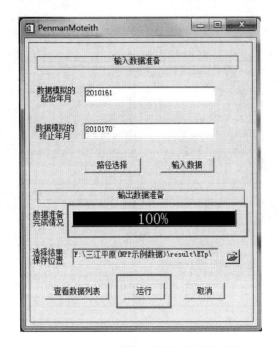
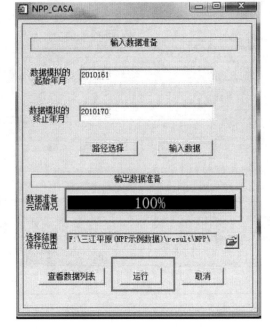

图 5-30　潜在蒸散发计算过程引导界面　　　　图 5-31　NPP 计算过程引导过程界面

在植物生长季，NPP 分配到树叶部分的生物量 F_B（g C/m²）与叶面积的增加量成比例，由式(5-17)确定(Zhu et al., 2003b)；非植物生长季，NPP 分配到叶片的生产力与 NPP 成比例。分配比例系数均由研究区实验数据确定。

$$\frac{dF_B}{dt} = R_{LA\_w} \frac{\varepsilon_{LA}}{dt}$$ （5-72）

式中，F_B 为分配到叶片的生产力，g C/m²；R_{LA_w} 为单位面积（1m²）叶片的生物量；ε_{LA} 为叶面积的月增加量，m²。

分配到叶片后，NPP 再成比例地分配到根(Paul et al., 1996；Zhu et al., 2003b)，

$$\frac{dR_B}{dt} = K_{ra}\left(\frac{dNPP}{dt} - \frac{dF_B}{dt}\right)$$ （5-73）

式中，R_B 为分配到根系的生产力，g C/m²；NPP 为植被净第一性生产力，g C/m²；K_{ra} 为系数（无量纲）。

剩余的 NPP 分配到枝(Paul et al., 1996；Zhu et al., 2003)：

$$\frac{dW_B}{dt} = \frac{dNPP}{dt} - \frac{dF_B}{dt} - \frac{dR_B}{dt}$$ （5-74）

式中，W_B 为分配到枝干的生产力，g C/m²。

结合遥感数据使用，研究中只考虑林灌植被 NPP 的分配，不考虑草本和耕作植被时，林灌植被 NPP 的分配参考 ForNBM 模型(Zhu et al., 2003b)，假定 NPP 分配顺序依次为叶、根和茎。分配到叶片的 NPP 按下式计算(Landsberg and Waring, 1997)：

$$NPP_L = dB_L/dt - dF_{lit}/dt$$ （5-75）

式中，NPP_L 为分配到叶片的 NPP，g C/m^2；B_L 为叶片生物量，g C/m^2；F_{lit} 为叶片凋落物量，g C/m^2。

叶片生物量采用 MODIS NPP 产品的算法进行计算（Heinsch et al.，2003）：

$$B_L = LAI \,/\, SLA \tag{5-76}$$

式中，SLA 为比叶面积，m^2/kg，参考查找表进行取值（表 5-18）。

分配到叶后的 NPP 再成比例地分配到根，计算同 ForNBM 模型（Zhu et al. 2003a）：

$$NPP_R = K_{ra}(NPP - NPP_L) \tag{5-77}$$

式中，NPP_R 为分配到根系的 NPP，g C/m^2；K_{ra} 为根系凋落系数。

分配到树干的 NPP 为

$$NPP_w = NPP - NPP_L - NPP_R \tag{5-78}$$

式中，NPP_w 为分配到根系的 NPP，g C/m^2。

5.3.3　植物凋落物

对林木和灌丛，凋落物子模型中将植被的凋落物分为叶片凋落物、根系凋落物与枝干凋落物三部分。其中，叶片凋落物的计算要根据研究区域的植被类型与温度共同确定，根系凋落物与枝干凋落物由根系和枝干分配的生产力按比例求取。参照研究区域实验数据、参考文献共同确定叶片、枝干、根系的凋落比例系数（姚瑞玲等，2006；樊后保等，2005；林德喜和樊后保，2005）。对草本植物，凋落物子模型将植被视为一个整体，凋落物与草本植物的总生物量相关。

对林木和灌木，分别考虑叶片、根系、枝干的凋落，叶片的凋落与温度和植被类型有关，设阈值温度 T_{fall}，对落叶林，低于阈值温度则叶片全部凋落，高于阈值温度则与叶片生产力成比例凋落；对常绿林与叶片生产力成比例凋落（Zhu et al.，2003a）：

$$F_{lit} = \begin{cases} a_{fh}F_B, & T_{air} > T_{fall}, & 落叶林 \\ F_B, & T_{air} < T_{fall}, & 落叶林 \\ a_{fs}F_B, & & 常绿林 \end{cases} \tag{5-79}$$

式中，F_{lit} 为叶片凋落量，g C/m^2；a_{fh}、a_{fs} 为叶片凋落系数，分别是落叶林、常绿林的凋落系数；F_B 为叶片的生产力，g C/m^2；T_{air} 为气温，℃；T_{fall} 为落叶林叶片凋落的阈值温度，℃。

根的凋落物（R_{lit}）成比例于根的生产力：

$$R_{lit} = a_{fr}R_B \tag{5-80}$$

式中，R_{lit} 为根系的凋落量，g C/m^2；a_{fr} 为根凋落系数；F_B 为根系的生产力，g C/m^2。

枝干的凋落量（W_{lit}）成比例于枝干的生产力：

$$W_{lit} = a_{fw}W_B \tag{5-81}$$

式中，W_{lit} 为枝干的凋落量，g C/m^2；a_{fw} 为树干凋落系数；W_B 为枝干的生产力，g C/m^2。

对于草本植物，视植被为一个整体，并设定温度阈值，高于这个温度，按植被生产力的比例凋落，低于这个温度，则全部凋落。

$$L_{lit} = \begin{cases} a_{fl} \times FL, & T_{air} > T_{fall} \\ FL, & T_{air} < T_{fall} \end{cases} \tag{5-82}$$

式中，L_{lit} 为草本植物的凋落量，g C/m^2；FL 为草本植物的生产力，g C/m^2；a_{fl} 为草本植物的凋落系数；T_{air} 为气温，℃；T_{fall} 为草本植物凋落的阈值温度，℃。

5.3.4　案例：三江平原植被生长模拟

运用 RS 和 GIS 手段，在对光能利用率过程混合模型简化的基础上，利用 1km 分辨率的 MODIS-FPAR 数据、气象数据和实地观测数据，研究了三江平原的陆地植被净第一性生产力的空间分布及季节变化，并分别对土地利用和覆被类型进行了 NPP 的对比研究，以期为植物中氮元素循环过程的研究提供依据。

在 NPP 模型及光合有效辐射实验观测基础上，由 2001～2010 年 1km 分辨率的日 MODIS-FPAR 资料和地面常规气象资料对三江平原植被的净第一性生产力进行了估算，并深入分析了其时空格局及区域差异。

1）三江平原 NPP 的季节变化特征

图 5-32 为三江平原 2006 年 5～10 月 NPP 月值空间分布图。由图 5-32 可以看出，三江平原 NPP 的积累主要从 5 月份开始，发生在丘陵区域的林地，林地在 6 月份依然产生最大的 NPP，7 月份开始，随着水田、旱地中作物的生长，空间上来看，三江平原不同区域的 NPP 之间差异不大，8 月份作物生长仍然旺盛，不同区域的 NPP 都达到最大值。9 月份随着作物成熟和气温的降低，三江平原 NPP 月值整体骤降，空间上看不再有大区域的高值存在。10 月份水田和旱田作物收割，草地枯萎，林地叶片凋落，三江平原的各植被类型的净第一性生产力基本停止。

2）三江平原 NPP 的年际变化特征

三江平原 NPP 主要受土地利用和覆被类型的制约，图 5-33 为 2000～2010 年三江平原不同覆被类型 NPP 的年值。经计算得到 2001～2010 年三江平原 11 年的年平均 NPP 为 0.044 Pg C/a（1Pg=10^{15}g），单位面积平均值为 401g C/m^2。三江平原主要植被类型是耕地、林地、湿地和草地。三江平原单位面积 NPP 的最大值出现在林地，为 466g C/(m^2·a)，其次为草地和湿地，分别为 412g C/m^2 和 408g C/m^2，年 NPP 比较低的土地利用类型为旱田，只有 329g C/m^2。2000 年以来三江平原植被 NPP 处于一个平稳的趋势，变化幅度很小。2000 年以后三江平原粮食增产，从 NPP 上没有直接的反映，原因有待进一步分析。总体来看，2001～2010 年三江平原植被 NPP 一直保持稳定，年际变化上下波动不大。

图 5-34 为 2000～2010 年三江平原 NPP 年值的空间分布图。由图 5-34 可以看出，三江平原植被 NPP 高值主要分布在中西部山区和东南部丘陵地区，占整个区域面积的 30% 以

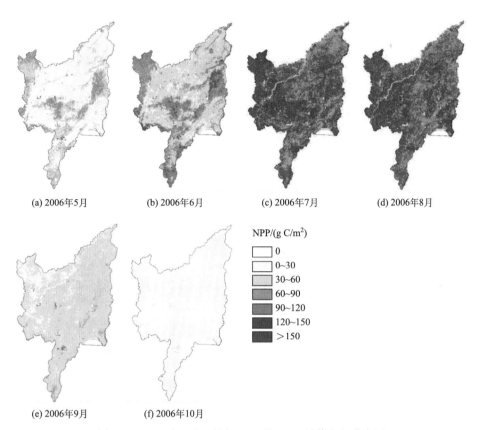

(a) 2006年5月　　(b) 2006年6月　　(c) 2006年7月　　(d) 2006年8月

NPP/(g C/m²)

	0
	0~30
	30~60
	60~90
	90~120
	120~150
	>150

(e) 2006年9月　　(f) 2006年10月

图 5-32　2006 年三江平原 5～10 月 NPP 月值空间分布图

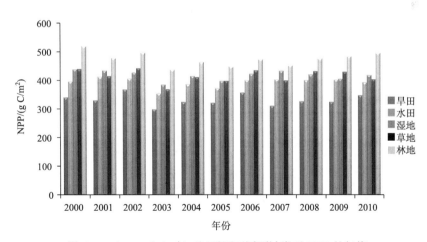

图 5-33　2000～2010 年三江平原不同覆被类型 NPP 的年值

上。平原区域，由于多为耕地，植被 NPP 要低于林地，所以空间上平原区 NPP 的值要低于丘陵地区。由于平原区分布有湿地，其 NPP 值较高，故平原区沿河或湿地的植被 NPP 也呈现一个高值。受降雨减少等影响，2003 年和 2007 年 NPP 值总体上小于其他年份。

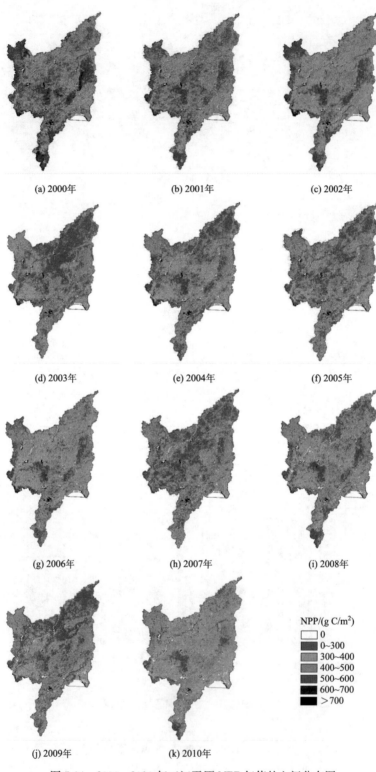

(a) 2000年　　　　　　　(b) 2001年　　　　　　　(c) 2002年

(d) 2003年　　　　　　　(e) 2004年　　　　　　　(f) 2005年

(g) 2006年　　　　　　　(h) 2007年　　　　　　　(i) 2008年

(j) 2009年　　　　　　　(k) 2010年

NPP/(g C/m²)
0
0~300
300~400
400~500
500~600
600~700
＞700

图 5-34　2000~2010 年三江平原 NPP 年值的空间分布图

5.4 土 壤 侵 蚀

侵蚀和泥沙输移过程是营养物质迁移转化的中间环节。土壤侵蚀会因地形特征、土壤性状、植被覆盖和土地利用等特征不同而存在空间差异。模拟土壤侵蚀，并建立其与降雨、径流及下垫面状况之间的定量化关系，是研究营养物质迁移过程与机制的重要内容。对流域单元的营养物质迁移问题开展研究时，人们除了关注土壤侵蚀的空间差异，还特别重视整个流域的产沙总量。流域出口的产沙量估算是推求流域营养物质迁移总量的数据基础。具体地计算出坡面的土壤侵蚀量后，可通过坡面汇沙和河道汇沙两个环节，获取流域出口的产沙量。流域单元的土壤侵蚀和产沙量估算流程如下(图 5-35)。

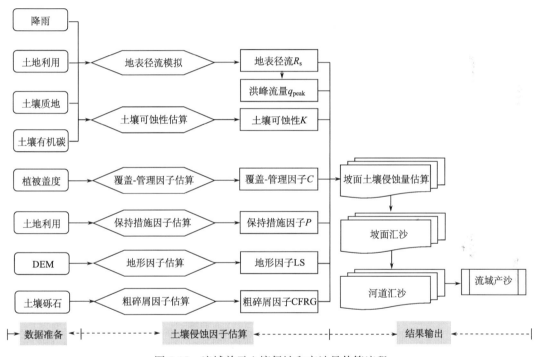

图 5-35 流域单元土壤侵蚀和产沙量估算流程

如图 5-35 所示，不同的空间单元，由于土地利用方式和土壤质地不同，其下渗能力也有所不同。降雨发生时，通过下渗削减后，产生地表径流。地表径流对泥沙进行侵蚀与搬运，形成坡面土壤侵蚀。坡面侵蚀过程中，地表径流的侵蚀能力除了受地表径流大小影响外，还受到洪峰流量、土壤可蚀性、覆盖-管理水平、水土保持措施、地形条件和土壤砾石含量的影响。坡面土壤侵蚀经坡面、河道汇沙过程后到达流域出口，最终形成整个流域单元的产沙量。

5.4.1 算法原理

5.4.1.1 土壤侵蚀模拟

可运用修正的通用土壤流失方程(MUSLE)(Williams, 1995)模拟土壤侵蚀量。估算

中，每个栅格的侵蚀量可由 8 个因子定量计算后获取，表达式为

$$\text{Sed} = 11.8 \cdot (R_s \cdot q_{\text{peak}} \cdot A_{\text{pixel}})^{0.56} \cdot K \cdot C \cdot P \cdot \text{LS} \cdot \text{CFRG} \tag{5-83}$$

式中，Sed 为土壤侵蚀量，t；R_s 为地表径流量，mm；q_{peak} 为洪峰径流，m^3/s；A_{pixel} 为栅格单元面积，hm^2；K 为土壤可蚀性因子；C 为植被覆盖和作物管理因子；P 为保持措施因子；LS 为地形因子；CFRG 为粗碎屑因子。

1）地表径流因子

地表径流因子（R_s）可通过章节 4.1 中介绍的 LCM 水文模型获取。

LCM 模型中，每个栅格的地表径流在数值上等于降雨量和下渗量的差值式（5-84）（刘昌明等，1965）。

$$R_s = P_{\text{rec}} - f \tag{5-84}$$

式中，R_s 为地表径流，mm；P_{rec} 为降雨量，mm；f 为下渗量，mm。

2）洪峰径流因子

洪峰径流（q_{peak}）运用公式（5-85）（Neitsch et al.，2009）计算获取。

$$q_{\text{peak}} = \frac{\alpha_{\text{tc}} \cdot R_s \cdot A_{\text{pixel}}}{3.6 \cdot t_{\text{conc}}} \tag{5-85}$$

式中，q_{peak} 为洪峰径流，m^3/s；α_{tc} 为汇流时段内降雨比例；R_s 为地表径流，mm；A_{pixel} 为栅格面积，km^2；t_{conc} 为栅格汇流时间；3.6 为单位转换因子。

3）土壤可蚀性因子

土壤可蚀性因子（K）是土壤潜在侵蚀性的量度，是反映土壤容易遭受侵蚀程度的一个参数，深受土壤性质的影响。采用 Williams（1995）在 EPIC 模型中发展的方法，估算土壤可蚀性因子。

$$K = \left\{ 0.2 + 0.3\exp\left[-0.0256 S_d \left(1 - \frac{S_i}{100} \right) \right] \right\} \left(\frac{S_i}{C_i + S_i} \right)^{0.3} \left[1 - \frac{0.25 C_{\text{or}}}{C_{\text{or}} + \exp(3.72 - 2.95 C_{\text{or}})} \right]$$
$$\left[1 - \frac{0.7(1 - S_d)}{1 - S_d + \exp(-5.51 + 22.9(1 - S_d))} \right] \tag{5-86}$$

式中，K 为土壤可蚀性；S_d 为砂粒含量，%；S_i 为粉粒含量，%；C_i 为黏粒含量，%；C_{or} 为有机碳含量，%。

4）覆盖-管理因子

覆盖-管理因子（C）反映了覆盖和管理变量对土壤侵蚀的综合作用。植被通过影响地表径流的水力学特性而影响土壤侵蚀能力。随着植被盖度的增加，径流产沙能力下降（Hoffmann and Ries，1991）。因此，可将植被盖度作为反映覆盖-管理因子的重要指标加以考虑。蔡崇法等（2000）运用植被盖度建立了 C 因子的计算方法。

$$C = \begin{cases} 1, & c_v \leqslant 10\% \\ 0.6508 - 0.3436 \lg c_v, & 10\% < c_v \leqslant 78.3\% \\ 0, & c_v > 78.3\% \end{cases} \tag{5-87}$$

式中，C 为覆盖-管理因子，取值范围 $0\sim1$，C 值越小，植被的减沙效果越明显，反之则相反；c_v 为植被盖度，%。

5）保持措施因子

保持措施因子(P)是采用措施后的土壤流失量与顺坡种植时的土壤流失量的比值，通常的土壤侵蚀控制措施包括等高耕作、梯田等。参照王万忠和焦菊英(1996)在黄土高原的研究成果，结合实地调查数据，分土地利用类型对保持措施因子进行估算。如果某地类未布局保持措施，则该地类的 P 取值 1。P 值越小，保持措施的减沙效果越明显，反之则相反。

6）地形因子

地形因子(LS)又叫坡度坡长因子，反映了地形特征对土壤侵蚀的影响，数值上等于坡长因子(L)和坡度因子(S)的乘积。

坡长因子(L)采用刘宝元等(2000)的研究成果进行估算。

$$L = (L_{slp}/22.1)^{0.44} \tag{5-88}$$

式中，L 为坡长因子；L_{slp} 为坡长。

坡度因子(S)分三种情况进行估算(McCool et al.，1987；Liu et al.，1994)。

$$S = \begin{cases} 10.8\sin\theta + 0.03, & \theta < 5° \\ 16.8\sin\theta - 0.5, & 5° \leqslant \theta < 10° \\ 21.9\sin\theta - 0.96, & \theta > 10° \end{cases} \tag{5-89}$$

式中，S 为坡度因子；θ 为坡度(°)。

7）粗碎屑因子

粗碎屑因子(CFRG)通过式(5-90)(Neitsch et al.，2009)估算：

$$CFRG = \exp(-0.053 \cdot rock) \tag{5-90}$$

式中，CFRG 为粗碎屑因子；rock 为土壤中的砾石含量，%。

5.4.1.2　汇沙模拟

营养物质迁移研究中，除应关注物质迁移的路径和空间格局外，还应重视整个流域系统的物质迁移总量。流域产沙量恰能直观反映流域系统的物质迁移总量。增加汇沙过程模拟，将每个栅格单元的土壤侵蚀沉积物汇到流域出口，即可估算出流域系统的侵蚀产沙量。

汇沙过程分为坡面汇沙和河道汇沙两个环节，具体算法原理与章节 4.1.1.5 中介绍的汇流过程相同。

5.4.2　数据准备

5.4.2.1　土壤侵蚀模拟

数据获取：根据修正的通用土壤流失方程(MUSLE)(Williams，1995)的算法原理获取。

程序名称：MUSLE_gui.exe；输入和输出数据见表 5-28 和表 5-29。

表 5-28　MUSLE _ gui. exe 程序输入数据

序号	图名	数据格式	内容	单位	用途
1	R _ 1，R _ 2，以此类推	ENVI 标准格式	地表径流深	mm	估算 R_s、q_{peak} 因子
2	Tov _ 0	ENVI 标准格式	栅格汇流时间	h	估算 q_{peak} 因子
3	Clay _ U _ 0	ENVI 标准格式	土壤属性—黏粒含量	%	估算 K 因子
4	Silt _ U _ 0	ENVI 标准格式	土壤属性—粉粒含量	%	估算 K 因子
5	Sand _ U _ 0	ENVI 标准格式	土壤属性—砂粒含量	%	估算 K 因子
6	OC _ U _ 0	ENVI 标准格式	土壤属性—有机碳含量	%	估算 K 因子
7	Rock _ U _ 0	ENVI 标准格式	土壤属性—砾石含量	%	估算 CFRG 因子
8	VegCover _ 0	ENVI 标准格式	植被盖度	%	估算 C 因子
9	Landuse _ 0	ENVI 标准格式	土地利用类型	无量纲	估算 P 因子
10	LS _ 0	ENVI 标准格式	地形(坡度坡长)因子	无量纲	估算 LS 因子

注：表中序号为 2~10 的数据需存放于同一文件夹中。

表 5-29　MUSLE _ gui. exe 程序输出数据

序号	图名	数据格式	内容	单位
1	Sed _ 0001. tif Sed _ 0002. tif ⋮	ENVI 标准格式增加后缀". tif"	小时栅格土壤侵蚀量	t

数据获取方法：用 LCM 估算，数据准备及计算过程见章节 4.1 相关内容。

计算洪峰径流时，除需要地表径流深数据外，还需准备栅格汇流时间数据。

栅格汇流时间的获取方法：参考 SWAT 模型(Neitsch et al. ，2009)中提供的坡面汇流时间计算方法，根据坡度、坡长和土地利用数据估算获取，而坡长数据可由坡度、流向数据估算获取。因此，计算时只需输入坡度、流向和土地利用数据即可。

栅格汇流时间程序名称：Rtime _ slope _ gui. exe；输入和输出数据见表 5-30 和表 5-31。

表 5-30　Rtime _ slope _ gui. exe 程序输入数据

序号	图名	数据格式	内容	单位	数据获取途径
1	flowdir. tif	ENVI 标准格式增加后缀". tif"	流向图	无量纲	ArcMap 水文分析模块获取
2	slope. tif	ENVI 标准格式增加后缀". tif"	坡度图	(°)	ArcMap 地表分析模块获取
3	Landuse. tif	ENVI 标准格式增加后缀". tif"	土地利用图	无量纲	遥感数据解译获取

表 5-31　Rtime _ slope _ gui. exe 程序输出数据

序号	图名	数据格式	内容	单位
1	Tov _ 0. tif	ENVI 标准格式增加后缀". tif"	栅格汇流时间	h

土壤属性数据包括 5 个图层。即表层土壤黏粒含量(Clay _ U _ 0)、表层土壤粉粒含量(Silt _ U _ 0)、表层土壤砂粒含量(Sand _ U _ 0)、表层土壤有机碳含量(OC _ U _ 0)、表层土壤石砾含量(Rock _ U _ 0)。这 5 个图层的生成步骤相同，具体为：

第 1 步，获取研究区土壤类型矢量数据。

第 2 步，对应中国 1∶100 万土壤数据库，查找出研究区的土壤类型编码。

第 3 步，利用联合国粮农组织(FAO)和维也纳国际应用研究所(IIASA)构建的全球土壤数据库 HWSD(harmonized world soil database)，查找获取各土壤类型编码的表层土壤属性信息。包括：表层土壤(0～30cm)的黏粒含量(T_CLAY)、粉粒含量(T_SILT)、砂粒含量(T_SAND)、有机碳含量(T_OC)、砾石含量(T_GRAVEL)。

第 4 步，将获取的土壤属性信息添加到土壤类型矢量数据属性表中。

第 5 步，运用 ArcMap 中矢量转栅格的方法，生成 5 个土壤属性栅格数据。

通过 NDVI 遥感数据产品反演获取植被盖度数据，成果数据取名为 VegCover_0.tif。

通过遥感数据解译获取土地利用数据，成果数据取名为 Landuse_0.tif。

地形因子根据刘宝元等(1994，2000)和 McCool 等(1987)的研究成果，通过坡度、坡长数据估算获取，而坡长数据可由坡度、流向数据估算获取。因此，计算时只需输入坡度、流向数据即可。

程序名称：ls_cal_gui.exe；输入和输出数据见表 5-32 和表 5-33。

表 5-32　Rtime_slope_gui.exe 程序输入数据

序号	图名	数据格式	内容	单位	数据获取途径
1	flowdir.tif	ENVI 标准格式增加后缀".tif"	流向图	无量纲	ArcMap 水文分析模块获取
2	slope.tif	ENVI 标准格式增加后缀".tif"	坡度图	(°)	ArcMap 地表分析模块获取

表 5-33　Rtime_slope_gui.exe 程序输出数据

序号	图名	数据格式	内容	单位
1	LS_0.tif	ENVI 标准格式增加后缀".tif"	地形(坡度坡长)因子	无量纲

5.4.2.2　汇沙模拟

数据获取方法：参照 4.1 的方法，获取坡面栅格单元的土壤侵蚀数据后，运用程序 sed_con_gui.exe，即可将坡面侵蚀产沙汇至流域出口。

程序名称：sed_con_gui.exe；输入和输出数据见表 5-34 和表 5-35。

表 5-34　sed_con_gui.exe 程序输入数据

序号	图名	数据格式	内容	单位	数据获取途径
1	Sed_0001.tif Sed_0002.tif ⋮	ENVI 标准格式增加后缀".tif"	土壤侵蚀图	t	MUSLE_gui.exe 模拟
2	子流域图.tif	ENVI 标准格式增加后缀".tif"	子流域图	无量纲	GisNet 提取
3	等流时线图.tif	ENVI 标准格式增加后缀".tif"	等流时线图	h	GisNet 提取
4	iuh_adjusted.tif	ENVI 标准格式增加后缀".tif"	调整等流时线图	h	GisNet 提取
5	SubBasinA.txt	文本文件	流域属性值	无量纲	GisNet 提取
6	C0	数值	马斯京根调节系数	无量纲	手动输入
7	C1	数值	马斯京根调节系数	无量纲	手动输入

表 5-35 sed _ con _ gui. exe 程序输出数据

序号	图名	数据格式	内容	单位
1	模拟汇沙结果 . txt	文本文件	流域出口小时尺度产沙量	t

5.4.3 操作步骤

5.4.3.1 土壤侵蚀模拟

所需程序：MUSLE _ gui. exe 程序。

第 1 步，检查确保表 5-28 中所列需输入的 10 类数据均为 ENVI 标准格式，且坐标投影信息、空间分辨率与行列号均相同。

第 2 步，存放输入数据。将表 5-28 中所列序号为 1 的所有地表径流数据存放于文件夹中，将序号为 2~10 的数据一同存放于文件夹中。

第 3 步，确定程序运行结果存放文件夹。如运行结果存放位置为"D：\ MUSLE 结果 \"。

第 4 步，打开 MUSLE _ gui. exe 程序，输入数据。在"MUSLE 因子数据"栏，点击"路径"，输入"D：\ MUSLE 因子 \ "；在"地表径流数据"栏，点击"路径"，输入"D：\ Rs _ 1980 \ "；在"栅格面积(hm²)"栏，手动输入栅格面积(如空间分辨率为 90m，则输入 0.81，以此类推)；在"结果输出位置"栏，点击"路径"，输入"D：\ MUSLE 结果 \ "(图 5-36)。

图 5-36 MUSLE _ gui. exe 程序数据输入界面

第 5 步，点击"确定"，即可输出产沙数据(图 5-37)。

图 5-37　MUSLE_gui.exe 程序数据输出格式

5.4.3.2　汇沙模拟

所需程序：sed_con_gui.exe 程序。

第 1 步，汇沙流域属性数据存放。将运用 GisNet 提取生成的数据，包括"子流域图.tif"、"等流时线图.tif"、"iuh_adjusted.tif"和"SubBasinA.txt"一同存放于"D:\汇沙流域属性数据\"中。

第 2 步，根据 LCM 产汇流程序模拟结果中的优选参数，查询获取 C0 和 C1 值。如查询出 C0、C1 值分别为 0.10055269、0.42554259。

第 3 步，确定数据结果存放位置。如运行结果存放位置为"D:\汇沙结果\"。

第 4 步，打开 sed_con_gui.exe 程序，输入汇沙基础数据。在"子流域文件"栏，点击"路径"，输入"D:\汇沙流域属性数据\子流域.tif"；在"产沙数据文件"栏，点击"路径"，输入"D:\MUSLE 结果\"；在"等流时线"栏，点击"路径"，输入"D:\汇沙流域属性数据\等流时线.tif"；在"iuh_adjusted"栏，点击"路径"，输入"D:\汇沙流域属性数据\iuh_adjusted.tif"；在"马斯京根系数 C0"栏，手动输入"0.10055269"；在"马斯京根系数 C1"栏，手动输入"0.42554259"；在"SubBasinA"栏，点击"路径"，输入"D:\汇沙流域属性数据\SubBasinA.txt"；在"结果输出位置"栏，点击"路径"，输入"D:\汇沙结果\"(图 5-38)。

第 5 步，点击"确定"，即可输出汇沙模拟结果(图 5-39)。

图 5-38　sed_con_gui.exe 程序数据输入界面

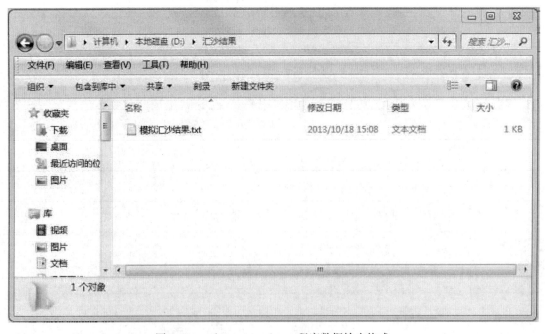

图 5-39　sed_con_gui.exe 程序数据输出格式

5.4.4　案例：孤山川流域场次暴雨产沙模拟

孤山川流域面积 1272km²，位于黄河中游的多沙粗沙区，高石崖水文站是其流域水文控制站。该流域位于 110°31′～111°04′E、39°0′～39°27′N，是典型的半干旱区。其海拔高差为 606m，最低点海拔 796m，最高点海拔 1402m。年平均降雨量 410mm，80％的降雨来自夏季的场次暴雨。自 20 世纪 70 年代以来，孤山川流域输沙量明显减少：1954～1969 年，年均输沙量为 2636 万 t；2000～2006 年，其年均输沙量下降为 1376 万 t。因此，开展孤山川流域场次暴雨产沙模拟，对于研究黄河中游多沙粗沙区的营养物质循环和迁移有着重要意义。

选择了孤山川流域 1988 年雨季 14 个雨量站连续 100h 的降雨数据，通过 LCM 模型的模拟，获取这 100h 的地表径流深数据。运用 1988 年 TM 数据，获取当年的土地利用数据和植被盖度数据。运用中国科学院南京土壤研究所提供的 1∶100 万土壤数据，生成模型所需的表层土壤属性数据图层。收集 ASTER-GDEM 数据，生成 DEM 图，获取模型所需的地形数据和流域属性数据。

运用所述方法，模拟了孤山川流域 1988 年连续 100h 的暴雨产沙。运行土壤侵蚀模拟程序，获取每小时的土壤侵蚀空间分布图。之后，将每小时的土壤侵蚀空间图进行空间叠加，生成孤山川流域 100h 暴雨产沙空间分布图(图 5-40)。可以看出，孤山川流域的土壤侵蚀高值区主要出现在流域的西南角及主河道两岸斜坡地带。运行汇沙模拟程序后，获取每小时汇至流域出口高石崖水文站的产沙模拟值，之后，将该模拟值与同时段的观测值进行对比。运

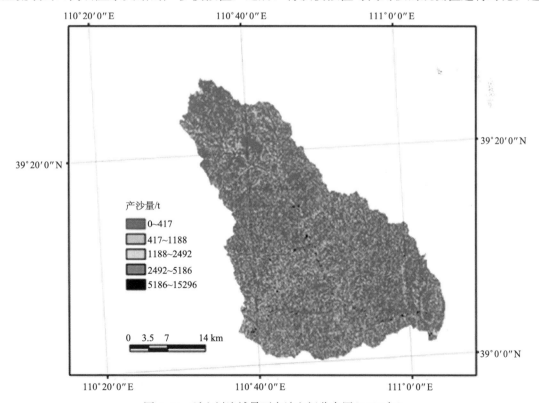

图 5-40　孤山川流域暴雨产沙空间分布图(1988 年)

用纳西系数(NS)、标准均方根误差(NRMSE)和相关系数(R^2)等 3 个指标，以检验模型的模拟精度(图 5-41)。结果显示纳西系数(NS)、标准均方根误差(NRMSE)和相关系数(R^2)分别为 0.76、1.19 和 0.76，表明模型的模拟精度较好。

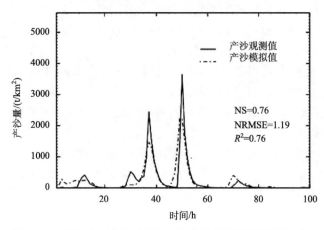

图 5-41　孤山川流域高石崖水文站产沙观测值和模拟值对比

第6章 数据可视化分析

遥感水文模型的输入和输出数据中含有大量的具有时间和空间序列的图像数据。对于海量遥感水文数据，通过可视化转化为具体形象，能够激发人的形象思维，使人们从混乱无序的遥感水文数据中找出隐含的规律，从而为水文领域的科学研究、工程开发和业务决策等提供依据。

本章介绍了遥感水文时空序列数据可视化分析系统。数据可视化分析系统实现了遥感水文数据管理、图像显示和图表绘制等功能，通过对遥感水文过程的可视化表达，使用户更加方便地进行数据分析。

6.1　技　术　原　理

数据可视化系统的技术路线如图 6-1 所示。首先分别设置时间和空间序列参数，如果判断正确，执行查询操作。查询过程中需要从存储文件中读取数据源属性，得到时间和空间属性序列。通过选择图像索引，从外界读取图像数据进行图像显示，并进行保存。从显示的图像中选取需要绘制的像素序列，得到绘制的图表（折线图或者柱状图）以及时间和空间属性数表，最后输出图像和数表。

数据可视化分析系统的功能主要包括数据管理、图像显示和图表绘制三个方面的内容。

（1）数据管理。对遥感图像数据进行统一有效地存储，方便查询使用。实现数据源索引存储，采用文件管理方式，把遥感图像数据根据种类分别存储在不同的文件夹中，同时建立文件属性索引。实现分层控制列表查询，建立分层数据列表，优化查询，分层进行数据操作管理，为时空序列图像显示和图表绘制奠定基础。

（2）图像显示。对于分层查询出的遥感图像，将其显示在计算机屏幕上。实现对象图形分级显示，进行图像的移动、缩放和拉伸，使得图像更加清晰地展示出来。实现屏幕与地理坐标转换，支持显示多种坐标系统的遥感图像数据，随鼠标位置的移动实时显示实际地理坐标值。

（3）图表绘制。在遥感图像显示的基础上，选择图像中任意位置的像素，绘制当前像素所代表的变量在整个空间变化范围内和整个时间范围内的变化情况。实现自定义的图表输出，根据需要修改图表的属性，绘制成折线图或柱状图，将多个数据变量放入同一个图表中，根据需求从左数轴或右数轴读取示数，输出绘制完成的图表和数据表格。实现自适应坐标轴制作，绘制出的图表可以根据数据量的大小调整坐标轴与刻度。

6.2　数　据　准　备

数据可视化分析包括两部分：时间序列分析和空间序列分析。

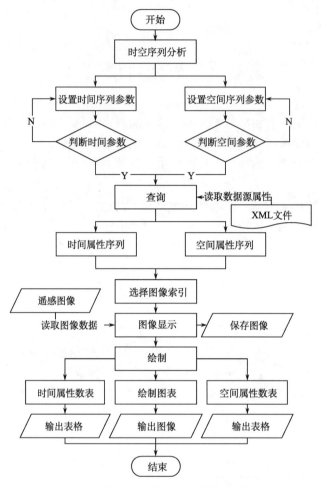

图 6-1　数据可视化分析系统技术路线

6.2.1　时间序列分析

　　时间序列分析的实验数据来自 EcoHAT 系统中基于遥感驱动的分布式时变增益水文模型(remote sensing distributed time variation gain model，RS-DTVGM)的输入数据与输出数据，时间范围从 2005-06-02 到 2005-06-09。为了与原系统时间保持一致，将常规时间转为"年＋天"的格式，时间范围改写为 2005153～2005160。

　　实验数据投影系统是 China_YL，选用的标准椭球体是 WGS-84，时间分辨率为 1d，空间分辨率 1000m，即其中每个像素是 1000(m)×1000(m)的单元。模型输入数据与输出数据参数汇总(按照参数单位排序)如表 6-1 所示。

表 6-1 时间序列分析实验数据

序号	代码	名称	单位
1	Qo	汇流量	m^3
2	P	降雨量	mm
3	R	产流量	mm
4	Rs	地表径流	mm
5	Rg	地下径流	mm
6	Rss	表层壤中流	mm
7	Rsd	深层壤中流	mm
8	SnowMelt	融雪量	mm
9	Sv	植被截留	mm
10	ETp	潜在蒸散发	mm
11	Eta	实际蒸散发	mm
12	Tair _ Gldas	日均温度	K
13	Snow	积雪盖度	1
14	VegCover	植被盖度	1
15	DayEnd _ SWC	表层土壤水分	1
16	DayEnd _ SWCd	中层土壤水分	1
17	DayEnd _ SWCg	深层土壤水分	1
18	LAI	叶面积指数	无量纲
19	RootDepth	根系深度	m

6.2.2 空间序列分析

以最典型的土层序列为例进行空间序列分析。土层序列分析的实验数据来自 EcoHAT 系统中基于遥感驱动的农田耗水估算模型（remote sensing ecological water consumption model，RS-EWCM）的输入数据与输出数据，时间范围从 2008-02-29 到 2008-03-08，土层范围从表土层 1 到底土层 20。与时间序列分析一样，将常规时间转为"年+天"的格式，时间范围改写为 2008060～2008068。

实验数据投影系统是 Geographic Lat/Lon，选用的标准椭球体是 WGS-84，时间分辨率是 1d，空间分辨率是 0.01°，即其中每个像素是 0.01°×0.01°的单元。模型输入数据与输出数据参数汇总（按照参数单位排序）如表 6-2 所示。

表 6-2 土层序列分析实验数据

序号	代码	名称	单位
1	Precipitation	降雨量	mm
2	Interception	植被截留	mm
3	Emis31	Modis 数据 31 波段发射率	1
4	Emis32	Modis 数据 32 波段发射率	1
5	Albedo	反照率	1

续表

序号	代码	名称	单位
6	Soil	微波观测土壤湿度	1
7	VegCover	植被盖度	1
8	Soil _ moisure _ layer(1~20)	土层湿度	1
9	Tair _ Instant	大气温度	K
10	LST	地表温度	K
11	Wind	风速	m/s
12	T _ Rise	日出时间	h
13	T _ Set	日落时间	h
14	Rn _ Instant	瞬时净辐射	W/m^2
15	Rn _ Instant	瞬时太阳辐射	W/m^2
16	Eps _ Instant	瞬时潜在土表蒸发	$10^{-6}mm$
17	ETp _ Instant	瞬时潜在蒸散发	$10^{-6}mm$
18	LAI	叶面积指数	无量纲

6.3 操 作 步 骤

6.3.1 基本操作

数据可视化分析系统的发布文件中包括如图 6-2 所示的文件。其中 EcoHAT. exe 是软件入口，打开后进入系统。名称为"Project1"的三个文件是进入软件后新建的工程文件。使用软件之前，查看"使用前注意事项 . txt"，需要修改 EcoHAT. ini 中的 ENVI 安装文件路径。

📁 data	2013/10/18 13:54	文件夹	
📁 exe	2013/10/18 13:52	文件夹	
📁 IDL80	2013/10/18 13:52	文件夹	
📁 model	2013/10/18 14:14	文件夹	
📁 plugins	2013/10/18 14:12	文件夹	
📁 resource	2013/10/18 13:52	文件夹	
EcoHAT.exe	2010/6/17 15:12	应用程序	60 KB
EcoHAT.ini	2013/6/5 21:55	配置设置	1 KB
ecohat.sav	2013/6/4 22:52	IDL Binary File	4,538 KB
Project1.ldb	2013/10/18 14:14	Microsoft Acces...	0 KB
Project1.mdb	2012/5/5 18:36	Microsoft Acces...	5,016 KB
Project1.pg	2012/5/5 18:36	PG 文件	1 KB
使用前注意事项.txt	2013/10/18 13:45	文本文档	1 KB

图 6-2 系统所包含的文件

打开"EcoHAT. exe"进入软件后，在菜单栏选择"文件—新建工程"，建立新的工程文件，如图 6-3 所示。

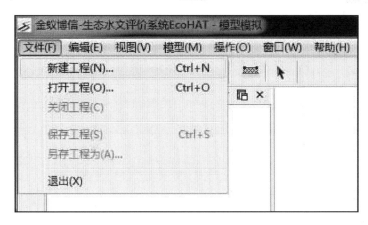

图 6-3　文件—新建工程

输入新建工程的名称"Project1"，并选择工程的路径，如图 6-4 所示。

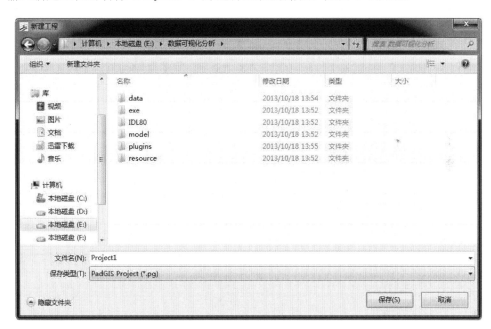

图 6-4　输入新建工程名称

新建工程后，下次可以直接选择"文件—打开工程"，打开已经创建的工程，如图 6-5 所示。

如果在已有工程上选择"打开工程"，系统会弹出警告框"是否退出当前工程"，这里选择"是"，如图 6-6 所示。

在"打开工程"窗口中，选择已经创建好的工程，这里选择"Project1. pg"，如图 6-7 所示。

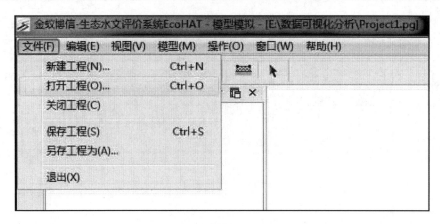

图 6-5　文件—打开工程

图 6-6　警告框"退出工程"

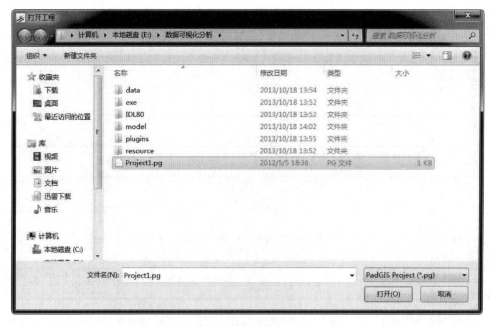

图 6-7　打开已有工程"Project1. pg"

进入工程"Project1.pg"后，系统工程界面如图 6-8 所示。

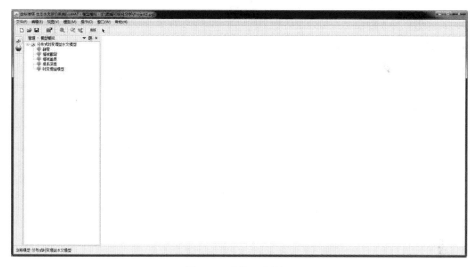

图 6-8　系统工程界面

6.3.2　时间序列分析操作

打开工程界面后，选择菜单栏"操作—时间序列分析"，如图 6-9 所示。

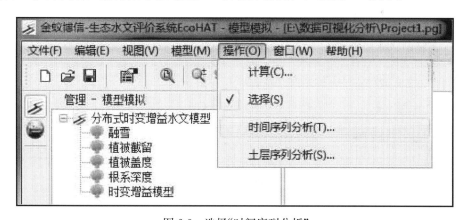

图 6-9　选择"时间序列分析"

"时间序列分析"窗口界面如图 6-10 所示。

点击"添加图表"，弹出图表的属性框。如图 6-11 所示，修改各个参数。

图框属性中，"标题、左轴名称、右轴名称"作为文本可以修改；"右轴显示、背景和网格"可以选择显示或隐藏；"颜色、线宽、背景颜色、网格不透明度和网格线型"可以根据用户需要选择合适的值；"横轴刻度、纵轴刻度和标签大小"组合使用可以实现无极矢量缩放，当图表整体变大或变小时，刻度值可以加密或减疏，"标签大小"可以根据图表的大小进行修改。

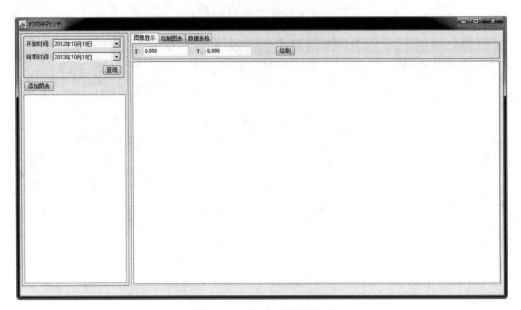

图 6-10　时间序列分析界面

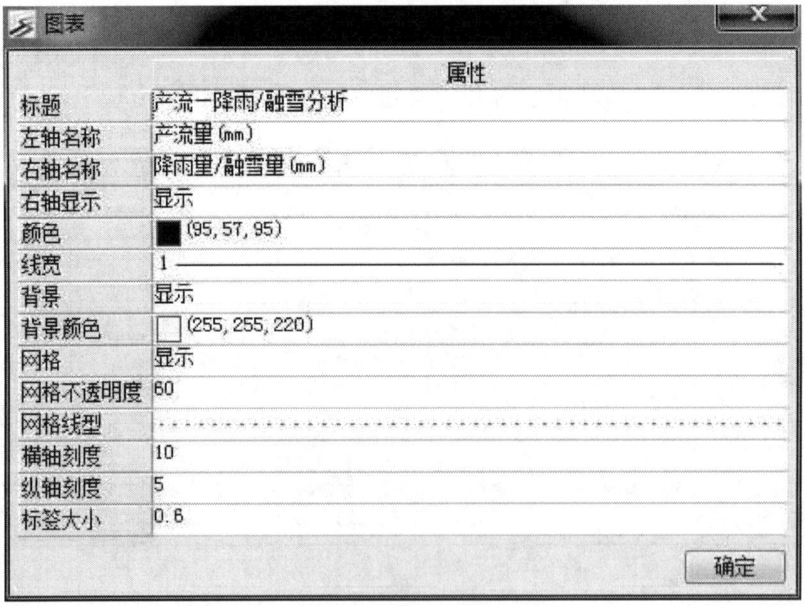

图 6-11　修改图表属性

　　右击"产流—降雨/融雪分析",弹出对话框,包括"添加数据"、"删除"、"属性"三项,如图 6-12 所示。点击"添加数据"后弹出"选中数据源"对话框,如图 6-13 所示。点击"删除"则会删除当前图表。点击"属性",弹出绘制的图表属性框。

　　选中数据源中的"降雨量(mm)、产流量(mm)、融雪量(mm)",点击确定。在"选中数据源"的对话框中含有"自定义"项,用户可以自定义添加需要的数据类型。

图 6-12　添加图表数据

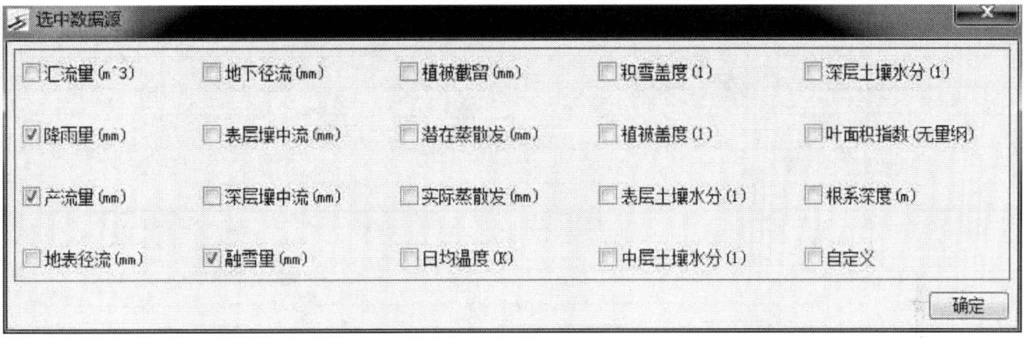

图 6-13　选中数据源

　　右击每个数据源，弹出框如图 6-14 所示。将"降雨量（mm）、融雪量（mm）、产流量（mm）"三项数据的属性按照图 6-15、图 6-16、图 6-17 形式修改。

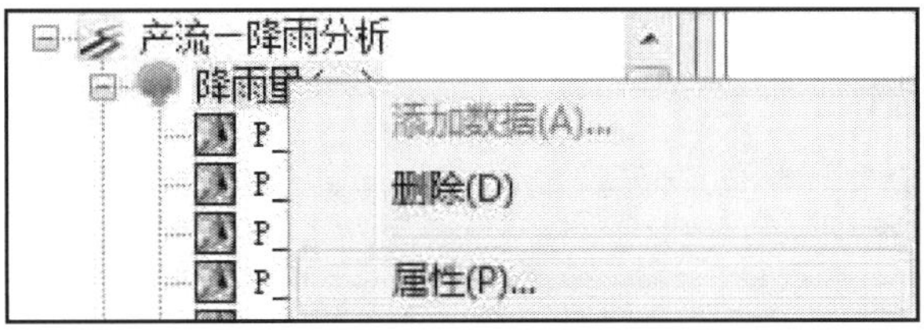

图 6-14　修改数据源属性

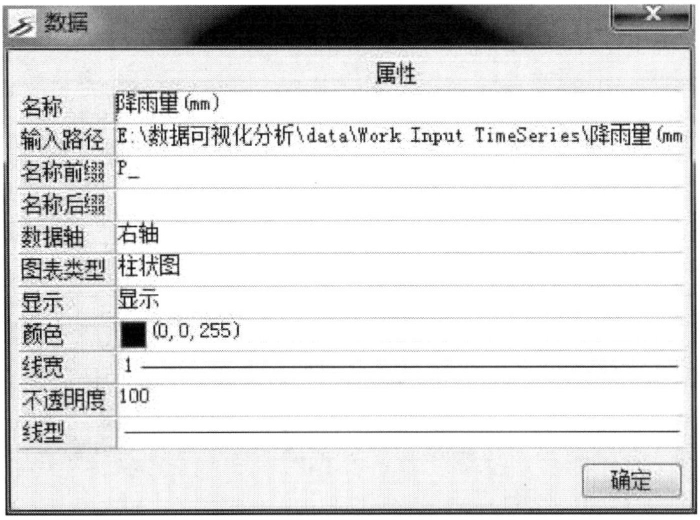

图 6-15　修改"降雨量（mm）"属性

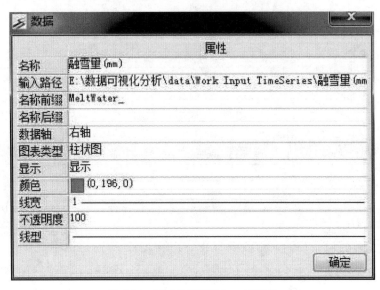

图 6-16　修改"融雪量(mm)"属性

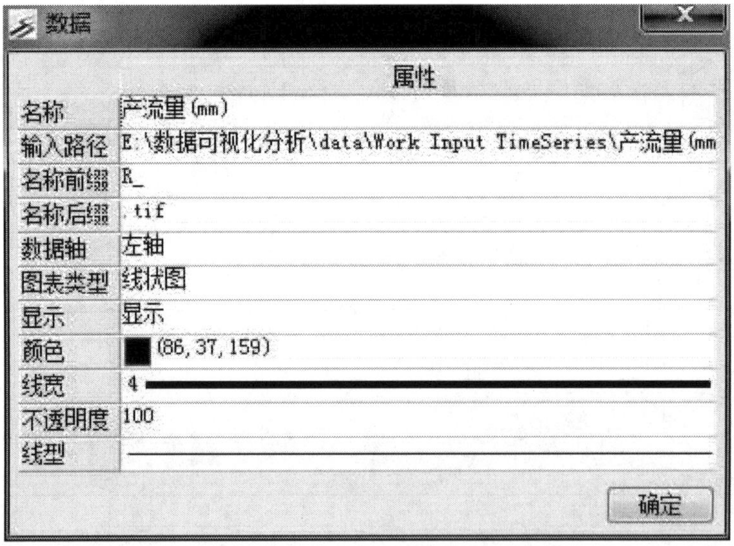

图 6-17　修改"产流量(mm)"属性

　　数据图属性中,"名称、输入路径、名称前缀和名称后缀"作为文本可以修改,对于已存储属性的数据源,这四项不需要用户修改,默认显示在对话框中;"数据轴"可以选择左轴或右轴,"图表类型"可以选择线状图或柱状图;"显示或隐藏"表示折线或柱状图是否显示在图表中;"颜色、线宽、不透明度和线型"可以根据用户需要选择合适的值。

　　选择相应的时间范围,实验数据从 2005-06-02 到 2005-06-09 共计 8d 的时间范围。设置的开始时间和结束时间的范围可以大于实际数据的时间范围,只要是包含在相应的时间范围,软件会自动搜索相应的文件。

　　设置好时间后,点击"查询"按钮,获得文件列表。文件列表共分为三级,其中第一级是图表级，第二级是数据源级，第三级是图像数据级。点击任意的图像数据，在窗口右侧会显示相应的图像，效果如图 6-18 所示。

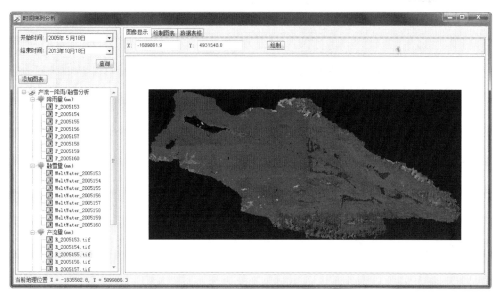

图 6-18 时间序列分析"图像显示"效果

数据可视化分析系统提供了三种绘制图表和显示数据表格的方法：第一种是在灰度图像的内部区域选择需要查询的位置点双击；第二种是在灰度图像的内部区域选择需要查询的位置点单击，然后点击"绘制"按钮；第三种是在右侧上方的坐标输入栏中输入需要的位置坐标，点击"绘制"按钮。三种方法在进行操作的同时，随着鼠标滑动，窗口左下角的状态栏的地理坐标也会实时更新。"绘制图表"效果如图 6-19 所示。

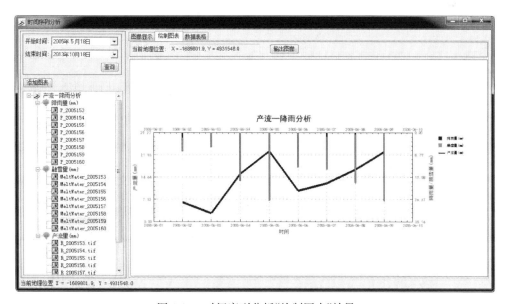

图 6-19 时间序列分析"绘制图表"效果

右击图表弹出对话框。包括"保存图像"、"全部范围"、"缩放到选中"和"属性",如图 6-20 所示。点击"保存图像",可以将当前绘制好的图表保存为" ＊.bmp, ＊.gif, ＊.jpg, ＊.jpeg, ＊.png, ＊.tif, ＊.tiff"等格式的栅格图像。

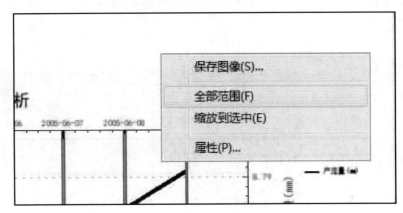

图 6-20　右击图表弹出框

点击"全部范围",可以将所有图表充满整个显示区域。如果显示区域只有一个图表,则把当前图表充满整个显示区域。点击"缩放到选中",可以将当前图表充满整个显示区域。点击"属性",弹出图表的属性框。

绘制图表的同时显示数据表格,点击"输出报表"按钮可以输出当前窗口中显示的表格,保存为" ＊.csv"格式,能被 Excel 等数据处理软件打开使用。数据图表的显示效果如图 6-21 所示。

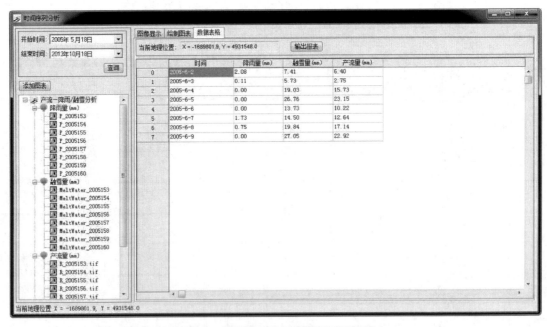

图 6-21　时间序列分析"数据表格"效果

6.3.3　空间序列分析操作

本系统中以最典型的土层序列为例进行空间序列分析。在打开工程界面后，选择菜单栏"操作—土层序列分析"，如图 6-22 所示。

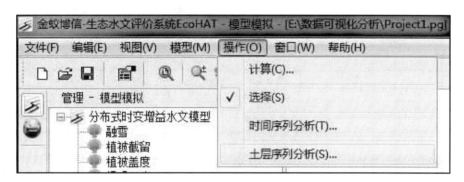

图 6-22　选择"土层序列分析"

"土层序列分析"界面如图 6-23 所示。

图 6-23　"土层序列分析"界面

与"时间序列分析"类似，选择需要查询的开始时间和结束时间。与之不同的是，需要单独输入土层序列的输入路径。设置好后，点击"查询"按钮，选择任意一个图像数据，获得显示的图像效果，如图 6-24 所示。

在"湿度-时间"分析中，可以选择"添加数据"，如图 6-25 所示。

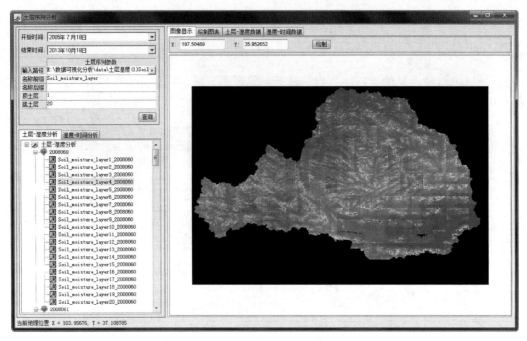

图 6-24　土层序列分析"图像显示"效果

图 6-25　湿度-时间分析"添加数据"

点击"添加数据"后，会弹出"选中数据源"对话框，如图 6-26 所示。每次添加新的数据源后，需要重新点击"查询"按钮，以刷新数据列表。

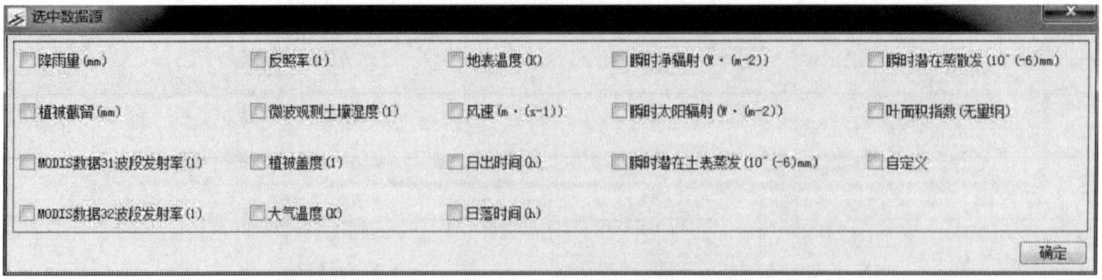

图 6-26　湿度-时间分析"选中数据源"

土层序列分析中的"绘制图表"和"数据表格"两个功能模块的操作方法与时间序列分析类似，这里不作详细说明。

6.4　案例：伊犁河与渭河流域数据可视化分析

6.4.1　伊犁河流域数据可视化分析

时间序列分析的实验区域是伊犁河流域，其中东半部分位于中国，西半部分位于哈萨克斯坦。伊犁河是我国新疆维吾尔自治区北部的一条重要国际河流，对于周边环境具有重大的生态意义。

调整好需要进行分析的开始时间和结束时间，点击"添加图表"按钮添加图表，图表的标题、左数轴名称和右数轴名称可以根据用户的需求随意修改。右击第一层列表，进一步添加数据源，得到第二层列表。再点击"查询"按钮，得到第三层列表。第三层列表就是图片文件列表，点击后就会在右侧的图像显示标签中显示出当前选中的图像。图 6-27 所显示的是中层土壤水分在 2005 年 6 月 2 日的灰度图像。

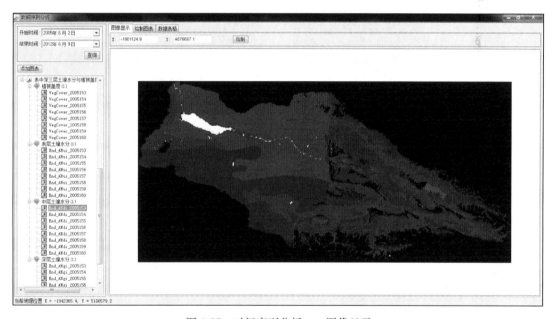

图 6-27　时间序列分析——图像显示

时间序列分析由基于遥感驱动的分布式时变增益水文模型提供日尺度的空间分布数据。其模型中的汇流模块以产流数据为基础，能够进行水量沿坡面、河道的迁移运动显示。由于 EcoHAT 可视化显示日尺度的流域内任意栅格汇流累积量，利用 RS＿DTVGM 模型计算得到的汇流数据，通过图像显示，可以演示时间范围内初始的汇流过程及其稳定后的汇流形态。汇流过程图像显示效果如图 6-28 所示。

图 6-28 中显示了伊犁河流域从 2005 年 6 月 2 日到 2005 年 6 月 9 日共 8d 的汇流情况。可以清楚地看到，随着时间的发展，非河道点的像素逐渐暗淡，河道点的像素逐渐明亮，水量逐渐从流域的每个点出发汇聚到伊犁河的主河道，沿着伊犁河的流动方向自东南向西北推进。

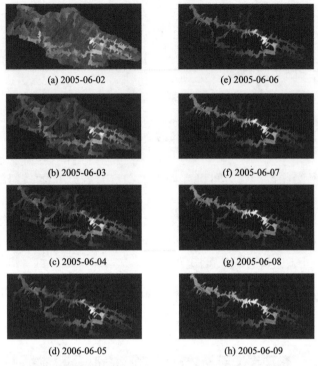

(a) 2005-06-02　　　　　　　　　(e) 2005-06-06

(b) 2005-06-03　　　　　　　　　(f) 2005-06-07

(c) 2005-06-04　　　　　　　　　(g) 2005-06-08

(d) 2006-06-05　　　　　　　　　(h) 2005-06-09

图 6-28　汇流过程图像显示(2005 年 6 月 2 日～2005 年 6 月 9 日)

　　数据可视化分析系统提供了三种绘制图表和显示数据表格的方法：第一种是在灰度图像的内部区域选择需要查询的位置点双击；第二种是在灰度图像的内部区域选择需要查询的位置点单击，然后点击"绘制"按钮；第三种是在右侧上方的坐标输入栏中输入需要的位置坐标，点击"绘制"按钮。三种方法在进行操作的同时，随着鼠标滑动，窗口左下角的状态栏的地理坐标也会实时更新。操作结束后绘制时间序列图表如图 6-29 所示。

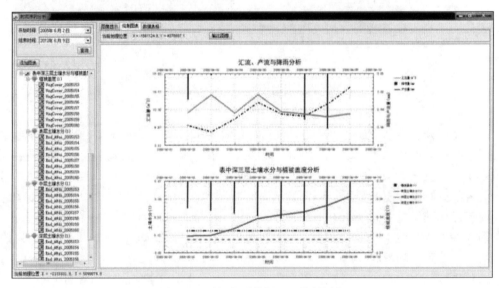

图 6-29　时间序列分析——绘制图表

　　图 6-29 中绘制了"汇流、产流与降雨分析"和"表中深三层土壤水分与植被盖度分析"两张图表。用户可以根据自己的需要绘制任意多的图表，图表的标题和左右数轴名称可以自主修改。右键选择"缩放到选中"，可以使当前选中的图表充满窗口，如图 6-30 和图 6-31 所示。

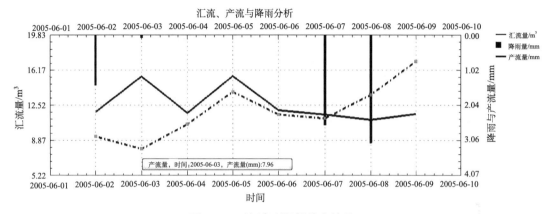

图 6-30　时间序列局部放大效果一

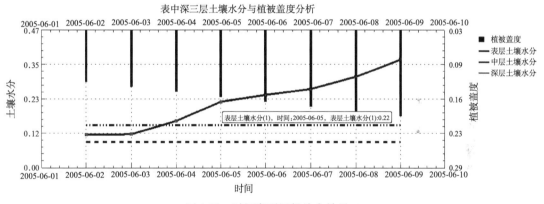

图 6-31　时间序列局部放大效果二

　　图 6-30 中含有三个数据源：降雨量（柱状图，右数轴示数）、汇流量（折线图，左数轴示数）、产流量（折线图，左数轴示数）。数据源的属性也可以根据用户需求做修改，例如，可以将折线显示修改为柱线显示，依照左数轴示数更改为依照右数轴示数等。当鼠标移动到某一数据点时，弹出当前点的属性，弹出框显示"产流量，时间：2005-06-03，产流量（mm）：7.96"。

　　图 6-31 中弹出框显示"表层土壤水分（1），时间：2005-06-05，表层土壤水分（1）：0.22"。点击"输出图像"按钮可以输出当前窗口中的图像，保存为"＊.bmp，＊.gif，＊.jpg，＊.jpeg，＊.png，＊.tif，＊.tiff"等格式的栅格图像。

　　绘制图表的同时显示数据表格，点击"输出图表"按钮可以输出当前窗口中显示的表格，保存为"＊.csv"格式，能被 Excel 等数据处理软件打开使用。数据图表的显示效果如图 6-32 所示。

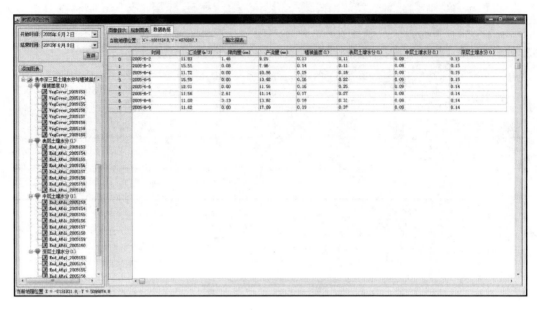

图 6-32　时间序列分析——数据表格

6.4.2　渭河流域数据可视化分析

土层序列分析的实验区域是渭河流域，主要流域范围位于我国陕西省中部。渭河是黄河的最大支流，在黄河流域中占有重要的地位。

比时间序列分析稍微复杂一些，调整好需要进行分析的开始时间和结束时间后，需要填写土层序列参数，包括输入路径（由用户自己选择）、名称前缀（默认是 Soil＿moisture＿layer）、名称后缀（默认无后缀）、顶土层（默认是 1）、底土层（默认是 20）。土层序列分析选中数据源界面如图 6-33 所示。

图 6-33　土层序列分析数据源类型

第一层图表列表默认已经存在，点击"查询"按钮，直接得到第二层数据源和第三层图片文件列表。点击图片文件后就会在右侧的图像显示标签中显示出当前选中的图像。图 6-34 中显示的是瞬时潜在图表蒸发（单位：10^{-6} mm）在 2008 年 2 月 29 日的灰度图像。

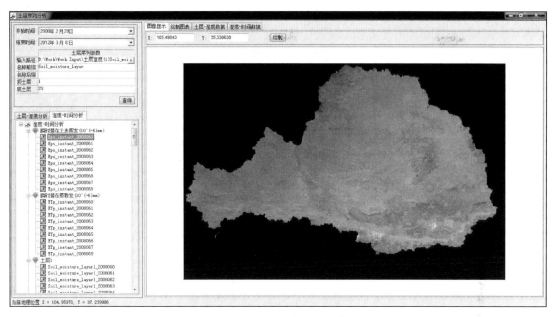

图 6-34　土层序列分析——图像显示

　　与时间序列分析相同，用户可以根据需要选择三种方法中的任何一种：第一种是在灰度图像的内部区域选择需要查询的位置点双击；第二种是在灰度图像的内部区域选择需要查询的位置点单击，然后点击"绘制"按钮；第三种是在右侧上方的坐标输入栏中输入需要的位置坐标，点击"绘制"按钮。操作结束后绘制图表如图 6-35 所示。

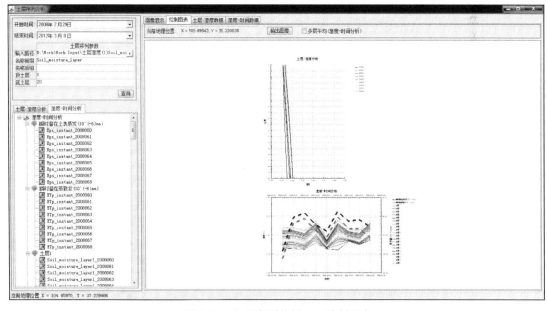

图 6-35　土层序列分析——绘制图表

　　图 6-35 中根据左侧规定好的图表类型，绘制"土层-湿度分析"和"湿度-时间分析"两张图表。不同于时间序列分析，用户不可以自主添加图表。右键选择"缩放到选中"，可以使当前选中的图表充满窗口，如图 6-36 和图 6-37 所示。

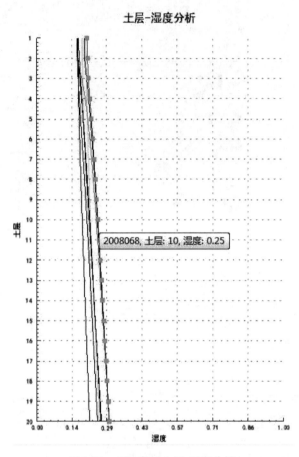

图 6-36　土层序列土层-湿度分析

　　"土层-湿度"分析中含有 9 个数据源，2008060～2008068，图 6-36 中绘制的 9 条折线分别表示 9d 中随土层变化的土层湿度。实验数据是将深度为 1m 的土壤分为 20 层，每一层厚 5cm，并默认每一层内部的湿度均匀，用单一数值表示。该分析可以根据用户需要更改土层数和起止土层。从图 6-36 可以清楚地看到，随着土层深度地增加，土层湿度也逐渐增加，这表明该地区上层土壤干燥而下层土壤湿润。将鼠标移动到某一数据点，弹出当前点的属性，图 6-36 中弹出框显示"2008068，土层：10，湿度：0.25"。

　　"湿度-时间分析"中除了土层湿度数据源外，还可以额外添加其他相关数据源，图 6-37 中包含有瞬时潜在土表蒸发(折线图，右数轴示数)、瞬时潜在蒸散发(折线图，右数轴示数)。

　　选中复选框"土层平均"时，将已有的 20 条折线平均为 1 条折线，如图 6-38 所示。与时间序列分析相同，点击"输出图像"按钮可以输出当前窗口中的图像，保存为"＊.bmp，＊.gif，＊.jpg，＊.jpeg，＊.png，＊.tif，＊.tiff"等格式的栅格图像。

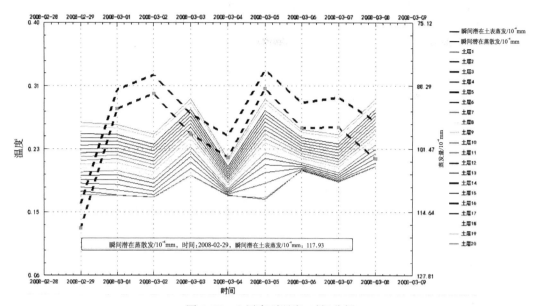

图 6-37　土层序列湿度-时间分析

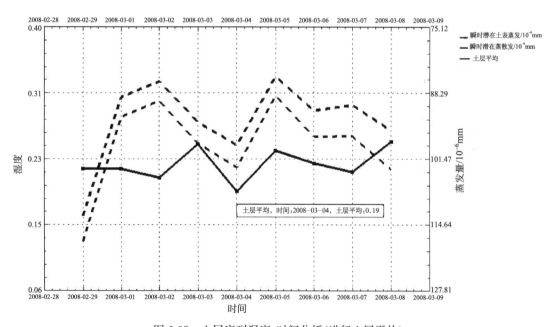

图 6-38　土层序列湿度-时间分析(进行土层平均)

　　土层序列分析中有两种不同的表格。绘制图表的同时分别显示数据表格,点击"输出图表"按钮可以输出当前窗口中显示的表格,保存为"∗.csv"格式,能被 Excel 等数据处理软件打开使用。效果如图 6-39 和图 6-40 所示。

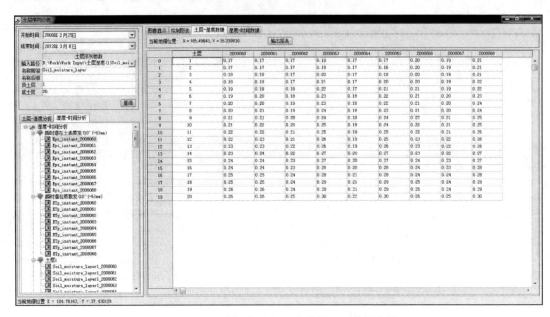

图 6-39　土层序列土层-湿度分析——数据表格

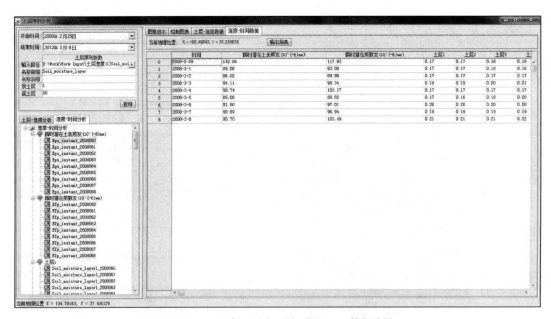

图 6-40　土层序列湿度-时间分析——数据表格

参 考 文 献

蔡崇法, 丁树文, 史志华, 等. 2000. 应用 USLE 模型与地理信息系统 IDRISI 预测小流域土壤侵蚀量的研究. 水土保持学报, 14(2): 19-24.

樊后保, 李燕燕, 黄玉梓. 2005. 马尾松-细叶青冈混交林的生物量及其生产力结构. 中南林学院学报, 25(6): 38-41.

李保国, 龚元石, 左强, 等. 2000. 农田土壤水的动态模型及应用. 北京: 科学出版社.

梁文广, 赵英时. 2007. 基于能量的地表反照率遥感反演方法研究. 国土资源遥感, 71(1): 53-56.

林德喜, 樊后保. 2005. 马尾松林下补植阔叶树后森林凋落物量、养分含量及周转时间的变化, 林业科学, 41(6): 7-15.

刘昌明, 洪宝鑫, 曾明煊, 等. 1965. 黄土高原暴雨径流预报关系初步实验研究. 科学通报, 2(2): 158-161.

刘昌明, 孙睿. 1999. 水循环的生态学方面: 土壤-植被-大气系统水分能量平衡研究进展. 水科学进展, 10(3): 251-259.

刘同海, 吴新宏, 董永平. 2010. 基于 TM 影像的草原沙漠化植被盖度分析研究. 干旱区资源与环境, 24(2): 141-144.

马俊飞, 杨太保. 2005. 地表反照率与土地利用类型的关系——以柴达木盆地为例. 西北师范大学学报(自然科学版), 41(3): 79-83.

覃志豪, Zhang M H, Arnon K, 等. 2001. 用陆地卫星 TM6 数据演算地表温度的单窗算法. 地理学报, 56(4): 456-466.

瞿瑛, 刘素红, 谢云. 2008. 植被覆盖度计算机模拟模型与参数敏感性分析. 作物学报, 34(11): 1964-1969.

孙睿, 朱启疆. 1999. 陆地植被净第一性生产力的研究. 应用生态学报, 10(6): 757-760.

唐世浩, 朱启疆, 孙睿. 2006. 基于方向反射率的大尺度叶面积指数反演算法及其验证. 自然科学进展, 16(3): 331-337.

唐世浩, 朱启疆, 王锦地, 等. 2003. 三波段梯度差植被指数的理论基础及其应用. 中国科学(D 辑), 33(11): 1094-1102.

王万忠, 焦菊英. 1996. 中国的土壤侵蚀因子定量评价研究. 水土保持通报, 16(5): 1-20.

谢贤群. 1991. 遥感瞬时作物表面温度估算农田全日蒸发散总量. 环境遥感, 6(4): 253-259.

姚瑞玲, 丁贵杰, 王胤. 2006. 不同密度马尾松人工林凋落物及养分归还量的年变化特征. 南京林业大学学报(自然科学版), 30(5): 83-86.

叶爱中, 夏军, 王纲胜, 等. 2005. 基于数字高程模型的河网提取及子流域生成. 水利学报, 36(5): 531-537.

张继祥, 毛志泉, 魏钦平, 等. 2006. 美国黑核桃实生苗生态生理过程对环境因素响应的数值模拟(III): 植株冠层光合作用数理模型. 生物数学学报, 21(3): 401-441.

张佳华. 1999. 生物量估测模型中遥感信息与植被光合参数的关系研究, 28(2): 128-132.

张亦弛, 刘昌明, 杨胜天, 等. 2014. 黄土高原典型流域 LCM 模型集总、半分布和分布式构建对比分析. 地理学报, 69(1): 90-99.

张勇, 刘时银, 丁永建. 2006. 中国西部冰川度日因子的空间变化特征. 地理学报, 61(1): 89-98.

朱文泉, 潘耀忠, 张锦水. 2007. 中国陆地植被净初级生产力遥感估算. 植物生态学报, 31(3): 413-424.

Allen R G, Pereira L S, Dirk R, et al. 1998. Crop evapotranspiration guidelines for computing crop water requirements. FAO Irrigation and Drainage Paper, 56: 17-64.

Andersen J, Refsgaard J C, Jensen K H. 2001. Distributed hydrological modeling of the Senegal River Basin-model construction and validation. Journal of Hydrology, 247 (3-4): 200-214.

Andersen J, Dybkjaer G, Jensen K H. 2002. Use of remotely sensed precipitation and leaf area index in a distributed hydrological model. Journal of Hydrology, 264: 34-50.

Aston A R. 1979. Rainfall interception by eight small trees. Journal of Hydrology, (42): 383-396.

Chen J M, Chen X Y, Ju W M, et al. 2005. Distributed hydrological model for mapping vapotranspiration using remote sensing inputs. Journal of Hydrology, 305(1-4): 15-39.

Deering D W. 1978. Rangeland reflectance characteristics measured by aircraft and spacecraft sensors. Ph D Diss Texas A&M Univ, College Station: 338.

Foley J A. 1994. Net primary productivity in the terrestrial biosphere: the application of a global model. Journal of Geophysical Research, 99 (D10): 20773-20783.

Furumi S, Hayashi A, Muramatsu K, et al. 2002. Development of estimation model for net primary production by vegetation Advances in Space Research. 30(11): 2517-2522.

Goward S N, Dye D, Kerber A, et al. 1987. Comparison of North and South American biomes from AVHRR observations. Geocarto, 2(1): 27-40.

Heinen M. 2006. Simplified denitrification models: overview and properites. Geoderma, 133: 444-463.

Heinsch F A, Reeves M, Votava P, et al. 2003. User's guide: GPP and NPP (MOD17A2/A3) products NASA MODIS land algorithm. 2. New York: Springer-Verlag.

Hirsshman J R. 1974. The cosine function as a mathematica expression for the process of solar energy. Sol Energy, 16: 117-124.

Hoffmann L, Ries R E. 1991. Relationship of soil and plant characteristics to erosion and runoff on pasture and range. Journal of Soil and Water Conservation, 46(2): 143-147.

Jackson T J. 1999. Soil moisture mapping at regional scales using microwave radiometry. IEEE Journal of Special Topics in Applied Earth Observations and Remote Sensing, 37(5): 2136-2151.

Jones C A, Cole C V, Sharpley A N, et al. 1984. A simplified soil and plant phosphorus model: I. Documentation. Soil Science Society of America Journal, 48(4): 800-805.

Kristensen K J, Jensen S E. 1975. A model for estimation the actual evapotranspiration from the potential one. Nordic Hydrology, 6(3): 170-188.

Landsberg J J, Waring R H. 1997. A generalized model of forest productivity using simplified concepts of radiation-use efficiency, carbon balance and partitioning. Forest Ecology and Management, 95(3): 209-228.

Li X B, Chen Y H, Shi P J, et al. 2003. Detecting vegetation fractional coverage of typical steppe in northern China based on multi-scale remotely sensed data. Acta Bot Sin, 45: 1146-1156.

Li. J, Su. Z B et al. 2003. Estimation of sensible heat flux using the Surface Energy Balance System (SEBS) and ATSR measurements. Physics and Chemistry of the Earth, 28: 75-88.

Liang S. 2000. Narrowband to broadband conversions of landsurface albedo algorithms. Remote Sensing of Environment, 76: 213-238.

Liang S, Wang K, Wang W, et al. 2009. Mapping high-resolution land surface radiative fluxes from MODIS: algorithms and preliminary validation results. In: Li D, Shan J, Gong J. Geospatial Technology for Earth Observation. New York: Springer, 6: 141-176.

Liang S, Wang K, Zhang X, et al. 2010. Review of estimation of land surface radiation and energy budgets from ground measurements, remote sensing and model simulation. IEEE Journal of Special Topics in Applied Earth Observations and Remote Sensing, 3: 225-240.

Liu B Y, Nearing M A, Risse L M. 1994. Slope gradient effects on soil loss for steep slopes. American Society of Agricultural Engineers, 37(6): 1835-1840.

Liu B Y, Nearing M A, Shi P J, et al. 2000. Slope length effects on soil loss for steep slopes. Soil Sci Soc Am J 64: 1759-1763.

Liu J, Chen J M, Cihlar J, et al. 1997. A process-based boreal ecosystem productivity simulator using remote sensing inputs. Remote Sensing of Environment, 62: 158-175.

Liu C M, Wang I G, Yang S T, et al. 2014. Hydro-Informatic Modeling System: Aiming at water cycle in land surface material and energy exchange processes. Acta Geographica Sinica, 69(5): 579-587.

Mao Y, Ye A, Xu J, et al. 2014. An advanced distributed automated extraction of drainage network model on high-resolution DEM. Hydrol Earth Syst Sci Discuss, 11(7): 7441-7467.

McCool D K, Brown L C, Foster G R, et al. 1987. Revised slope steepness factor for the Universal Soil Loss Equation. T ASAE, 30(5): 1387-1396.

Monsi M, Saeki T. 1953. Uber den Lichtfaktor in den pflanzengesellschaften und seine bedeutung fur die stoff-production. Japanese Journal of Botany, 14: 22-52.

Neitsch S L, Arnold J G, Kiniry J R, et al. 2005. Soil and water assessment tool theoretical documentation version. Texas: Grassland, Soil and Water Research Laboratory, Temple.

Neitsch S L, Arnold J G, Kiniry J R, et al. 2009. Soil and water assessment tool. theoretical documentation. Version. Texas Water Resources Institute Technical Report. 406. Texas: Texas A & M University System, College Station: 77843-2118.

Nilson T. 1971. A theoretical analysis of the frequency of gaps in plant stands. Agricultural Meteorology, 8: 25-38.

Paul A A, Tōnu O, Marius M, et al. 1996. Calculating critical S and N loads and current exceedances for upland forests in southern Ontario, Canada. For Res, 26(4): 696-709.

Potter C S, Randerson J T, Field C B, et al. 1993. Terrestrial ecosystem production: a process model based on global satellite and surface data. Global Biogeochemical Cycle, 7: 811-841.

Preiestley C H B, Taylor R J. 1972. On the assessment of surface heat flux and evaporation using large-scale parameters. MonWea Rev, 100(2): 81-92.

Prince S D. 1995. Global primary production: a remote sensing approach. Journal of Biogeography, 22(4/5): 316-336.

Ritchie J T, Hanks J. 1991. Modeling plants and soil system. ASA-CSSA-SSSA: 537.

Running S W, Coughlan J C. 1988. A general model of forest ecosystem processes for regional applications(I). Hydrologic balance, canopy gas exchange and primary production processes. Ecological Modeling, 42: 125-154.

Running S W, Thornton P E, Nemani R, et al. 2000. Global terrestrial gross and net primary productivity from the Earth Observing System, in Methods in Ecosystem Science Sala. New York: Springer-Verlag.

Sandsa P J, Landsbergb J J. 2002. Parameterization of 3-PG for plantation grown Eucalyptus globules. Forest Ecology and Management, 163(1-3): 273-292.

Saxton K E, Rawls W J, Pan Y D. 2007. Soil water characteristic estimates by texture and organic matter for hydrological solutions. Arid Meteorology, (4): 85-94.

Saxton K E, Rawls W J, Romberger J S, et al. 1986. Estimating generalized soil water characteristics from texture. ASAE, (50): 1031-1035.

Seligman N C, Van K H. 1981. PAPRAN: A simulation model of annual pasture production limited by rainfall and nitrogen. In: Frissel M J, van J A. Simulation of nitrogen behavior of soil-plant system. Centrum voor Landbouwpublikaties en Landbouwdocumentatie (PUDOC), Wageningen, Netherlands: 192-221.

Stacey K F, Lark R M, Whitmore A P, et al. 2006. Using a process model and regression kriging to improve predictions of nitrous oxide emissions from soil. Geoderma, 135: 107-117.

Su Z. 2001. A surface energy balance system (SEBS) for estimation of turbulent heat fluxes from point to continental scale. In: Su Z, Jacobs J. Advanced Earth Observation-Land Surface Climate. Publications of the National Remote Sensing Board (BCRS), 2(1-2): 91-108.

Su Z. 2002. The surface energy balance system (SEBS) for estimation of turbulent heat fluexes. Hydrol Earth Syst Sci, 6(1): 85-99.

Waers R, Allen R G, Bastiaanssen W. 2002. Surface energy balance algorithm for land. Advanced Training and Uers Manual, Version 1.

Williams J R. 1995. The EPIC model. In: Singh V P. Computer models of watershed hydrology. Water Resources Publications: 909-1000.

Xu T, Liu S J, Liang S, et al. 2009, Estimation of sensible and latent heat flux by assimilating MODIS LST products, Journal of Remote Sensing, 13(6): 999-1019.

Zhang R H. 1992. A remote-sensing thermal inertia model for soil moisture and its application. Chinese Science Bulletin, 37(4): 306-331.

Zhu Z X, Arp P A, Meng F R, et al. 2003a. A forest nutrient cycling and biomass model (For NBM) based onyear-round, monthly weather conditions. Part I: Assumption, structure and processing. Ecological Modelling, 169: 347-360.

Zhu Z X, Arp P A, Fanrui M, et al. 2003b. A forest nutrient cycling and biomass model (For NBM) based on year-round, monthly weather conditions. Part II: Calibration, verification and application, Ecological Modelling, 170: 13-27.